“十三五”国家重点出版物出版规划项目
卓越工程能力培养与工程教育专业认证系列规划教材
（电气工程及其自动化、自动化专业）

嵌入式单片机STM32原理及应用

张淑清　胡永涛　张立国　等编著

本书配有以下教学资源：
☆电子课件
☆教案大纲
☆试卷及答案
☆源代码

机 械 工 业 出 版 社

本书共13章，内容包括：嵌入式系统简介，嵌入式单片机STM32的硬件基础、软件开发基础、通用功能输入输出（GPIO）、外部中断EXTI、通用同步/异步通信、通用定时器、直接存储器存取、模/数转换器、集成电路总线、串行外设接口，基于机智云平台的STM32嵌入式物联网应用设计，基于以太网的STM32嵌入式系统应用设计，并在第4～13章给出了应用实例。

为了便于读者理解，实例中给出了两种工程文件结构：第一种是单结构文件，是较简单结构的工程文件，书中均给出了程序代码，利于读者快速掌握；第二种是结构化的编程方法，更适用于实际工程应用，在第4章的GPIO功能设计中详细给出了编程方法和调试结果，可帮助读者培养良好的编程习惯。本书全部实例都经过调试，可正常运行。

本书适合作为高等工科院校电子信息、计算机、自动化、测控、机电一体化等专业的嵌入式控制、单片机原理及设计等课程的教材。由于本书涉及大量工程领域相关内容，也适于嵌入式单片机STM32的初学者及有一定嵌入式应用基础的电子工程技术人员使用。

本书配有电子课件和程序源代码等教学资源，欢迎选用本书作教材的教师登录www.cmpedu.com注册下载，或加微信13910750469索取。

图书在版编目（CIP）数据

嵌入式单片机STM32原理及应用/张淑清等编著. —北京：机械工业出版社，2019.8（2025.2重印）

河北省精品课教材　“十三五”国家重点出版物出版规划项目　卓越工程能力培养与工程教育专业认证系列规划教材．电气工程及其自动化、自动化专业

ISBN 978-7-111-63352-5

Ⅰ.①嵌…　Ⅱ.①张…　Ⅲ.①单片微型计算机－高等学校－教材
Ⅳ.①TP368.1

中国版本图书馆CIP数据核字（2019）第165404号

机械工业出版社（北京市百万庄大街22号　邮政编码100037）
策划编辑：吉　玲　责任编辑：吉　玲　陈文龙
责任校对：杜雨霏　封面设计：鞠　杨
责任印制：单爱军
北京虎彩文化传播有限公司印刷
2025年2月第1版第15次印刷
184mm×260mm · 15.5印张 · 384千字
标准书号：ISBN 978-7-111-63352-5
定价：39.80元

电话服务	网络服务
客服电话：010－88361066	机　工　官　网：www.cmpbook.com
010－88379833	机　工　官　博：weibo.com/cmp1952
010－68326294	金　　书　　网：www.golden－book.com
封底无防伪标均为盗版	机工教育服务网：www.cmpedu.com

前言

嵌入式单片机STM32是以ARM为内核架构，基于Cortex－M3内核的嵌入式微控制器。其集成度高，外围电路简单，配合ST公司提供的标准库，开发者可以快速开发高可靠性的工业级产品，自推出以来就受到重视并获得广泛应用。STM32单片机技术的开发应用也逐渐成为高等院校计算机、电气工程、自动化、机电一体化、测控等专业学生必须掌握的技术之一。本书介绍的嵌入式单片机STM32F103RBT6是32位的ARM Cortex－M3内核，集成了128KB Flash和20KB SRAM以及丰富强大的硬件接口电路，运行频率可达72MHz。

本书第1章介绍嵌入式系统及STM32单片机相关概念、应用、发展趋势；第2章介绍嵌入式单片机硬件基础；第3章介绍嵌入式单片机软件开发基础。在此基础上，第4章～第11章，分别针对STM32可实现的各种功能模块（通用功能输入输出（GPIO）、中断、串行通信、定时器、DMA传输、A/D转换、I^2C总线、SPI总线），阐述其结构及应用设计方法。第12章和13章设计了STM32网络应用系统，分别为基于机智云平台的STM32嵌入式物联网应用设计和基于以太网的STM32嵌入式系统应用设计，方便读者了解和掌握嵌入式系统的互联网设计和开发方法。

本书各章内容贯穿了两个主题，一是STM32单片机的结构及工作原理，二是嵌入式STM32的开发及实践。第4～10章的应用实例均给出两种工程文件结构：第一种是单结构的工程文件设计方法，书中均给出文件结构及程序代码，便于读者学习和快速掌握本章内容；第二种是多结构化的编程方法，利于与其他外设融合，综合开发应用系统功能。为帮助读者培养良好的编程习惯，在第4章GPIO功能设计中详细给出结构化的编程方法。鉴于篇幅有限，其他章节的多结构化设计实例均给出工程文件结构及流程图。

本书结合编者多年的教学经验，将理论实践一体化的教学方式融入其中。书中实例开发过程用到的是目前使用最广的正点原子Mini STM32的开发板STM32F103，由此开发各种功能，书中实例均进行了调试。读者也可以结合实际或者手里现有的开发板开展实验，均能获得实验结果。实践案例由浅入深，层层递进，在帮助读者快速掌握某一外设功能的同时，有效融合其他外部设备，如按键、触摸屏、各类传感器等设计嵌入式系统，体现学习的系统性。

本书由张淑清、胡永涛、张立国、姜安琦、董明如、李梅梅编著。其中，张淑清编写第1～3章，胡永涛编写第4～5章，张立国编写第6章，董明如编写第7～8章，姜安琦和李梅梅编写第9～13章。本书的程序调试和实验工作由胡孟飞、姜安琦、李梅梅、李盼、上官甲新、杨振宁、段晓宁、时康、董伟等完成。

吴希军、梁振虎、胡硕、苏连成、赵立兴、闫朝阳、温江涛等为本书的编写提出了许多宝贵的意见。张晓文、李君、李永博、黄娇、胥凤娇、苑世玉、要俊波等为本书做了许多校对工作。

编　者

目 录 Contents

第1章 嵌入式系统简介

国际电气和电子工程师协会（IEEE）定义的嵌入式系统是“用于控制、监视或者辅助操作机器和设备运行的装置”（原文为 devices used to contro1，monitor，or assist the operation of equipment，machinery or plants）。这主要是从应用上加以定义的，从中可以看出嵌入式系统是软件和硬件的综合体，还可以涵盖机械等附属装置。目前国内普遍认同的嵌入式系统定义是，以计算机技术为基础，以应用为中心，软件、硬件可剪裁，适合应用系统对功能可靠性、成本、体积、功耗严格要求的专业计算机系统。在构成上，嵌入式系统以微控制器及软件为核心部件，两者缺一不可；在特征上，嵌入式系统具有方便、灵活地嵌入到其他应用系统的特征，即具有很强的可嵌入性。

1.1 嵌入式系统特点及发展趋势

1.1.1 嵌入式系统特点及应用领域

按嵌入式微控制器类型划分，嵌入式系统可分为以单片机为核心的嵌入式单片机系统、以工业计算机板为核心的嵌入式计算机系统、以 DSP 为核心组成的嵌入式数字信号处理器系统、以 FPGA 为核心的嵌入式 SOPC（System on a Programmable Chip，可编程片上系统）等。

嵌入式系统在含义上与传统的单片机系统和计算机系统有很多重叠部分。为了方便区分，在实际应用中，嵌入式系统还应该具备下述三个特征。

1）嵌入式系统的微控制器通常是由 32 位及以上的 RISC（Reduced Instruction Set Computer，精简指令集计算机）处理器组成的。

2）嵌入式系统的软件系统通常是以嵌入式操作系统为核心，外加用户应用程序。

3）嵌入式系统在特征上具有明显的可嵌入性。

嵌入式系统主要应用在以下领域：

1）智能消费电子产品。嵌入式系统最为成功的是在智能设备中的应用，如智能手机、平板电脑、家庭音响、玩具等。

2）工业控制。目前已经有大量的 32 位嵌入式微控制器应用在工业设备中，如打印机、工业过程控制、数字机床、电网设备检测等。

3）医疗设备。嵌入式系统已经在医疗设备中取得广泛应用，如血糖仪、血氧计、人工耳蜗、心电监护仪等。

4）信息家电及家庭智能管理系统。信息家电及家庭智能管理系统方面将是嵌入式系统未来最大的应用领域之一。例如，冰箱、空调等的网络化、智能化将引领人们的生活步入一个崭新的空间，即使用户不在家，也可以通过电话线、网络进行远程控制。又如，水、电、煤气表的远程自动抄表，以及安全防水、防盗系统，其中嵌入式专用控制芯片将代替传统的人工检查，并实现更高效、更准确和更安全的性能。目前在餐饮服务领域，如远程点菜器等，已经体现了嵌入式系统的优势。

5）网络与通信系统。嵌入式系统将广泛用于网络与通信系统之中。例如，ARM 把针对移动互联网市场的产品分为两类，一类是智能手机，一类是平板电脑。平板电脑是介于笔记本电脑和智能手机中间的一类产品。ARM 过去在 PC 上的业务很少，但现在市场对更低功耗的移动计算平台的需求带来了新的机会，因此，ARM 在不断推出性能更高的 CPU 来拓展市场。ARM 新推出的 Cortex - A9、Cortex - A55、Cortex - A75 等处理器可以用于高端智能手机，也可用于平板电脑。现在已经有很多半导体芯片厂商在采用 ARM 开发产品并应用于智能手机和平板电脑，如高通骁龙处理器、华为海思处理器均采用 ARM 架构。

6）环境工程。嵌入式系统在环境工程中的应用也很广泛，如水文资源实时监测、防洪体系及水土质量检测、堤坝安全、地震监测网、实时气象信息网、水源和空气污染监测。在很多环境恶劣、地况复杂的地区，依靠嵌入式系统将能够实现无人监测。

7）机器人。嵌入式芯片的发展将使机器人在微型化、高智能方面优势更加明显，同时会大幅度降低机器人的价格，使其在工业领域和服务领域获得更广泛的应用。

1.1.2 嵌入式系统发展趋势

嵌入式系统应用经历了无操作系统、简单操作系统、实时操作系统和面向 Internet 四个阶段。21 世纪无疑是一个网络的时代，互联网的快速发展及广泛应用为嵌入式系统的发展及应用提供了良好的机遇。“人工智能”这一热词一夜之间人尽皆知，而嵌入式在其发展过程中扮演着重要角色，如图 1-1 所示。

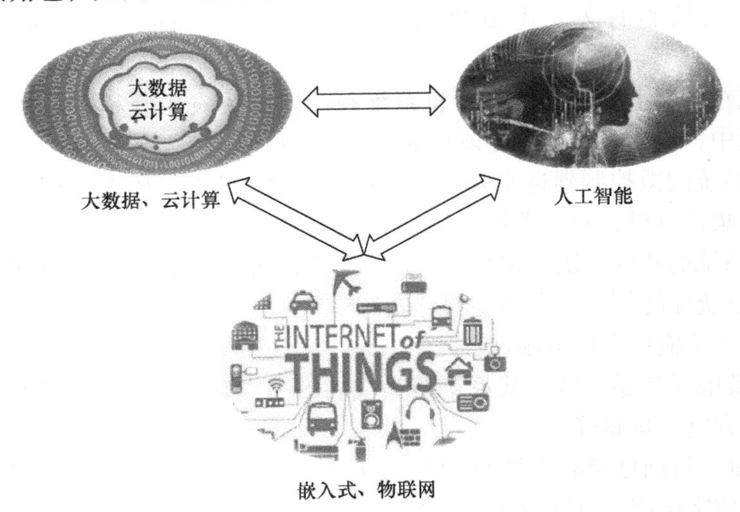

图 1-1 嵌入式与人工智能

嵌入式系统的广泛应用和互联网的发展导致了物联网概念的诞生，设备与设备之间、设备与人之间以及人与人之间要求实时互联，导致了大量数据的产生，大数据一度成为科技前沿，每天世界各地的数据量呈指数增长，数据远程分析成为必然要求，云计算被提上日程。数据存储、传输、分析等技术的发展无形中催生了人工智能，因此人工智能看似突然出现在大众视野，实则经历了近半个世纪的漫长发展，其制约因素之一就是大数据，而嵌入式系统正是获取数据的最关键的系统之一。人工智能的发展可以说是嵌入式系统发展的产物，同时人工智能的发展要求更多、更精准的数据，更快、更方便的数据传输，这促进了嵌入式系统的发展，两者相辅相成，嵌入式系统必将进入一个更加快速的发展时期。

1.2 嵌入式处理器 ARM Cortex - M3 特点

ARM 公司自 1990 年成立以来，在 32 位和 64 位 RISC 的 CPU 开发设计上不断突破，其设计的微控制器架构已经从 v1 发展到了 v8。ARM 处理器的构架及核心见表 1-1。

表 1-1 ARM 处理器的构架及核心

构架	核心
v1	ARM1
v2	ARM2
v2a	ARM2As，ARM3
v3	ARM6，ARM600，ARM610，ARM7，ARM700，ARM710
v4	Strong ARM，ARM8，ARM10
v4T	ARM7TDMI，ARM7TDMI - S，ARM720T，ARM740T，ARM7EJ ARM9TDMI，ARM920T，ARM922T，ARM940T
v5TE	ARM9E - S，ARM10TDMI，AEM1020E
v6	ARM1136J(F) - S，ARM1176JZ(F) - S，ARM11，MPCore
v6T2	ARM1156T2(F) - S
v7	ARM Cortex - M0/3/4/7，ARM Cortex - R4/5/7/8，ARM Cortex - A5/7/8/9/15/17
v8	ARM Cortex - M23/33，ARM Cortex - R52，ARM Cortex - A32/35/53/55/57/72/73/75

ARM Cortex 处理器系列是基于 ARMv7/8 架构的产品，从尺寸和性能方面来看，既有少于 3.3 万个门电路的 ARM Cortex - M 系列，也有高性能的 ARM Cortex - A 系列。ARMv7/8 架构确保了与早期的 ARM 处理器之间良好的兼容性，既保护了客户在软件方面的投资，又为已存在的系统设计的转换提供了便捷。目前，ARM 主流系列为 Cortex，其应用领域见表 1-2。

表 1-2 ARM 主流架构分类及应用领域

系列	核心	架构	应用领域
Cortex - A	Cortex - A8/9/55/73/75	ARMv7/8	A 针对日益增长的运行需求，包括 Linux、Windows CE、Android 和 IOS 系统的消费电子和无线产品
Cortex - R	Cortex - R5/52	ARMv7/8	R 针对需要运行实时操作系统来进行控制应用的系统
Cortex - M	Cortex - M3/4/7	ARMv7	M 表示应用于当前 8/16 位单片机 MCU 的换代产品

ARM Cortex-M3 处理器是新一代的 32 位处理器，是一个高性能、低成本的开发平台，适用于微控制器、工业控制系统以及无线网络传感器等应用场合。其特点为：

1）性能丰富成本低。专门针对微控制器应用特点而开发的 32 位 MCU，具有高性能、低成本、易应用等优点。

2）低功耗。把睡眠模式与状态保留功能结合在一起，确保 Cortex-M3 处理器既可提供低能耗，又不影响其很高的运行性能。

3）可配置性强。Cortex-M3 的 NVIC（Nested Vectored Interrupt Controller，嵌套向量中断控制器）功能提高了设计的可配置性，提供了多达 240 个具有单独优先级、动态重设优先级功能和集成系统时钟的系统中断。

4）丰富的链接。功能和性能兼顾的良好组合，使基于 Cortex-M3 的设备可以有效处理多个 IO 通道和协议标准。

1.3 STM32 系列微控制器

意法半导体（ST）是世界领先的提供半导体解决方案的公司，生产信号调节、传感器、二极管、功率晶体管、存储器、射频晶体管、微控制器等多达 32 类产品。其生产的微控制器包含 8 位和 32 位，其中 STM32 系列单片机是目前最流行的 Cortex-M 微控制器。

随着技术的进步，新产品不断涌出，读者可以随时打开 ST 官网 https://www.st.com/en/microcontrollers.html，跟踪最新产品及系列。

1.3.1 STM32 系列单片机

STM32 单片机包含低功耗的 STM32Lx 系列、高性能的 STM32F2/4/7 系列及功耗与性能均衡的 STM32F0/1/3 系列产品。其中 STM32F1 为目前应用最多的主流微控制器，主要分为 3 个系列：基本型、增强型和互联型。基本型系列是 STM32F1 系列的入门产品，最高主频为 48MHz；增强型系列产品性能较好，主频为 72MHz，能实现高速运算；互联型相对于增强型增加了网络功能，主频为 72MHz。

STM32 系列单片机具有如下优点：

1. 先进的内核结构

1）哈佛结构使其在处理器整数性能测试（Dhrystone Benchmark）上有着出色的表现，可以达到 1.25DMIPS/MHz，而功耗仅为 0.19mW/MHz。

2）Thumb-2 指令集以 16 位的代码密度带来了 32 位的性能。

3）内置了快速的中断控制器，提供了优越的实时特性，中断的延迟时间降到只需 6 个 CPU 周期，从低功耗模式唤醒的时间也只需 6 个 CPU 周期。

4）单周期乘法指令和硬件除法指令。

2. 三种功耗控制

STM32 经过特殊处理，针对应用中三种主要的能耗要求进行了优化，这三种能耗需求分别是运行模式下高效率的动态耗电机制、待机状态时极低的电能消耗和电池供电时的低电压工作能力。为此，STM32 提供了三种低功耗模式和灵活的时钟控制机制，用户可以根据自己所需要的耗电/性能要求进行合理地优化。

3. 最大程度集成整合

1）STM32 内嵌电源监控器，包括上电复位、低电压检测、掉电检测和自带时钟的看门狗定时器，减少对外部器件的需求。

2）使用一个主晶振可以驱动整个系统。低成本的 4～16MHz 晶振即可驱动 CPU、USB 以及所有外设，使用内嵌锁相环（Phase Locked Loop，PLL）产生多种频率，可以为内部实时时钟选择 32kHz 的晶振。

3）内嵌出厂前调校好的 8MHz RC 振荡电路，可以作为主时钟源。

4）针对 RTC（Real Time Clock，实时时钟）或看门狗的低频率 RC 电路。

5）LQPF100 封装芯片的最小系统只需要 7 个外部无源器件。

因此，使用 STM32 可以很轻松地完成产品的开发。ST 提供了完整、高效的开发工具和库函数，帮助开发者缩短系统开发时间。

4. 出众及创新的外设

STM32 的优势来源于两路高级外设总线，连接到该总线上的外设能以更高的速度运行。

1）USB 接口速度可达 12Mbit/s。

2）USART 接口速度高达 4.5Mbit/s。

3）SPI 接口速度可达 18Mbit/s。

4）I^2C 接口速度可达 400kHz。

5）GPIO 的最大翻转频率为 18MHz。

6）PWM（Pulse Width Modulation，脉冲宽度调制）定时器最高可使用 72MHz 时钟输入。

1.3.2 STM32F10x 系列单片机

STM32F10x 系列单片机基于 ARM Cortex－M3 内核，主要分为 STM32F100xx、STM32F101xx、STM32F102xx、STM32F103xx、STM32F105xx 和 STM32F107xx。STM32F100xx、STM32F101xx 和 STM32F102xx 为基本型系列，分别工作在 24MHz、36MHz 和 48MHz 主频下。STM32F103xx 为增强型系列，STM32F105xx 和 STM32F107xx 为互联型系列，均工作在 72MHz 主频下。其结构特点为：

1）一个主晶振可以驱动整个系统，低成本的 4～16MHz 晶振即可驱动 CPU、USB 和其他所有外设。

2）内嵌出厂前调校好的 8MHz RC 振荡器，可以作为低成本主时钟源。

3）内嵌电源监视器，减少对外部器件的要求，提供上电复位、低电压检测、掉电检测。

4）GPIO：最大翻转频率为 18MHz。

5）PWM 定时器：可以接收最大 72MHz 时钟输入。

6）USART：传输速率可达 4.5Mbit/s。

7）ADC：12 位，转换时间最快为 1μs。

8）DAC：提供 2 个通道，12 位。

9）SPI：传输速率可达 18Mbit/s，支持主模式和从模式。

10）I^2C：工作频率可达 400kHz。

11）I^2S：采样频率可选范围为 8 ~48kHz。

12）自带时钟的看门狗定时器。

13）USB：传输速率可达 12Mbit/s。

14）SDIO：传输速率为 48MHz。

1.3.3 STM32 系列单片机开发工具

目前世界上已有多种支持 STM32 系列单片机的开发工具，其中用得最多的为 MDK - ARM 和 IAR，见表 1-3。

表 1-3 STM32 系列单片机的开发工具

供应商	IDE	可支持的编译器	在线调试仿真器	说明
MDK - ARM	μVision4/5	ARW RVDS、Keiln C/C + +、GUN C/C + +	Keil ULink、Hitex Tanto、iSYSTEM iC3000、NohauE-MUL - ARM	μVision4/5 软件的 RealView MDK，ARM C/C + + 编译器和 ULink（USB/JTAG）
IAR	EWARW	IAR 的 ISO C/C + + 和拓展嵌入式 C + +	AnbyICE、ARM Real-ViewICE、J - Link、Mac-raigorWiggler 和其他基于 RDI 的 JTAG 接口	EWARM 开发环境，IAR C/C + + 编译器和 J - Link（USB/JTAG）
Raisonance	RIDE	GUN C/C + +	RLink	RIDE 开发环境，GNU C/C + + 编译器和 RLink（USB/JTAG）
Rowley	Cross - Works	GUN C/C + +	CrossConnect、Macraigor Wiggler、IAR、J - Link	CrossConnect 软件的 Cross - Works，GNU C/C + + 编译器和 CrossConnect（JTAG）

随着开发工具的不断完善与提高，还会有很多新的开发工具面世，用户可以查询相关的官方网站，本书所有例程采用 MDK - ARM 开发软件。

思考与练习

1. 什么是嵌入式系统？列举三个嵌入式系统的特征，区别于单片机系统和计算机系统。
2. 简述嵌入式系统与嵌入式操作系统之间的联系与区别。
3. 简述嵌入式系统的发展及应用。
4. 列举几个主流 ARM 架构及其应用。
5. ARMv7 架构分为哪几个系列？各系列针对哪些应用？

6. 简述 ARM Cortex – M3 处理器的性能特点。
7. STM32F10x 处理器分为哪几个系列？
8. 简述 STM32F10x 系列处理器的优点。
9. 简述 STM32F10x 系列处理器的内部结构特点。
10. STM32F10x 系列处理器按性能分为哪几个系列？各适合什么应用？
11. STM32 处理器常用开发工具有哪些？
12. 在 PC 上安装 MDK – ARM 开发软件，了解开发环境。

第 2 章 嵌入式单片机 STM32 硬件基础

STM32F103 系列单片机是 ST 公司基于 32 位 ARM Cortex - M3 内核，主要面向工业控制领域推出的微控制器芯片。其集成度高，外围电路简单，配合 ST 公司提供的标准库，开发者可以快速开发高可靠性的工业级产品。STM32F103 系列应用最广泛，也是初学者最易学习的一个系列。目前，市场开发主流仍是 STM32F103 系列单片机，又称 STM32F103 系列控制器。

2.1 STM32 系列单片机外部结构

2.1.1 STM32 系列单片机命名规则

STM32F103 系列芯片包括从 36 引脚至 100 引脚不同封装形式，不同的封装和丰富的资源使得 STM32F103 系列适用于多种场合，如电动机驱动和应用控制，医疗和手持设备，PC 外设，变频器、打印机等工业设备，报警系统和视频对讲设备等。STM32 系列命名遵循一定的规则，通过名字可以确定该芯片引脚、封装、Flash 容量等信息。STM32 命名规则如图 2-1 所示。

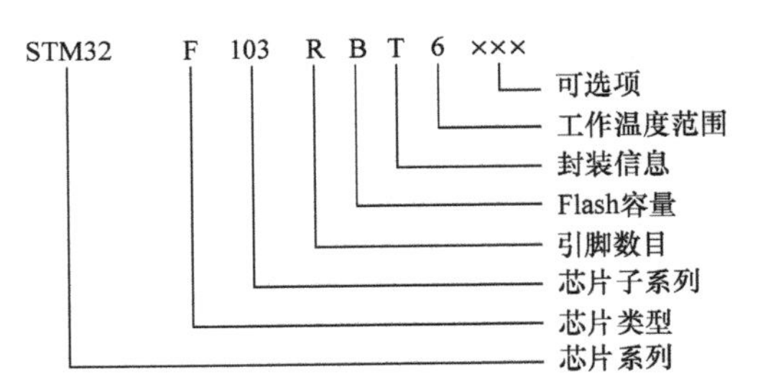

图 2-1 STM32 命名规则

1）芯片系列：STM32 代表 ST 品牌 Cortex - Mx 系列内核（ARM）的 32 位 MCU。

2）芯片类型：F—通用快闪，L—低电压（1.65 ~ 3.6V），W—无线系统芯片。

3）芯片子系列：103—ARM Cortex - M3 内核，增强型；050—ARM Cortex - M0 内核；101—ARM Cortex - M3 内核，基本型；102—ARM Cortex - M3 内核，USB 基本型；105—ARM Cortex - M3 内核，USB 互联网型；107—ARM Cortex - M3 内核，USB 互联网型、以太网型；215/217—ARM Cortex - M3 内核，加密模块；405/407—ARM Cortex - M4 内核，不加密模块。

4）引脚数目：R—64PIN，F—20PIN，G—28PIN，K—32PIN，T—36PIN，H—40PIN，C—48PIN，U—63PIN，O—90PIN，V—100PIN，Q—132PIN，Z—144PIN，I—176PIN。

5）Flash 容量：B—128KB Flash（中容量），4—16KB Flash（小容量），6—32KB Flash（小容量），8—64KB Flash（中容量），C—256KB Flash（大容量），D—384KB Flash（大容量），E—512KB Flash（大容量），F—768KB Flash（大容量），G—1MB Flash（大容量）。

6）封装信息：T—LQFP，H—BGA，U—VFQFPN，Y—WLCSP。

7）工作温度范围：6— -40~85℃（工业级），7— -40~105℃（工业级）。

8）可选项：此部分可以没有，也可以用于标示内部固件版本号。

2.1.2 STM32 系列单片机引脚功能

LQFP64（64 引脚贴片）封装的 STM32F103 芯片如图 2-2 所示，各引脚按功能可分为电源、复位、时钟控制、启动配置和输入输出，其中输入输出可作为通用输入输出，还可经过配置实现特定的第二功能，如 ADC、USART、I^2C、SPI 等。下面按功能简要介绍各引脚，涉及第二功能的引脚将在后面相关章节详细介绍。

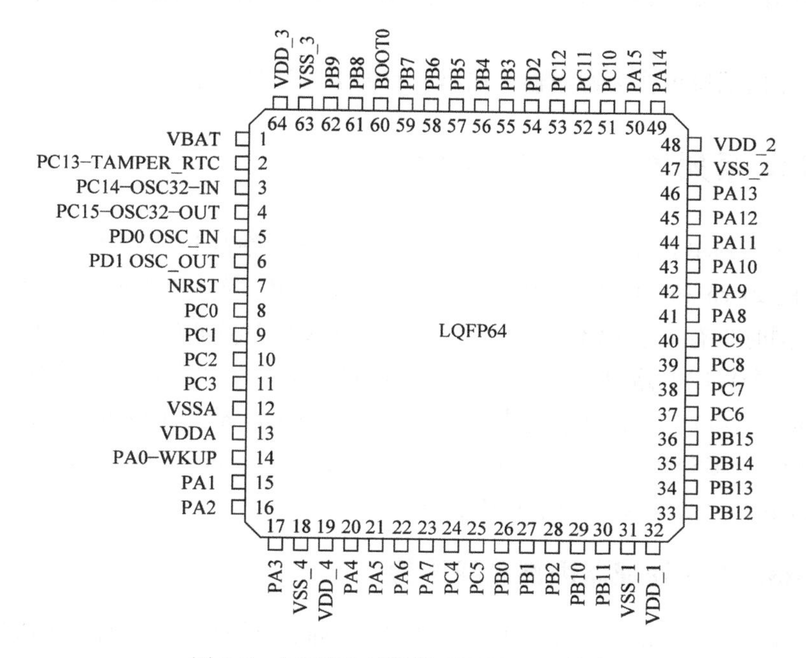

图 2-2 LQFP64 封装的 STM32F103 芯片

1. 电源：VDD_x（x=1，2，3，4）、VSS_x（x=1，2，3，4），VBAT，VDDA、VSSA

STM32F103 系列单片机的工作电压在 +2.0 ~ +3.6V 之间，整个系统由 VDD_x（接 +2.0 ~ +3.6V 电源）和 VSS_x（接地）提供稳定的电源供应。需要注意的是：

1）如果 ADC 被使用，VDD_x 的必须被控制在 2.4 ~ 3.6V；如果 ADC 未被使用，VDD_x在 2.0 ~ 3.6V。VDD_x 引脚必须连接带外部稳定电容器的电压。

2）VBAT 引脚给 RTC 单元供电，允许 RTC 在 VDD_x 关闭时正常运行，需接外部电池（+1.8 ~ +3.6V），如果没有接外部电池，VBAT 引脚需接到 VDD_x 电压上。

3）VDDA 和 VSSA 可为 ADC 单独提供电源以避免电路板的噪声干扰，VDDA 和 VSSA 引脚必须连接两个外部稳定电容器。

2. 复位：NRST

NRST 引脚出现低电平将导致系统复位，通常加接一个按键连接到低电平以实现手动复位功能。

3. 时钟控制：OSC_IN、OSC_OUT，OSC32_IN、OSC32_OUT

OSC_IN 和 OSC_OUT 接 4 ~ 16MHz 的晶振，为系统提供稳定的高速外部时钟；OSC32_IN 和 OSC32_OUT 接 32.768kHz 的晶振，为 RTC 提供稳定的低速外部时钟。

4. 启动配置：BOOT0、BOOT1（PB2）

通过设置 BOOT0 和 BOOT1 的高低电平配置 STM32F10x 的启动模式，为便于设置可通过跳线与高低电平连接。

5. 输入输出：PAx（x = 0，1，2，…，15）、PBx（x = 0，1，2，…，15）、PCx（x = 0，1，2，…，15）、PD2

四个输入输出端口可作为通用输入输出，有的引脚还具有第二功能（需要配置）。

2.2 STM32 系列单片机内部结构

STM32F103 系列单片机片上资源丰富，内核工作频率高达 72MHz，内置高速存储器（高达 128KB 的 Flash 和 20KB 的 SRAM），具有丰富的 IO 端口和大量连接到内部两条 APB 总线的外设，同时具有 2 个 12 位模/数转换器（Analog to Digital Converter，ADC）、2 个通用 16 位定时器、2 个集成电路总线（Inter - IC Control，I^2C）、2 个串行外设接口（Serial Peripheral Interface，SPI）、3 个通用同步异步收发器（Universal Synchronous/Asynchronous Receiver/Transmitter，USART）、1 个通用串行总线（Universal Serial Bus，USB）、1 个控制器局域网络（Controller Area Network，CAN）等。

2.2.1 STM32F103 处理器内部总线结构

根据指令和数据所用的存储空间与总线形式的不同，处理器分为冯·诺依曼结构和哈佛结构。冯·诺依曼结构的微处理器指令和数据共用一个存储空间和一条总线，这样内核在取指时不能进行数据读/写，反之亦然。哈佛结构的微处理器指令和数据存储在不同的存储空间，采用独立的指令总线和数据总线，可以同时进行取指和数据读/写操作，从而提高了处理器的运行性能。ARM 处理器（包括 STM32F103）均采用哈佛结构。

STM32F103 的总线系统由驱动单元、被动单元和总线矩阵三部分组成，如图 2-3 所示。

1. 驱动单元

1）指令总线（ICode）：将 Cortex - M3 内核的指令总线与 Flash 指令接口相连接，取指操作在该总线上进行。

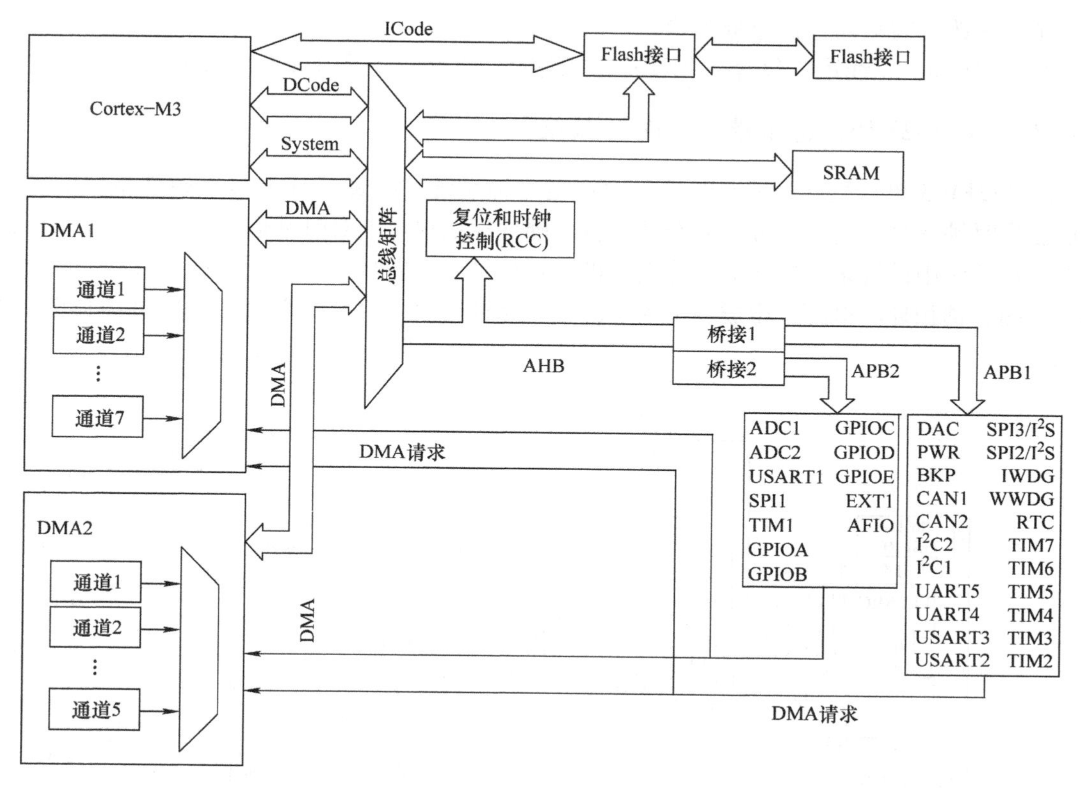

图2-3　STM32F103总线系统

2）数据总线（DCode）：将Cortex－M3内核的数据总线连接到总线矩阵，通过总线矩阵与Flash数据接口相连接，用于常量加载和调试访问。

3）系统总线（System）：将Cortex－M3内核的系统总线连接到总线矩阵，通过总线矩阵与外设相连。

4）直接内存访问总线（DMA）：将DMA的AHB主机接口连接到总线矩阵，通过总线矩阵与外设相连。

2. 被动单元

被动单元有3个，即内部SRAM、内部Flash、AHB（Advanced High Performance Bus，高级性能总线）/APB（Advanced Peripheral Bus，高级外设总线）桥。

两个AHB/APB桥在AHB和两条APB总线之间提供完全同步的连接，APB1工作频率限制在36MHz，APB2工作的最大频率为72MHz。

3. 总线矩阵

DCode总线、System总线和通用DMA总线通过总线矩阵与被动单元相连，总线矩阵分时轮换协调内核中数据总线、系统总线和DMA总线之间的访问。为了允许DMA访问，AHB外设通过总线矩阵连接到系统总线。

此外，总线矩阵还有以下控制功能：

1）将非对齐的处理器访问转换为对齐访问。

2）将对位带别名区的访问转换为对位带区的访问：进行位域提取以进行位带加载，进行原子读—改—写从而进行位带存储。

3）写缓冲：总线矩阵包含一个单入口写缓冲，使得处理器内核不受总线延迟的影响。

2.2.2 STM32F103 处理器内部时钟系统

STM32F103 单片机微处理器的神经中枢是时钟系统。时钟系统为整个硬件系统的各个模块提供时钟信号。由于系统的复杂性，各个硬件模块很可能对时钟信号有自己的要求，这就要求在系统中设置多个振荡器，分别提供时钟信号，或者从一个主振荡器开始经过多次倍频、分频、锁相环等电路，生成各个模块的独立时钟信号。STM32 单片机的时钟树如图 2-4 所示。

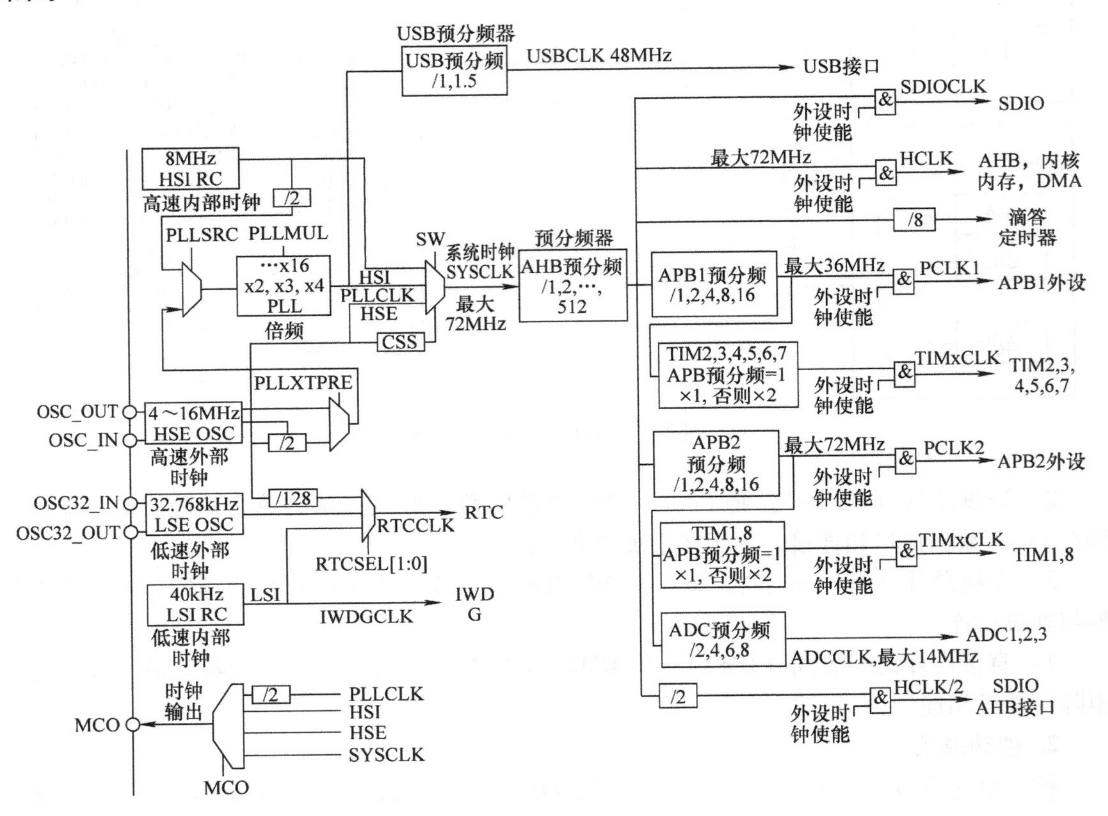

图 2-4　STM32 时钟树

在 STM32 中有 5 个时钟源，分别为 HSI（High - Speed Internal Clock Signal）、HSE（High - Speed External Clock Signal）、LSE（Low - Speed External Clock Signal）、LSI（Low - Speed Internal Clock Signal）、PLL（Phase Locked Loop）。

1. HSI：高速内部时钟信号 8MHz

HSI 通过 8MHz 的内部 RC 振荡器产生，并且可直接用作系统时钟，或者经过 2 分频后作为 PLL 的输入。

2. HSE：高速外部时钟信号 4～16MHz

HSE 可以通过外部直接提供时钟，从 OSC_IN 输入，使用外部陶瓷/晶体振荡器产生。

HSI 比 HSE 有更快的启动速度，但频率精确度没有外部晶体振荡器高。

3. LSE：低速外部时钟信号 32.768kHz

LSE 振荡器是一个 32.768kHz 的低速外部晶体/陶瓷振荡器，它为 RTC 或其他功能提供低功耗且精确的时钟源。

4. LSI：低速内部时钟信号 30～60kHz

LSI 担当一个低功耗时钟源的角色，它可以在停机和待机模式下保持运行状态，为独立看门狗和自动唤醒单元提供时钟。

5. PLL：锁相环倍频输出

PLL 用来倍频 HSI 或者 HSE，时钟输入源可选择为 HSI/2、HSE 或者 HSE/2，倍频可选择为 2～16 倍，但是其输出频率最大不得超过 72MHz。

除此之外，STM32 还具有系统时钟 SYSCLK。SYSCLK 是供 STM32 中绝大部分部件工作的时钟源，系统时钟可选择为 PLL 输出、HSI 或者 HSE。HSI 与 HSE 可以通过分频加至 PLLSRC，并由 PLLMUL 进行倍频后经选择直接充当 SYSCLK。PLLCLK 经 1.5 分频或 1 分频后为 USB 串行接口引擎提供一个 48MHz 的振荡频率，即当需要使用 USB 时，PLL 必须使能，并且时钟频率配置为 48MHz 或者 72MHz。48MHz 仅提供给 USB 串行接口引擎，而 USB 模块工作时钟是由 APB1 提供的。系统时钟最大频率为 72MHz，它通过 AHB 分频器分频后送给各模块使用，AHB 分频器可选择为 1、2、4、8、16、32、64、128、256、512 分频。AHB 分频器输出的时钟送给 5 大模块使用：

1）送给 AHB 总线、内核、内存和 DMA 使用的 HCLK 时钟。

2）通过 8 分频后送给 Cortex 的系统定时器时钟。

3）直接送给 Cortex 的空闲运行时钟 FCLK。

4）送给 APB1 分频器，APB1 分频器可选择为 1、2、4、8、16 分频，其输出一路供 APB1 外设使用（PCLK1，最大频率 36MHz）；另一路送给定时器（TIM）2、3、4 的倍频器使用（TIMxCLK），该倍频器可选择 1 或者 2 倍频，输出供定时器 2、3、4 使用。

5）送给 APB2 分频器，APB2 分频器可选择为 1、2、4、8、16 分频，其输出一路供 APB2 外设使用（PCLK2，最大频率 72MHz）；另一路送给定时器（TIM）1 的倍频器使用（TIM1CLK），该倍频器可选择 1 或者 2 倍频，输出供定时器 1 使用；另外，APB2 分频器还有一路输出供 ADC 分频器使用，分频后送给 ADC 模块使用，ADC 分频器可选择为 2、4、6、8 分频。

2.2.3 STM32F103 处理器内部复位系统

在实际的应用系统中，需要对 STM32 单片机初始复位，复位以后内部各功能寄存器及 IO 口置于初始值状态。STM32F10x 支持电源复位、系统复位和备份区域复位三种复位形式。

1. 电源复位

当 NRST 引脚被拉低时，将产生复位脉冲。要求每一个复位源都能保持至少 20μs 的低电平脉冲延时，电源才能有效复位。当以下事件发生时将产生电源复位。

1）上电/掉电复位（POR/PDR 复位）。

2）从待机模式中返回。

电源复位将复位除了备份区域外的所有寄存器。发生电源复位后，系统的复位入口矢量被固定在地址 0x00000004，即系统会从该地址重新运行用户程序。

2. 系统复位

当发生以下任一事件时，可以产生一个系统复位，通过查看时钟控制器的 RCC_CSR 控制状态寄存器中的复位状态标志位可以识别复位事件来源。

1）NRST 引脚上的低电平（外部复位）。

2）窗口看门狗计数终止（WWDG）复位。

3）独立看门狗计数终止（IWDG）复位。

4）软件复位（SW 复位）。

5）低功耗管理复位。

除了时钟控制器的 RCC_CSR 寄存器中的复位标志位和备份区域中的寄存器以外，系统复位将其他所有寄存器复位至它们的初始状态。

3. 备份区域复位

备份区域复位只影响备份区域的寄存器，STM32 备份区域支持两个专门的复位操作。可以通过以下两种方式产生备份区域复位。

1）软件方式：设置备份区域控制寄存器 RCC_BDCR 中的 BDRST 位。

2）在 VDD 和 VBAT 两者均掉电情况下，VDD 和 VBAT 上电将触发备份区域复位。

2.2.4 STM32F103 处理器内部存储器结构

1. STM32F103 处理器内部存储器结构及映射

STM32F103 存储器映像为预定义形式，严格规定了哪个位置使用哪条总线。

STM32F103 的程序存储器、数据存储器、寄存器和 IO 端口被组织到一个 4GB 的线性地址空间。数据字节以小端模式存放在存储器中，即低地址中存放的是字数据的低字节，高地址中存放的是字数据的高字节。STM32F103 内存映射如图 2-5 所示，地址空间分为 8 块，每块 512MB，阴影部分为保留的地址空间。

代码区（0x00000000 ~ 0x1FFFFFFF，512MB）主要包括启动空间（0x00000000 ~ 0x07FFFFFF，128MB）、Flash（0x08000000 ~ 0x08xxxxxx，16KB ~ 1MB）和系统存储区（0x1FFFF000 ~ 0x1FFFF800，2KB）三部分。Flash 存放用户编写的程序，系统存储区存放串口下载程序。系统上电后根据启动设置，将 Flash 或系统存储区映射到启动空间，执行用户程序或串口下载程序，启动配置方法见下文。

内部 SRAM（0x20000000 ~ 0x200xxxxx，6 ~ 96KB）是用来保存程序运行时产生的临时数据的随机存储器。

外设区是外设寄存器地址空间。Cortex - M3 内部外设区又称为“私有外设区”，用于调试组件等私有外设，如闪存地址重载及断点单元（FPB）、数据观察点单元（DWT）、仪器化跟踪单元（ITM）、嵌入式跟踪宏单元（ETM）、跟踪端口接口单元（TPIU）、ROM 表等。

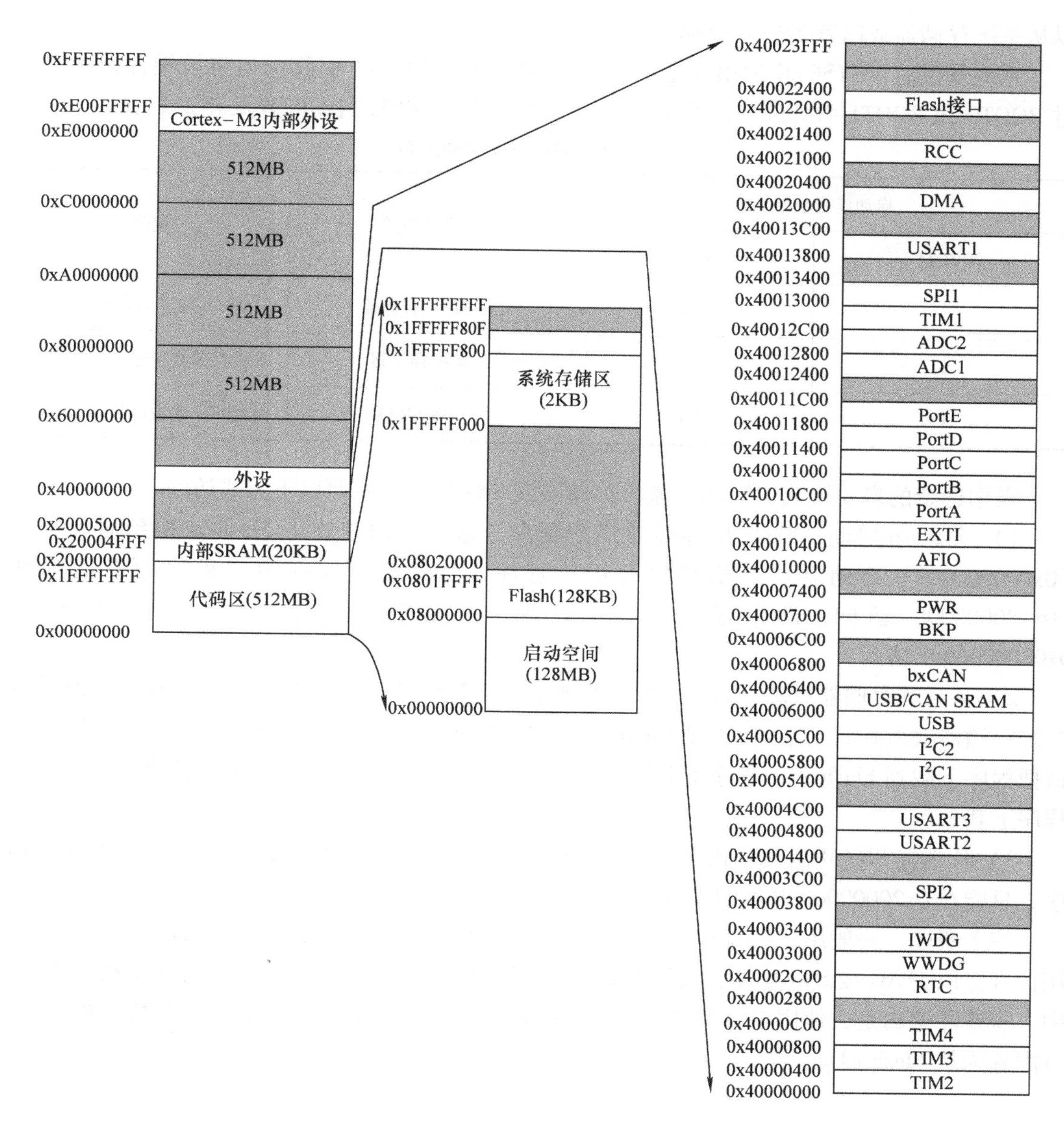

图2-5 STM32F103 内存映射图

2. 启动配置

STM32F103 系列单片机因为固定的存储器映像，代码区始终从地址 0x00000000 开始，通过 ICode 和 DCode 总线访问。启动之后，CPU 从地址 0x00000000 获取堆栈顶的地址，并从启动存储器的 0x00000004 指示的地址开始执行代码。而数据区（SARM）始终从地址 0x20000000 开始，通过系统总线访问。

STM32F103 系列单片机的 CPU 始终从 ICode 总线获取复位向量，即启动仅适合于从代码区开始，而常用的程序代码存放在 Flash 中，因此最典型的是从 Flash 启动。

STM32F103 单片机实现了一个特殊的机制，系统可以不仅仅从 Flash 存储器启动，还可以从系统存储器或内置 SRAM 启动。

系统复位后，SYSCLK 的第 4 个上升沿，BOOT0 和 BOOT1 引脚的值将被锁存，可以通过 BOOT0 和 BOOT1 引脚选择 3 种不同启动模式，STM32F10x 启动配置见表 2-1。

表 2-1　STM32F10x 启动配置

启动模式选择引脚		启动模式	说明
BOOT1	BOOT0		
x	0	主闪存存储器	Flash 被选为启动区域
0	1	系统存储器	系统存储器被选为启动区域
1	1	内置 SRAM	内置 SRAM 被选为启动区域

根据选定的启动模式，Flash、系统存储器或 SRAM 可以按照以下方式访问。

1）从 Flash 启动：Flash 中存放着用户程序，这种启动方式将 Flash 映射到启动空间（0x00000000），启动后单片机将执行用户程序，但仍然能够在用户程序原有的地址（0x08000000）访问，即闪存存储器的内容可以在两个地址区域（0x00000000 或 0x08000000）访问。

2）从系统存储器启动：系统存储器存放芯片出厂时的串口下载程序，这种启动方式将系统存储器映射到启动空间（0x00000000），启动后单片机将执行串口下载程序，可通过串口把程序下载到 Flash 中，程序下载完成后再配置为从 Flash 启动，因此该启动方式只用于程序下载。

3）从内置 SRAM 启动：内置 SRAM 一般存放程序运行时产生的临时数据，不存放程序，只能在 0x20000000 开始的地址区访问 SRAM。

综上所述，一般用户编写好程序后将程序下载到 Flash 中，并从 Flash 启动。程序可使用仿真器以 JTAG 或 SW 方式下载到 Flash，也可使用串口通过系统存储器启动下载到 Flash 中。需要注意的是，使用串口下载程序，需要先配置为从系统存储器启动，下载完程序后，再配置为从 Flash 启动。

2.3　STM32F103 单片机输入输出口

输入输出（IO，Input/Output）是单片机的最基本外设功能之一。根据型号不同，STM32F10x 处理器上 IO 端口数量不同，64 引脚的 STM32F103RBT6 只有 A、B、C、D 四个 IO 端口，而 144 引脚的 STM32F103ZET6 有 A、B、C、D、E、F 和 G 七个 IO 端口，每个端口有 16 个引脚，每个引脚可以作为通用功能输入输出 GPIO（General Purpose Input Output），大部分 IO 具有第二功能，即复用功能输入输出 AFIO（Alternate Function Input Output）。STM32F103 引脚第二功能见表 2-2，这里只列出相关功能，后续章节将详细介绍。

表 2-2　引脚第二功能

端口 A	第二功能	端口 B	第二功能	端口 C	第二功能	端口 D	第二功能
PA0	WKUP USART2_CTS ADC12_IN0 TIM2_CH1_ETR	PB0	ADC12_IN8 TIM3_CH3	PC0	ADC12_IN10	PD2	TIM3_ETR
PA1	USART2_RTS ADC12_IN1 TIM2_CH2	PB1	ADC12_IN9 TIM3_CH4	PC1	ADC12_IN11		
PA2	USART2_TX ADC12_IN2 TIM2_CH3	PB5	I^{2}C1_SMBAI	PC2	ADC12_IN12		
PA3	USART2_RX ADC12_IN3 TIM2_CH4	PB6	I^{2}C1_SCL TIM4_CH1	PC3	ADC12_IN13		
PA4	SPI1_NSS USART2_CK ADC12_IN4	PB7	I^{2}C1_SDA TIM4_CH2	PC4	ADC12_IN14		
PA5	SPI1_SCK ADC12_IN5	PB8	TIM4_CH3	PC5	ADC12_IN15		
PA6	SPI1_MISO ADC12_IN6 TIM3_CH1	PB9	TIM4_CH4				
PA7	SPI1_MOSI ADC12_IN7 TIM3_CH2	PB10	I^{2}C2_SCL USART3_TX				
PA8	USART1_CK TIM1_CH1 MCO	PB11	I^{2}C2_SDA USART3_RX				
PA9	USART1_TX TIM1_CH2	PB12	SPI2_NSS I^{2}C2_SMBAI USART3_CK				
PA10	USART1_RX TIM1_CH3	PB13	SPI2_SCK USART3_CTS				
PA11	USART1_CTS CANRX USBDM TIM1_CH4	PB14	SPI2_MISO USART3_RTS				
PA12	USART1_RTS CANTX USBDP TIM1_ETR	PB15	SPI2_MOSI				

2.4 STM32F103 最小系统设计

最小系统是指仅包含必需的元器件，仅可运行最基本软件的简化系统。无论多么复杂的嵌入式系统都可以认为是由最小系统和扩展功能组成的。最小系统是嵌入式系统硬件设计中复用率最高，也是最基本的功能单元。典型的最小系统由单片机芯片、供电电路、时钟电路、复位电路、启动配置电路和程序下载电路构成，如图 2-6 所示。

1）时钟：时钟通常由晶体振荡器（简称晶振）产生。图 2-6 中时钟部分提供了两个时钟源，Y1 是 8MHz 晶振，为整个系统提供时钟；Y2 是 32.768kHz 晶振，为 RTC 提供时钟。

2）复位：采用按键和保护电阻、电容构成复位电路，按下按键将触发系统复位，具体电路如图 2-6 中复位区域所示。

3）启动模式：启动模式由 BOOT0 和 BOOT1 选择，为了便于设置，BOOT0 接电平，BOOT1 通过 2X2 插针与不同的电平信号相连，通过跳线可以配置三种不同启动模式，具体电路如图 2-6 中 BOOT 区域所示。

4）下载：JTAG（Joint Test Action Group，联合测试行动小组）是一种国际标准测试协议（IEEE 1149.1 兼容），主要用于芯片内部测试。现在多数的高级器件都支持 JTAG 协议，如 ARM、DSP、FPGA 器件等，采用 4 线的 JTAG 下载方式，有效节省 IO 口。JTAG 四个引脚分配见表 2-3，具体电路如图 2-6 中 JTAG 区域所示。

表 2-3　JTAG 四个引脚分配

引脚名	描述	引脚分配
JTMS/SWDIO	串行线输入输出	PA13
JTCK/SWCLK	串行线时钟	PA14
VDD	3.3V	VDD
GND	地	GND

5）输入输出口：最小系统的所有输入输出口均通过插针引出，以方便扩展。通常对输入输出口加上几个辅助电路以进行简单验证，如 LED、串口。图 2-6 中 LED 区域有两个 LED，一个接在电源与地之间，一个接在 PD2 与电源之间。图 2-6 中串口部分采用插针引出发送（TXD）和接收（RXD）引脚。

6）电源：STM32F103 系列单片机的工作电压在 +2.0 ~ +3.6V 之间。由于常用电源为 5V，必须采用转换电路把 5V 电压转换为 2 ~3.6V 之间。电源转换芯片 REG1117 –3.3 是一款正电压输出的低压降三端线性稳压电路，输入 5V 电压，输出固定的 3.3V 电压。REG1117 –3.3 芯片引脚如图 2-7 所示。

根据 2.1.2 小节引脚描述，电源引脚必须接电容以增强稳定性，即图 2-6 中电源部分的 C1、C2、C5、C6、C8、C11。

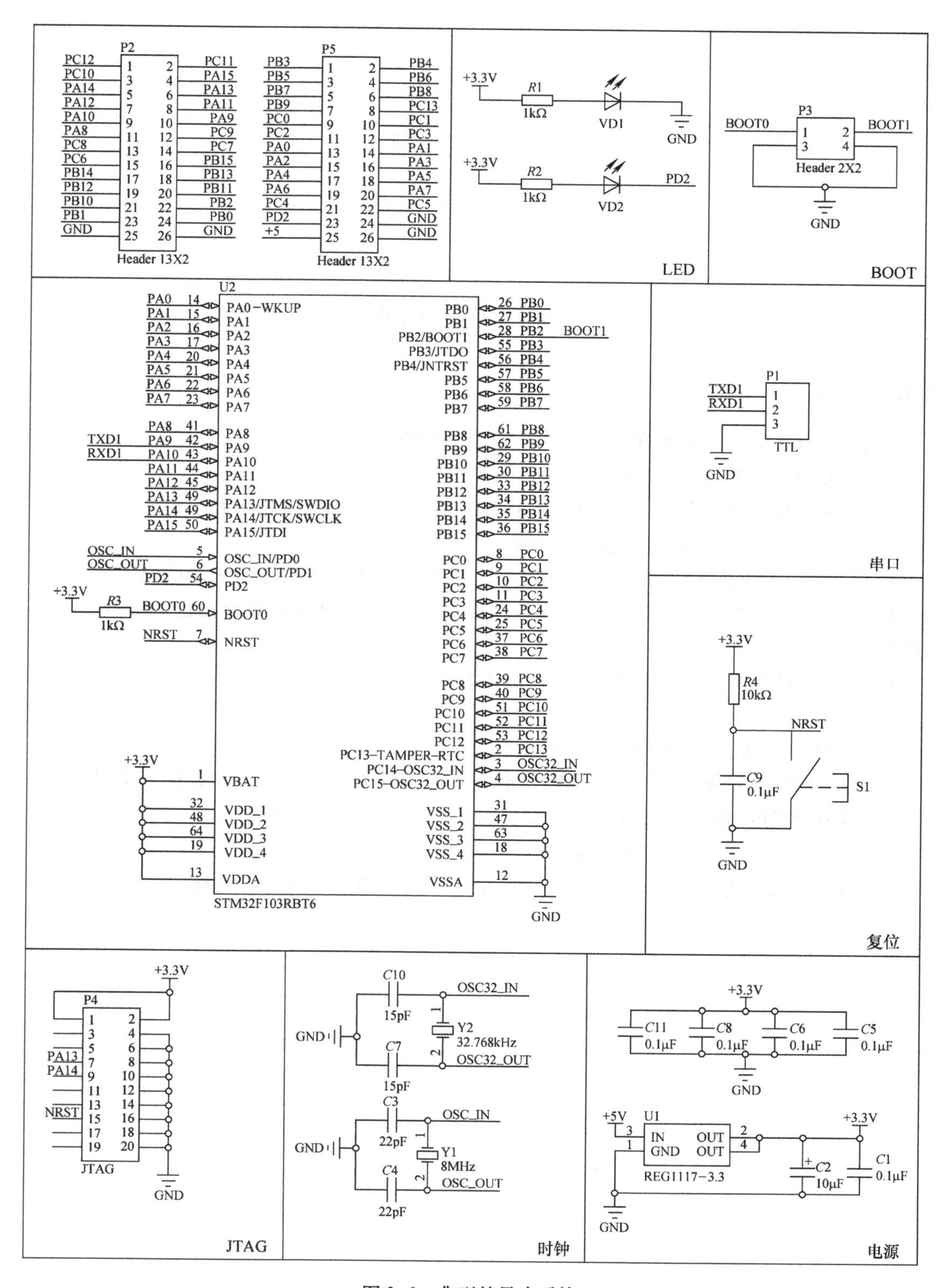
P2
Header 13X2
P5
Header 13X2
LED
+3.3V
R1
1kΩ
VD1
GND
R2
VD2
PD2
BOOT
BOOT0
BOOT1
P3
Header 2X2
U2
STM32F103RBT6
PA0−WKUP
PA13/JTMS/SWDIO
PA14/JTCK/SWCLK
PA15/JTDI
OSC_IN/PD0
OSC_OUT/PD1
NRST
VBAT
VDDA
VSSA
PB2/BOOT1
PB3/JTDO
PB4/JNTRST
PC13−TAMPER−RTC
PC14−OSC32_IN
PC15−OSC32_OUT
R3
TXD1
RXD1
P1
TTL
串口
R4
10kΩ
C9
0.1μF
S1
复位
P4
JTAG
C10
15pF
Y2
32.768kHz
OSC32_IN
OSC32_OUT
C7
C3
22pF
Y1
8MHz
OSC_IN
OSC_OUT
C4
时钟
C11
C8
C6
C5
0.1μF
+5V
U1
REG1117−3.3
IN
OUT
C2
10μF
C1
电源

图 2-6　典型的最小系统

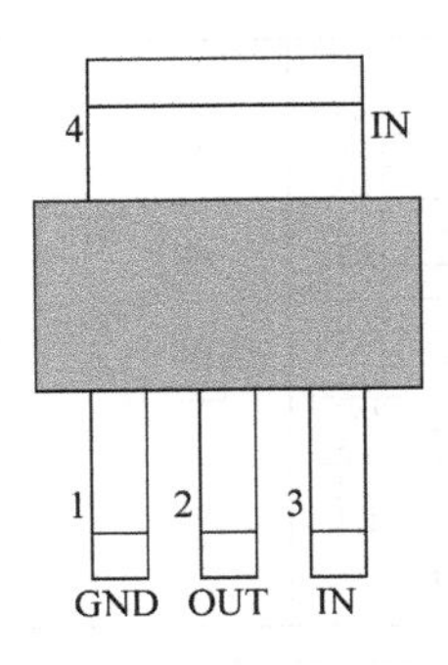

图 2-7 REG1117－3.3 芯片引脚

思考与练习

1. 试述 STM32F103 系列单片机片内包含哪些资源？

2. STM32F103 系列内核工作频率最高可达多少？

3. 描述 STM32 命名规则，STM32F103RBT6 的引脚、封装、Flash 大小是什么？

4. STM32F103 的引脚按功能可分为哪几类？

5. 简述冯·诺依曼结构和哈佛结构特点。STM32F103 的微处理器采用的是哪种结构？

6. STM32F103 的总线系统由哪三部分组成？总线系统中的驱动单元包括哪些，各有什么作用？

7. 什么是时钟树？STM32 有哪几个时钟源？AHB 分频器输出的时钟送给哪几个模块使用？

8. STM32 的 SYSCLK 系统时钟是什么？

9. 在 STM32F103 最小系统中，8MHz 晶振旁边连接的电容是多大？有什么作用？

10. 简述 STM32 的复位方式。手动复位按键处的电容有什么作用？

11. 简述 STM32F103 的内存分布。

12. 什么是最小系统？简述 STM32F103 最小系统的组成及各部分功能。

第3章 嵌入式单片机STM32软件开发基础

目前，软件开发已经是嵌入式系统行业公认的主要开发成本，通过将所有 Cortex - M 芯片供应商产品的软件接口标准化，能有效降低这一成本，尤其是进行新产品开发或者将现有项目或软件移植到基于不同厂商 MCU 的产品时。为此，2008 年 ARM 公司发布了 ARM Cortex 单片机软件接口标准（Cortex Microcontroller Software Interface Standard，CMSIS）。

ST 公司为开发者提供了标准外设库，通过使用该标准库无需深入掌握细节便可开发每一个外设，减少了用户编程时间，从而降低开发成本。同时，标准库也是学习者深入学习 STM32 原理的重要参考工具。

3.1 Cortex - M3 微控制器软件接口标准 CMSIS

3.1.1 CMSIS 概述

CMSIS 软件架构由 4 层构成：用户应用层、操作系统及中间件接口层、CMSIS 层和硬件层，如图 3-1 所示。

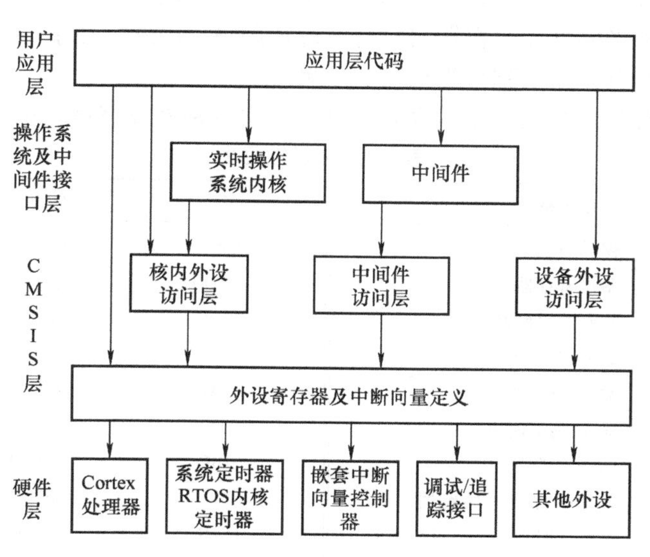

图 3-1　CMSIS 软件架构

其中，CMSIS 层起着承上启下的作用：一方面对硬件寄存器层进行统一实现，屏蔽不同厂商对 Cortex – M 系列微处理器核内外设寄存器的不同定义；另一方面又向上层的操作系统及中间件接口层和用户应用层提供接口，简化应用程序开发，使开发人员能够在完全透明的情况下进行应用程序开发。

CMSIS 层主要由以下 3 部分组成。

1）核内外设访问层 CPAL（Core Peripheral Access Layer）：由 ARM 公司实现，包括了命名定义、地址定义、存取内核寄存器和外围设备的协助函数，同时定义了一个与设备无关的 RTOS 内核接口函数。

2）中间件访问层 MWAL（Middleware Access Layer）：由 ARM 公司实现，芯片厂商提供更新，主要负责定义中间件访问的应用程序编程接口 API（Application Programming Interface）函数，如 TCP/IP 协议栈、SD/MMC、USB 等协议。

3）设备外设访问层 DPAL（Device Peripheral Access Layer）：由芯片厂商实现，负责对硬件寄存器地址及外设接口进行定义。另外，芯片厂商会对异常向量进行扩展，以处理相应异常。

3.1.2 STM32F10x 标准外设库

STM32F10x 标准外设库（也称固件库）是一个固件函数包，由程序、数据结构和宏组成，包括微控制器所有外设的性能特征，而且包括每一个外设的驱动描述和应用实例。通过使用该固件函数库无需深入掌握细节便可开发每一个外设，减少了用户编程时间，从而降低开发成本。

每一个外设驱动都由一组函数组成，这组函数覆盖了该外设的所有功能，每个器件的开发都由一个通用 API 驱动，API 对该程序的结构、函数和参数名都进行了标准化。因此，对于多数应用程序来说，用户可以直接使用。对于那些在代码大小和执行速度方面有严格要求的应用程序，可以参考固件库，根据实际情况进行调整。因此，在掌握了微控制器细节之后结合标准外设库进行开发将达到事半功倍的效果。

STM32 的标准外设库遵从一定的命名规则，其中各种外设缩写表见表 3-1。

表 3-1 外设缩写表

缩写	外设名称	缩写	外设名称
ADC	模/数转换器	I^2S	I^2S 总线接口
BKP	备份寄存器	IWDG	独立看门狗
CAN	控制器局域网	NVIC	嵌套向量中断控制器
CRC	CRC 计算单元	PWR	电源控制
DAC	数/模转换器	RCC	复位和时钟控制
DBGMCU	MCU 调试模块	RTC	实时时钟
DMA	DMA 控制器	SDIO	SDIO 接口
EXTI	外部中断/事件控制器	SPI	SPI 接口
SysTick	系统定时器	FSMC	灵活的静态存储器控制器
Flash	Flash 存储器	TIM	定时器
GPIO	通用输入输出	USART	通用同步异步收发器
I2C	IIC 总线接口	WWDG	窗口看门狗

例如，假设 PPP 表示任一外设缩写，则：

PPP_Init：根据 PPP_InitTypeDef 中指定的参数初始化外设 PPP，如 GPIO_Init。

PPP_StructInit：将 PPP_InitTypeDef 结构中的参数设为默认值。

PPP_Cmd：使能或者失能 PPP 外设。

PPP_ITConfig：使能或者失能 PPP 外设的中断源。

PPP_GetITStatus：判断 PPP 外设中断发生与否。

PPP_ClearITPendingBit：清除 PPP 外设中断待处理标志位。

从官网上获得 STM32 的 3.5 版标准库，图 3-2 为该标准外设库文件结构，显示了所有的文件组成及其分布。

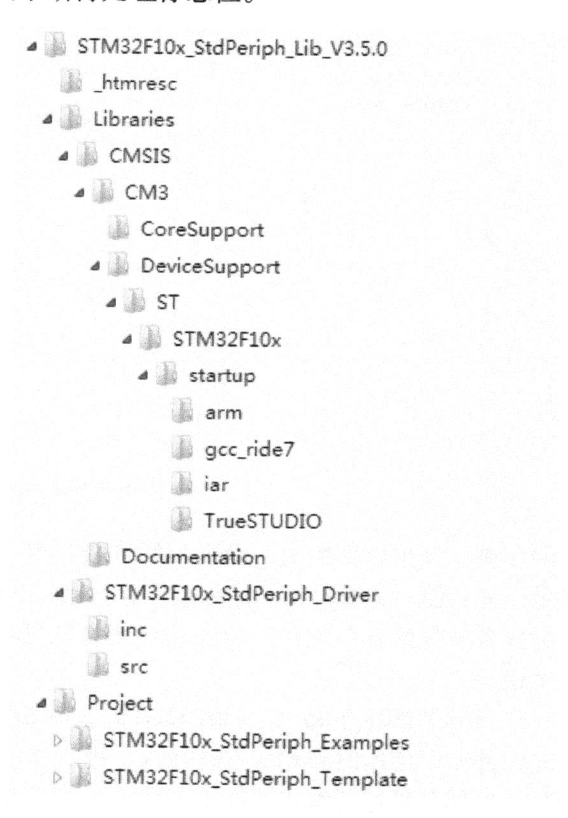

图 3-2 STM32 的 3.5 版标准外设库文件结构

系统相关的源程序文件和头文件都以"stm32f10x_"开头，如 stm32f10x.h。外设函数的命名以该外设的缩写加下划线开头，下划线用以分隔外设缩写和函数名，函数名的每个单词的第一个字母大写，如 GPIO_ReadInputDataBit。

1. Libraries 文件夹下的标准库的源代码及启动文件

Libraries 文件夹由 CMSIS 和 STM32F10x_StdPeriph_Driver 组成，如图 3-3所示。

1）**core_cm3.c** 和 **core_cm3.h** 分别是核内外设访问层（CPAL）的源文件和头文件，作用是为采用 Cortex－M3 内核的芯片外设提供进入 M3 内核的接口。这两个文件对其他公司的 M3 系列芯片也是相同的。

2）**stm32f10x.h** 是设备外设访问层（DPAL）的头文件，包含了 STM32F10x 全系列所有外设寄存器的定义（寄存器的基地址和布局）、位定义、中断向量表、存储空间的地址映射等。

3）**system_stm32f10x.c** 和 **system_stm32f10x.h** 分别是设备外设访问层（DPAL）的源文件和头文件，包含了两个函数和一个全局变量。函数 **SystemInit（）**用来初始化系统时钟（系统时钟源、PLL 倍频因子、AHB/APBx 的预分频及其 Flash），启动文件在完成复位后跳转到 main（）函数之前调用该函数。函数 **SystemCoreClockUpdate（）**用来更新系统时钟，当系统内核时钟变化后必须执行该函数进行更新。全局变量 **SystemCoreClock** 包含了内核时钟（HCLK），方便用户在程序中设置 SysTick 定时器和其他参数。

4）**startup_stm32f10x_X.s** 是用汇编写的系统启动文件，X 代表不同的芯片型号，使用时要与芯片对应。

启动文件是任何处理器上电复位后首先运行的一段汇编程序，为 C 语言的运行搭建合

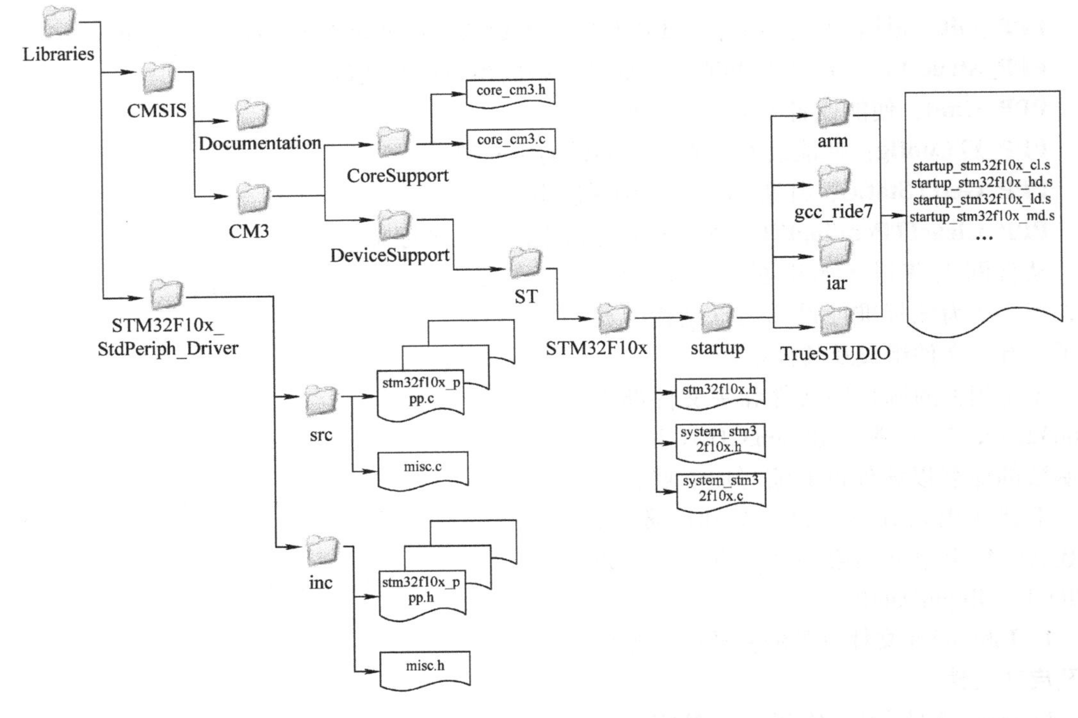

图 3-3　Libraries 文件结构

适的环境。其主要作用为：设置初始堆栈指针（SP）；设置初始程序计数器（PC）为复位向量，并在执行 **main（）**函数前调用 SystemInit（）函数初始化系统时钟；设置向量表入口为异常事件的入口地址；复位后处理器为线程模式，优先级为特权级，堆栈设置为 MSP 主堆栈。

5）**stm32f10x_ppp. c** 和 **stm32f10x_ppp. h** 分别为外设驱动源文件和头文件，**ppp** 代表不同的外设，使用时将相应文件加入工程。其包含了相关外设的初始化配置和部分功能应用函数，这部分是进行编程功能实现的重要组成部分。

6）**misc. c** 和 **misc. h** 提供了外设对内核中的嵌套向量中断控制器 NVIC 的访问函数，在配置中断时，必须把这两个文件加到工程中。

2. Project 文件夹下是采用标准库写的一些工程模板和例子

Project 由 STM32F10x_StdPeriph_Template 和 STM32F10x_StdPeriph_Examples 组成。在 STM32F10x_StdPeriph_Template 中有 3 个重要文件：stm32f10x_it. c、stm32f10x_it. h 和 stm32f10x_conf. h

1）stm32f10x_it. c 和 stm32f10x_it. h 是用来编写中断服务函数的，其中已经定义了一些系统异常的接口，其他普通中断服务函数要自己添加，中断服务函数的接口在启动文件中已经写好。

2）stm32f10x_conf. h 文件被包含进 stm32f10x. h 文件，用来配置使用了哪些外设的头文件，用这个头文件可以方便地增加和删除外设驱动函数。

为了更好地使用标准外设库进行程序设计，除了掌握标准库的文件结构，还必须掌握其体系结构，将这些文件对应到CMSIS标准架构上。标准外设库体系结构如图3-4所示。

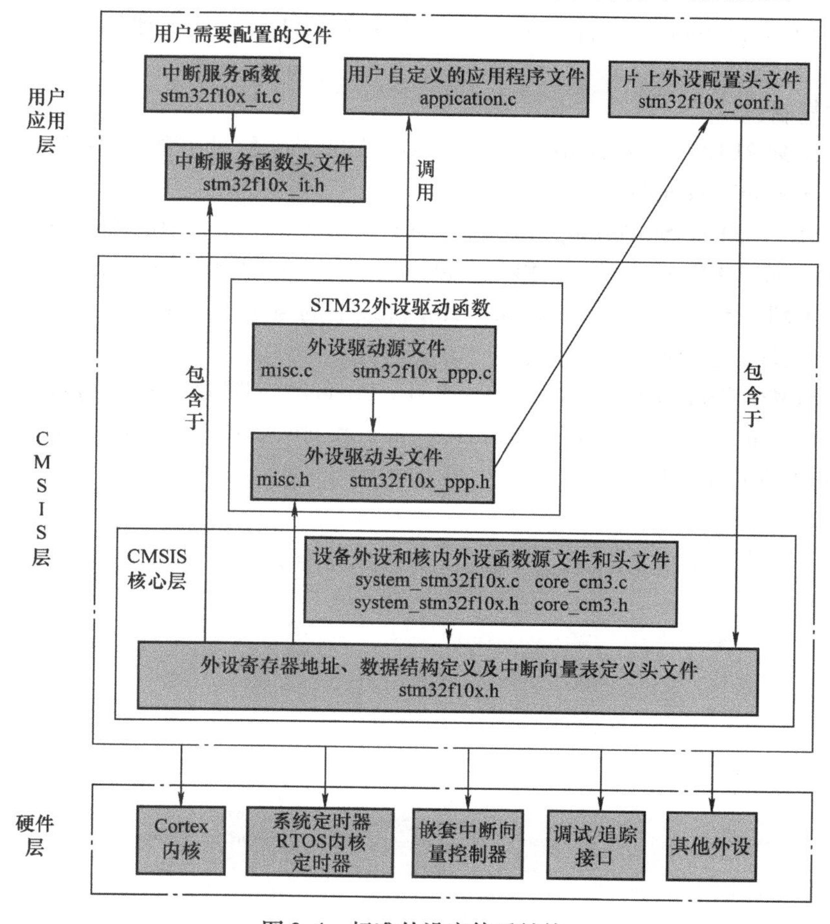

图3-4　标准外设库体系结构

图3-4描述了库文件之间的包含调用关系，在使用标准库开发时，把位于CMSIS层的文件添加到工程中不用修改，用户只需根据需要修改用户层的文件便可以进行软件开发。

德国Keil公司于2007年推出嵌入式开发工具MDK（Microcontroller Development Kit），集成了业内最领先的技术，包括μVision集成开发环境与RealView编译器RVCT，适合不同层次的开发者使用，包括专业的应用程序开发工程师和嵌入式软件开发的入门者。本章首先基于MDK和标准库介绍STM32F10x系列处理器的应用开发，能兼容MDK4、MDK5版本；鉴于MDK5安装软件具有了库驱动函数，因此本书也针对MDK5介绍一种更为简单方便的工程文件创建方法。读者可以选择其中的一种方法对STM32的各种功能进行开发，见本书第4~11章实例。用户也可以根据具体情况建立自己的工程文件结构。

3.2　基于MDK和标准库的STM32软件开发过程

1. 创建工程目录

1）针对工程应用在合适的位置新建文件夹并命名。例如，在E：\ STM32－Exercise新建 Unit3_Template 文件夹。

2）进入 Unit3_Template 文件夹后，再新建 4 个文件夹，分别命名为 Project、System、User 和 BSP。

3）文件复制：

① 复制 STM32F10x_StdPeriph_Lib_V3.5.0 \ Libraries 目录下的 STM32F10x_StdPeriph_Driver 文件夹至 Unit3_Template 文件夹；

② 复制 STM32F10x_StdPeriph_Lib_V3.5.0 \ Project \ STM32F10x_StdPeriph_Template 目录下的 system_stm32f10x.c 和 STM32F10x_StdPeriph_Lib_V3.5.0 \ Libraries \ CMSIS \ CM3 \ DeviceSupport \ ST \ STM32F10x \ startup \ arm 目录下的 startup_stm32f10x_md.s（根据芯片选择相应启动文件）至 System 文件夹；

③ 复制 STM32F10x_StdPeriph_Lib_V3.5.0 \ Project \ STM32F10x_StdPeriph_Template 目录下的 main.c、stm32f10x_conf.h、stm32f10x_it.c 和 stm32f10x_it.h 四个文件至 User 文件夹。完成后的工程目录如图 3-5 所示。

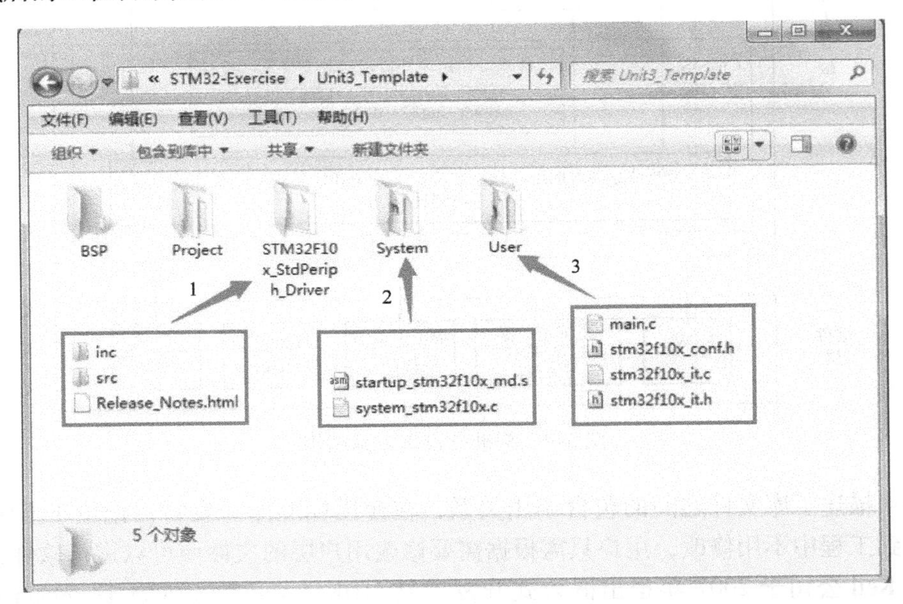

图 3-5 工程目录

2. 建立工程

（1）建立新工程，选择芯片型号

打开 MDK 软件，在 new project 菜单项中单击 New μVision Project，选择 E:\ STM32 - Exercise \ Unit3_Template \ Project，根据应用命名，单击 OK 按钮保存，进入下一步选择芯片型号，如图 3-6 所示。

（2）添加运行环境

如图 3-7 所示，勾选 CMSIS 下 CORE，该操作将 STM32 内核文件加入到工程中，此处如果不勾选，则须手动添加 CMSIS 中的内核文件。此外，该步可根据需要添加其他文件。勾选完成后单击 OK 按钮，新工程被创建。

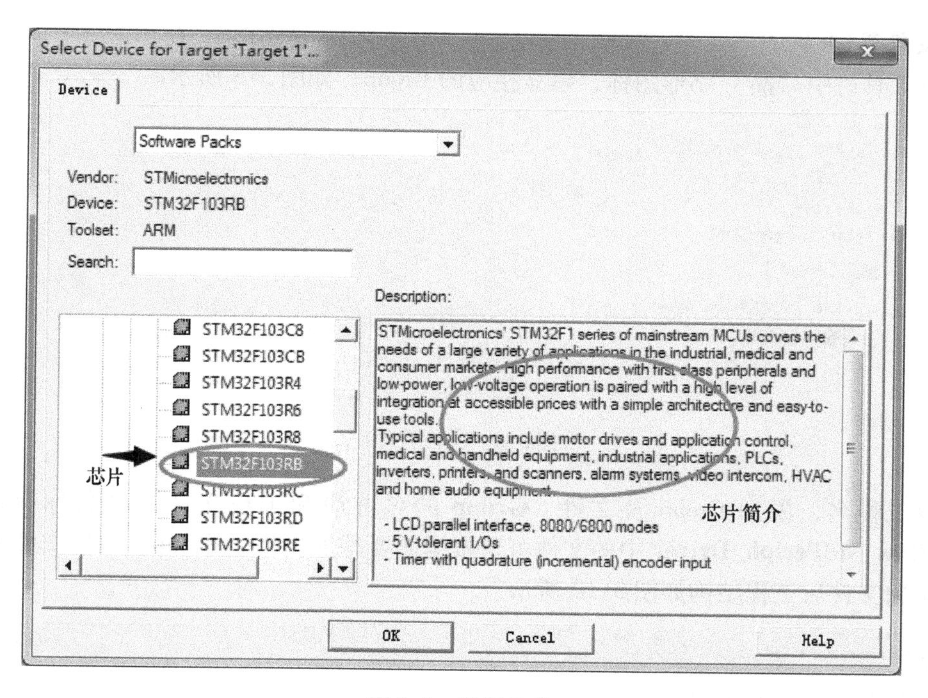

图 3-6　选择芯片

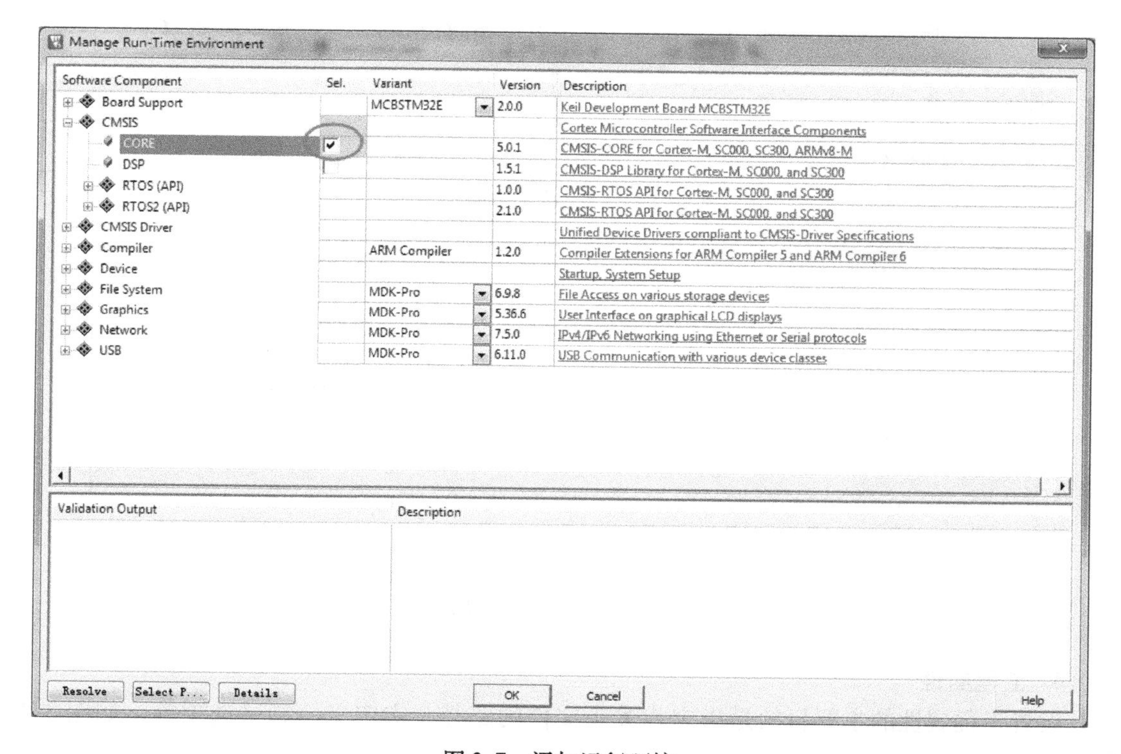

图 3-7　添加运行环境

3. 文件管理

单击工具栏中“品”字形图标，建立相应的 Group，如图 3-8 所示。

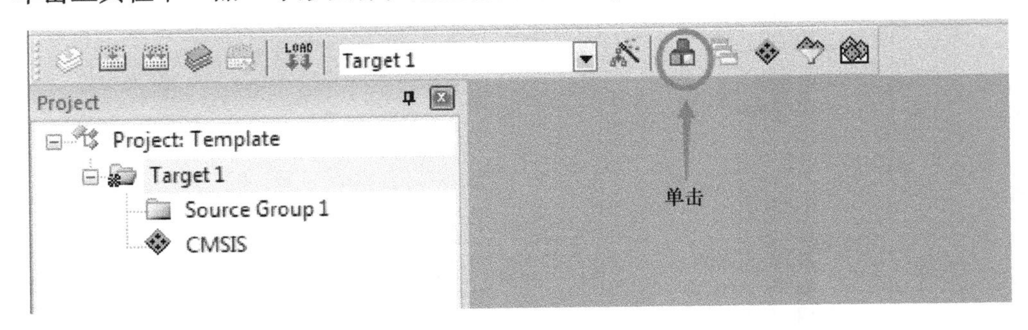

图 3-8　文件管理

更改工程名，添加 Group 及文件，**Group** 的名称应和工程文件夹的名称保持一致，**STM32F10x_StdPeriph_Driver** 中的文件可以根据需要添加。建立 Group，添加文件如图 3-9 所示。添加文件后工程结构如图 3-10 所示。

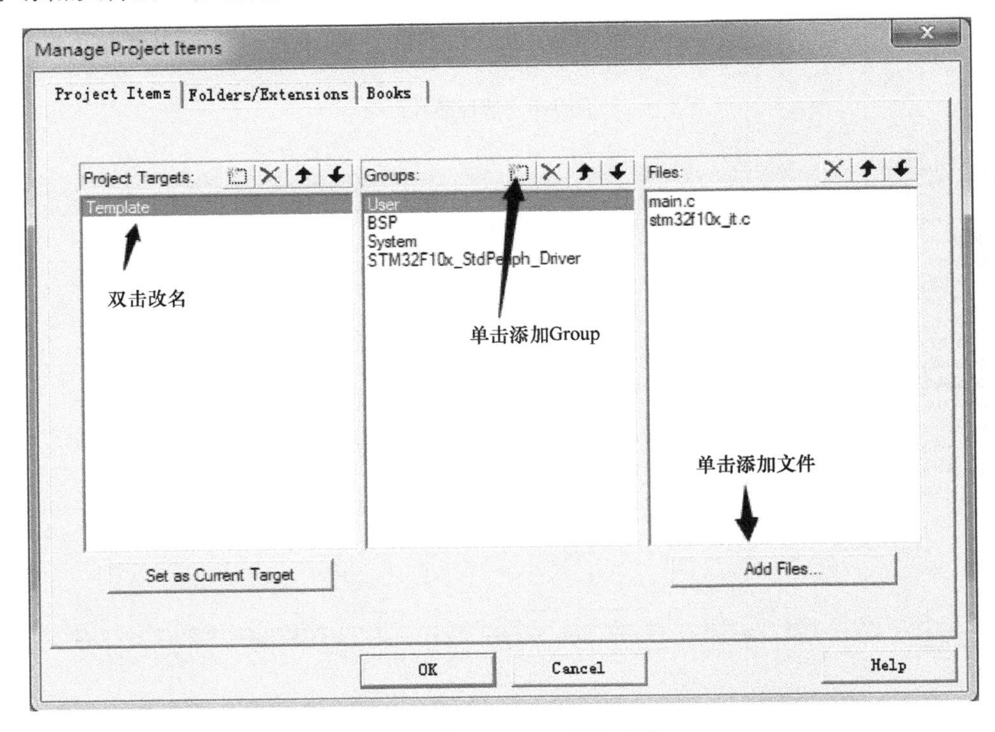

图 3-9　建立 Group，添加文件

4. 工程属性

设置工程属性的主要目的是指定相关头文件的路径、宏定义、调试选项等，如图 3-11 所示。

1）设置输出选项，如图 3-12 所示。为了将调试好的程序烧制到开发板的 Flash 中运行，需要生成 HEX 文件。可以在此步骤勾选 Create HEX File，编译后生成二进制 HEX

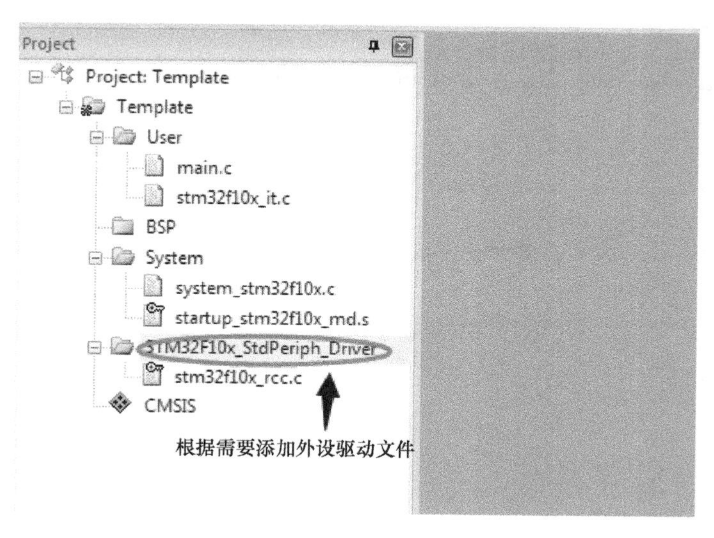

图 3-10　添加文件后工程结构

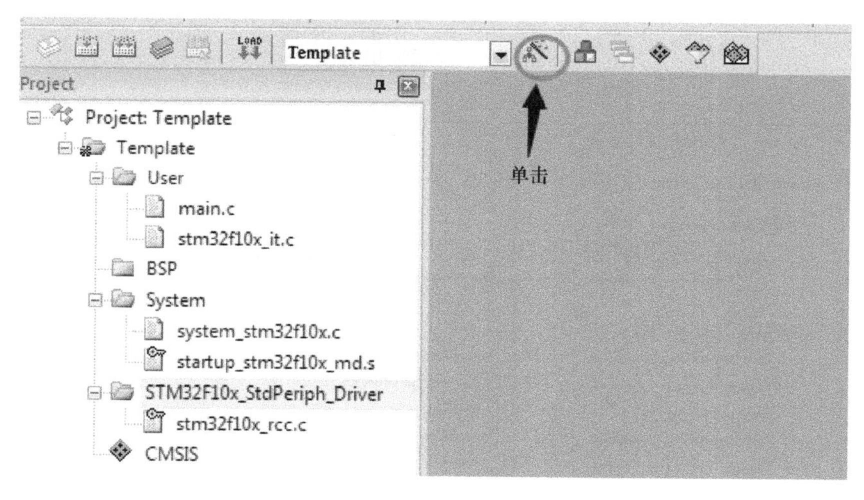

图 3-11　设置工程属性

文件。

2）设置 C/C + + 选项，如图 3-13 所示。在 C/C + + 选项卡中需要输入两个非常重要的宏：一个宏是 USE_STDPERIPH_DRIVER，表示使用标准外设库；另一个宏是 STM32F10X_MD，这个宏指定了 CPU 的容量，本例为中等容量的 STM32。除了设定两个宏之外，还要确定和工程有关的头文件的路径。

5. 编写主程序

双击 main. c，删除大部分程序，只保留一个预编译指令和主函数，如图 3-14 所示，单击“双下箭头”图标，编译全部文件，显示生成 HEX 文件，没有错误和没有警告，一个工程创建完成。

C 语言是 STM32 开发程序设计的基础，只有掌握了 C 语言才能更好地进行 STM32 开发

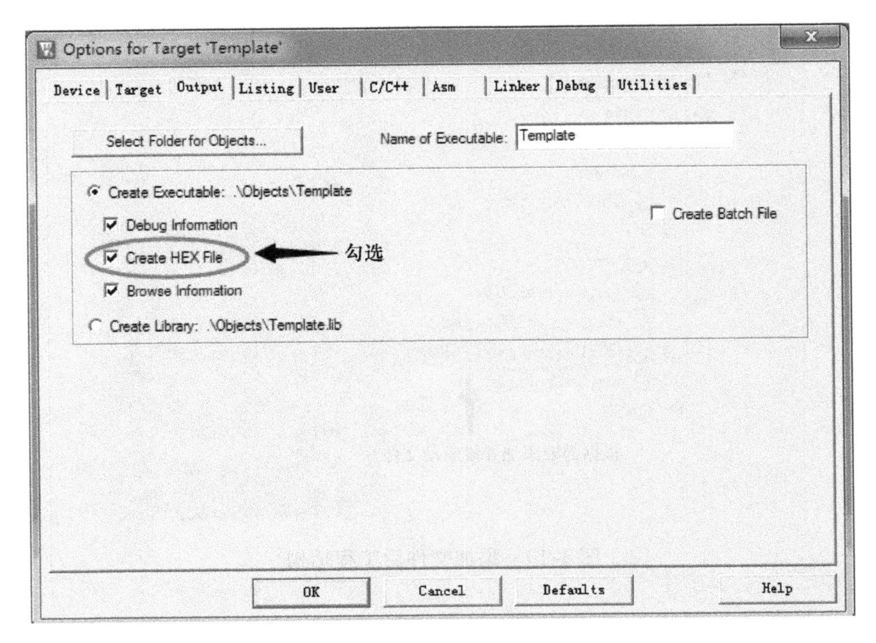

图 3-12　设置输出选项

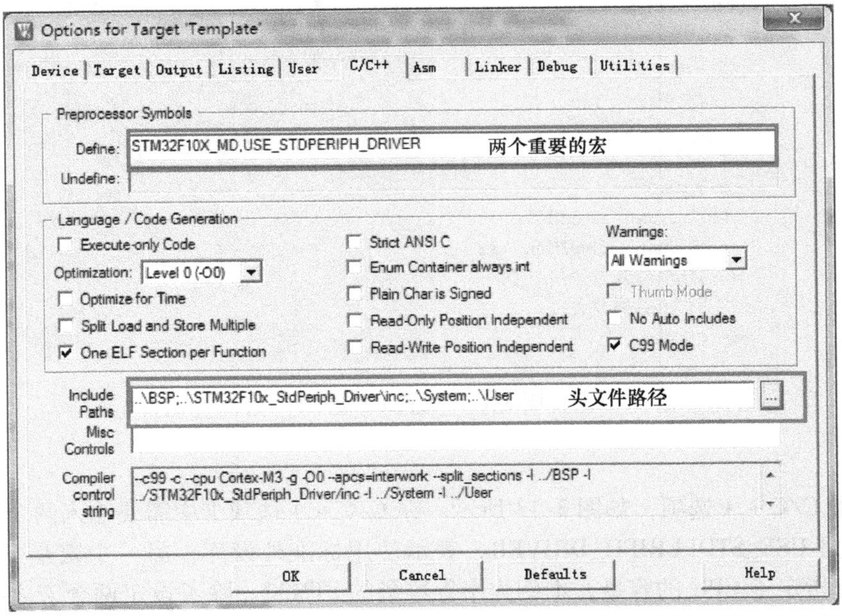

图 3-13　设置 C/C++选项

设计。常用的 C 语言设计基础请参阅相关书籍，本书只简要介绍 C 程序文件结构和程序版式。

每个 C 程序通常分为两个文件：一个文件用于保存程序的声明，称为头文件，以“.h”为后缀；另一个文件用于保存程序的实现，称为源文件，以“.c”为后缀；如果一个工程

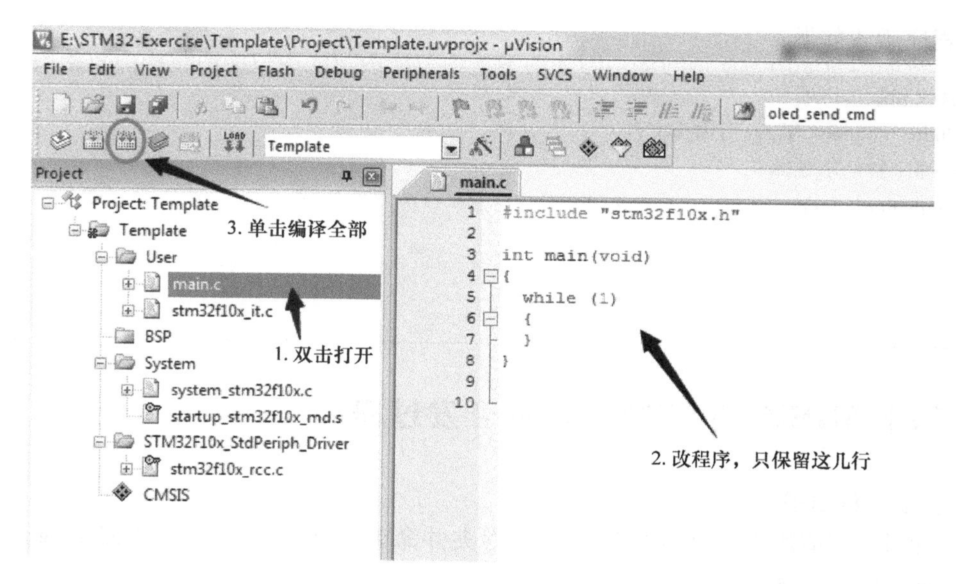

图 3-14　编写主程序并编译

中头文件数目较多，通常将头文件和源文件分别保存在不同的目录以便于维护。例如，可以将头文件保存于 inc 目录，源文件保存于 src 目录。

在头文件和源文件的开始是文件的版权和版本声明，主要内容有版权信息、文件名称、摘要、当前版本号、作者/修改者、完成日期、版本历史信息等。

1）头文件：由三部分组成，即头文件版权和版本声明、预处理块和函数声明。其程序版式如下：

```
// 版权和版本声明
#ifndef __GRAPHICS_H__// 防止 graphics. h 被重复引用
#define __GRAPHICS_H__
#include <math. h>// 引用标准库的头文件
#include "myheader. h" // 引用非标准库的头文件
void Function1(…);// 全局函数声明
#endif
```

为了防止头文件被重复引用，应使用 ifndef/define/endif 结构产生预处理块，使用#include <filename. h> 包含标准库的头文件，使用#include "filename. h" 包含非标准库的头文件。

头文件的作用如下：

① 通过头文件来调用库功能。在很多场合，源代码不便（或不准）向用户公布，只要向用户提供头文件和二进制的库即可。用户只需要按照头文件中的接口声明来调用库功能，而不必关心接口是怎么实现的，编译器会从库中提取相应的代码。

② 头文件能加强类型安全检查。如果某个接口被实现或被使用时，其方式与头文件中的声明不一致，编译器就会指出错误，减轻了程序员调试、改错的工作量。

2）源文件：由三部分组成，即源文件版权和版本声明、头文件的引用和程序的实现体。其程序版式如下：

```
// 版权和版本声明
#include "graphics. h"// 引用头文件
// 全局函数的实现体
void Function1(…)
{
…
}
```

3.3　基于 MDK5 的 STM32 软件开发过程

1. 创建工程目录

1）针对工程应用在合适的位置新建文件夹并命名。例如，在 I：\STM32 programe 新建 Unit3_Template 文件夹。

2）进入 Unit3_Template 文件夹后，再新建 5 个文件夹，分别命名为 Project、User、Listing、Output、Hardware。

3）复制 STM32F10x_StdPeriph_Lib_V3. 5. 0 \ Project \ STM32F10x_StdPeriph_Template 目录下的 main. c、stm32f10x_conf. h、stm32f10x_it. c 和 stm32f10x_it. h 四个文件至 User 文件夹。

完成后的工程目录如图 3-15 所示，共包含 5 个文件夹。其中，Project 文件夹用于存放工程文件、编译生成的中间文件及最终可运行的二进制文件；User 文件夹用于存放用户编写的与外设无关的源文件、头文件，中断服务程序源文件、头文件以及配置文件；Hardware 文件夹可用于存放用户编写的与外设有关的源文件和头文件。

新加卷 (I:) › STM32programe › Unit3_Template

名称	修改日期	类型	大小
Hardware	2018/2/23 8:56	文件夹	
Listing	2019/2/11 17:12	文件夹	
Output	2019/2/11 17:12	文件夹	
Project	2019/2/11 17:20	文件夹	
User	2019/2/11 17:06	文件夹	

新加卷 (I:) › STM32programe › Unit3_Template › User

名称	修改日期	类型	大小
main.c	2018/2/23 9:24	C 文件	1 KB
stm32f10x_conf.h	2011/4/4 19:03	H 文件	4 KB
stm32f10x_it.c	2011/4/4 19:03	C 文件	5 KB
stm32f10x_it.h	2011/4/4 19:03	H 文件	3 KB

图 3-15　工程目录

2. 建立工程

（1）建立新工程，选择芯片型号

打开 MDK5 软件，在 new project 菜单项中单击 New μVision Project，选择路径，如 I:\STM32programe\Unit3_Template\Project，根据应用命名，单击 OK 按钮保存，然后选择芯片型号 STM32F103RB，方法同图 3-6。

（2）添加运行环境

如图 3-16 所示，勾选 CMSIS 的 CORE 及 Device 的 Startup，将 STM32 内核及启动文件加入到工程中，然后勾选外设驱动 StdPeriph Drivers 必备的两个文件 Framework 和 RCC，勾选完成后单击 OK 按钮，新工程被创建。

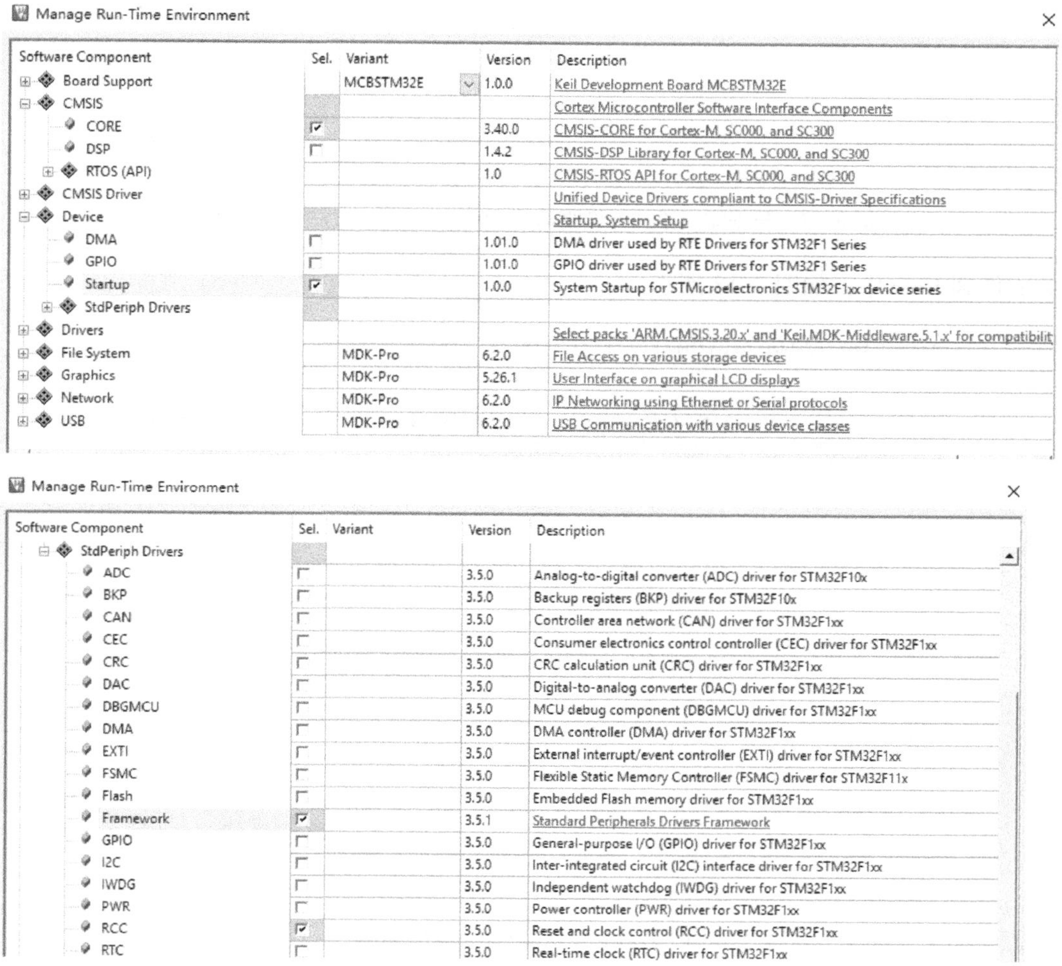

Manage Run-Time Environment

Software Component	Sel.	Variant	Version	Description
Board Support		MCBSTM32E	1.0.0	Keil Development Board MCBSTM32E
CMSIS				Cortex Microcontroller Software Interface Components
CORE	☑		3.40.0	CMSIS-CORE for Cortex-M, SC000, and SC300
DSP	☐		1.4.2	CMSIS-DSP Library for Cortex-M, SC000, and SC300
RTOS (API)			1.0	CMSIS-RTOS API for Cortex-M, SC000, and SC300
CMSIS Driver				Unified Device Drivers compliant to CMSIS-Driver Specifications
Device				Startup, System Setup
DMA	☐		1.01.0	DMA driver used by RTE Drivers for STM32F1 Series
GPIO	☐		1.01.0	GPIO driver used by RTE Drivers for STM32F1 Series
Startup	☑		1.0.0	System Startup for STMicroelectronics STM32F1xx device series
StdPeriph Drivers				
Drivers				Select packs 'ARM.CMSIS.3.20.x' and 'Keil.MDK-Middleware.5.1.x' for compatibilit
File System		MDK-Pro	6.2.0	File Access on various storage devices
Graphics		MDK-Pro	5.26.1	User Interface on graphical LCD displays
Network		MDK-Pro	6.2.0	IP Networking using Ethernet or Serial protocols
USB		MDK-Pro	6.2.0	USB Communication with various device classes

Manage Run-Time Environment

Software Component	Sel.	Variant	Version	Description
StdPeriph Drivers				
ADC	☐		3.5.0	Analog-to-digital converter (ADC) driver for STM32F10x
BKP	☐		3.5.0	Backup registers (BKP) driver for STM32F10x
CAN	☐		3.5.0	Controller area network (CAN) driver for STM32F1xx
CEC	☐		3.5.0	Consumer electronics control controller (CEC) driver for STM32F1xx
CRC	☐		3.5.0	CRC calculation unit (CRC) driver for STM32F1xx
DAC	☐		3.5.0	Digital-to-analog converter (DAC) driver for STM32F1xx
DBGMCU	☐		3.5.0	MCU debug component (DBGMCU) driver for STM32F1xx
DMA	☐		3.5.0	DMA controller (DMA) driver for STM32F1xx
EXTI	☐		3.5.0	External interrupt/event controller (EXTI) driver for STM32F1xx
FSMC	☐		3.5.0	Flexible Static Memory Controller (FSMC) driver for STM32F11x
Flash	☐		3.5.0	Embedded Flash memory driver for STM32F1xx
Framework	☑		3.5.1	Standard Peripherals Drivers Framework
GPIO	☐		3.5.0	General-purpose I/O (GPIO) driver for STM32F1xx
I2C	☐		3.5.0	Inter-integrated circuit (I2C) interface driver for STM32F1xx
IWDG	☐		3.5.0	Independent watchdog (IWDG) driver for STM32F1xx
PWR	☐		3.5.0	Power controller (PWR) driver for STM32F1xx
RCC	☑		3.5.0	Reset and clock control (RCC) driver for STM32F1xx
RTC	☐		3.5.0	Real-time clock (RTC) driver for STM32F1xx

图 3-16 添加运行环境

另外，外设驱动 StdPeriph Drivers 文件可以根据需要添加。例如，开发 GPIO 功能，可以添加 GPIO，如图 3-17 所示。

3. 文件管理

单击工具栏中“品”字形图标，在弹出的文件管理界面中建立相应的 Group，并添加

Manage Run-Time Environment

Software Component	Sel.	Variant	Version	Description
StdPeriph Drivers				
ADC	☐		3.5.0	Analog-to-digital converter (ADC) driver for STM32F10x
BKP	☐		3.5.0	Backup registers (BKP) driver for STM32F10x
CAN	☐		3.5.0	Controller area network (CAN) driver for STM32F1xx
CEC	☐		3.5.0	Consumer electronics control controller (CEC) driver for STM32F1xx
CRC	☐		3.5.0	CRC calculation unit (CRC) driver for STM32F1xx
DAC	☐		3.5.0	Digital-to-analog converter (DAC) driver for STM32F1xx
DBGMCU	☐		3.5.0	MCU debug component (DBGMCU) driver for STM32F1xx
DMA	☐		3.5.0	DMA controller (DMA) driver for STM32F1xx
EXTI	☐		3.5.0	External interrupt/event controller (EXTI) driver for STM32F1xx
FSMC	☐		3.5.0	Flexible Static Memory Controller (FSMC) driver for STM32F11x
Flash	☐		3.5.0	Embedded Flash memory driver for STM32F1xx
Framework	☑		3.5.1	Standard Peripherals Drivers Framework
GPIO	☑		3.5.0	General-purpose I/O (GPIO) driver for STM32F1xx
I2C	☐		3.5.0	Inter-integrated circuit (I2C) interface driver for STM32F1xx
IWDG	☐		3.5.0	Independent watchdog (IWDG) driver for STM32F1xx
PWR	☐		3.5.0	Power controller (PWR) driver for STM32F1xx
RCC	☑		3.5.0	Reset and clock control (RCC) driver for STM32F1xx
RTC	☐		3.5.0	Real-time clock (RTC) driver for STM32F1xx

图 3-17　根据需要添加外设驱动 StdPeriph Drivers 文件（如 GPIO）

相关文件到 User 中，如图 3-18 所示。

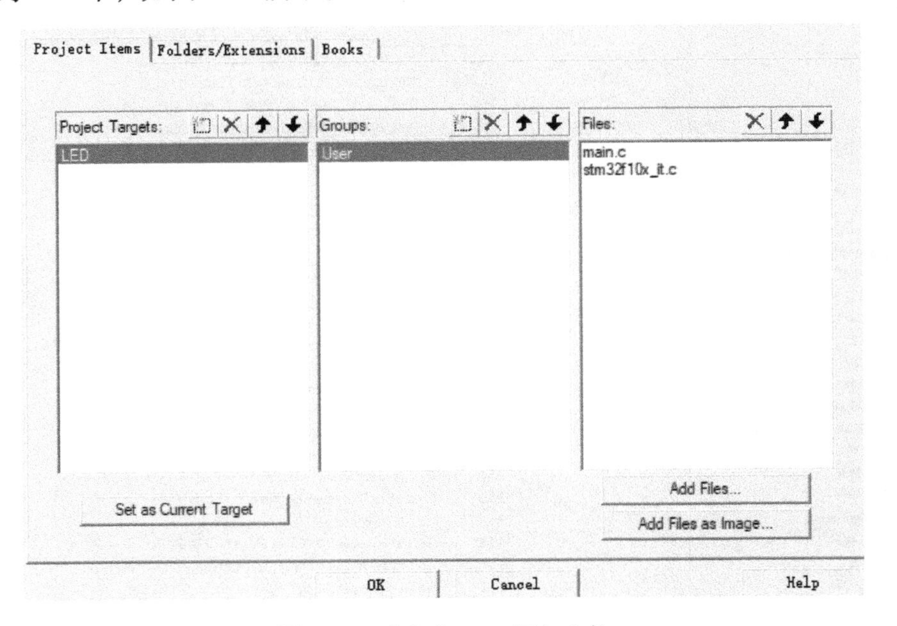

图 3-18　建立 Group，添加文件

4. 工程属性

设置工程属性的主要目的是指定相关头文件的路径、宏定义、调试选项等。单击工具栏中的“魔法棒”图标，弹出 Option 选项卡，设置工程属性。

（1）设置输出选项

为了将调试好的程序烧制到开发板的 Flash 中运行，需要生成 HEX 文件。可以在此步骤勾选 Create HEX File 选项，编译后生成二进制 HEX 文件，方法同图 3-12。

（2）设置 C/C++选项

在 C/C++选项卡中需要输入两个非常重要的宏：一个宏是 USE_STDPERIPH_DRIVER，表示使用标准外设库；另一个宏是 STM32F10X_MD，这个宏指定了 CPU 的容量，本例为中等容量的 STM32。另外，还要确定和工程有关的头文件的路径，在没有增加外部设备程序到 Hardware 文件夹里之前，目前只需路径 User 即可，如图 3-19 所示。

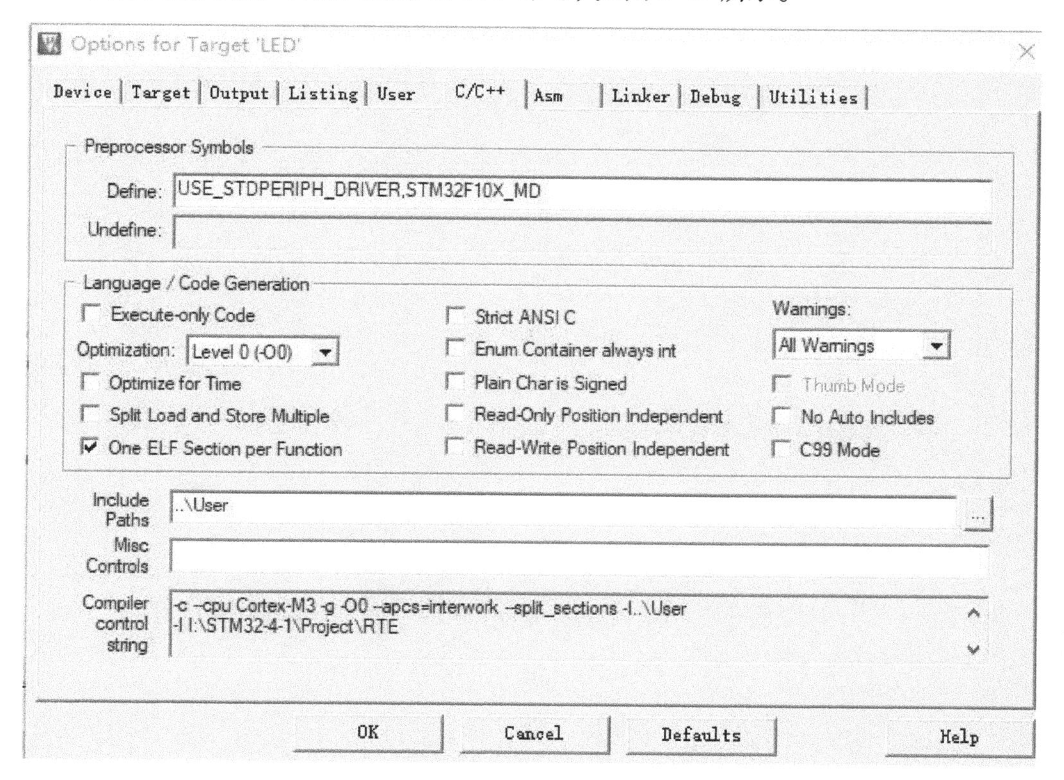

图 3-19　设置 C/C++选项

思考与练习

1. CMSIS 软件架构中的 CMSIS 层包括什么？CMSIS 层的作用是什么？
2. STM32F10x 标准外设库由什么组成？
3. 简述 STM32F10x 标准外设库的命名规则。
4. STM32 的标准外设库分为哪两个文件夹？
5. 试述 Libraries 文件结构，给出文件组成及其分布。
6. STM32F10x 标准外设库中 CPAL 层有哪些文件？DPAL 层有哪些文件？各有什么作用？
7. 什么是启动文件？启动文件有什么作用？Project 文件夹由什么组成？三个重要文件是什么？各自有什么作用？
8. 使用中断时，为了访问外设对内核的嵌套向量中断控制器 NVIC，必不可少的文件是什么？

9. 编写中断服务函数，实现中断函数的接口，必不可少的文件是什么？

10. 基于 MDK 和标准库的开发过程一般需要几个步骤？简述各个步骤的内容。

11. 宏 USE_STDPERIPH_DRIVER 与宏 STM32F10X_MD 的作用是什么？

12. C 程序通常包括哪两个文件？各有什么作用？

第4章

STM32单片机的通用功能输入输出(GPIO)

输入输出（IO，Input Output）是单片机最基本的外设功能之一。根据型号不同，STM32-F10x处理器上IO端口数量不同，64引脚的STM32F103RBT6只有A、B、C、D四个IO端口，而144引脚的STM32F103ZET6有A、B、C、D、E、F和G七个IO端口，每个端口有16个引脚，每个引脚可以作为通用功能输入输出（GPIO，General Purpose Input Output），大部分引脚也可作为复用功能输入输出（AFIO，Alternate Function Input Output）。本章将详细介绍STM32F10x的输入输出口及其应用，以及GPIO的应用设计。

4.1 STM32F10x的IO端口的组成及功能

4.1.1 STM32F10x的IO端口的基本组成结构

STM32F10x的IO端口的基本组成结构如图4-1所示。

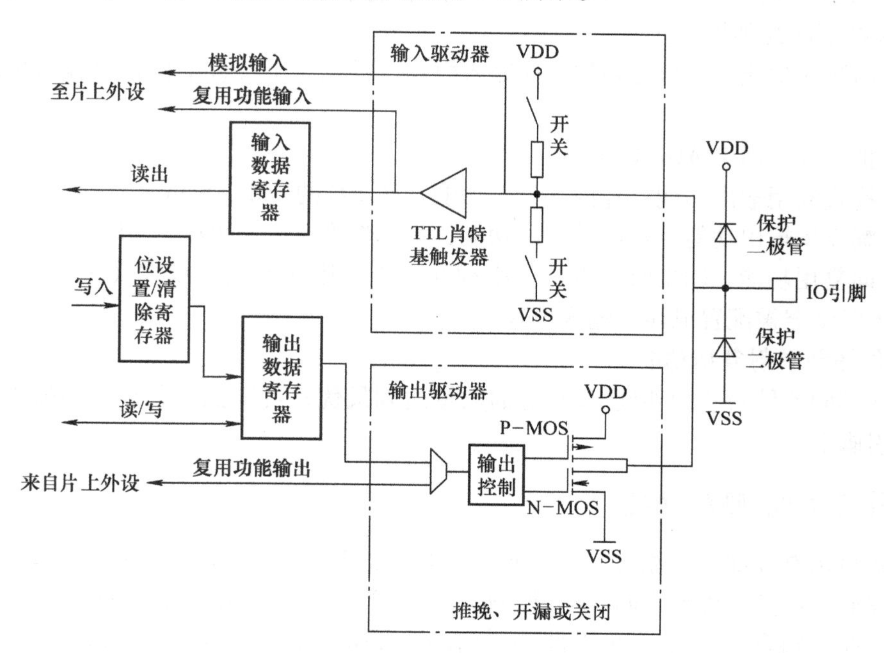

图4-1　STM32F10x的IO端口的基本结构

4.1.2 通用功能输入输出（GPIO）

通用功能输入输出（GPIO）包括下面几种模式：

1）输入浮空：即呈现高阻态。如果端口什么都不接，复位期间和刚复位后，IO 端口被默认配置成浮空输入模式。

2）输入上拉：即输入高电平。如果端口接一个上拉电阻（起保护作用），表示该端口在默认情况下输入为高电平。

3）输入下拉：即输入低电平。如果端口接一个下拉电阻（起保护作用），表示该端口在默认情况下输入为低电平。

实际应用时，I－O 的 JTAG 引脚常被置为输入上拉或下拉模式：

PA15：JTDI 置于上拉模式；PA14：JTCK 置于下拉模式；PA13：JTMS 置于上拉模式；PB4：JNTRST 置于上拉模式。

4）开漏输出：本身不输出电压，要想输出高电平必须接上拉电阻。

5）推挽式输出：直接输出高低电平电压。低电平时接地，高电平时输出电源电压。这种方式可以不接上拉电阻。

4.1.3 复用功能输入输出（AFIO）

STM32F10x 的 AFIO 包括默认复用功能和软件重新映射复用功能。

1. 默认复用功能

引脚的默认复用功能是固定的，有复用输入、复用输出和双向复用。复用功能输入输出（AFIO）包括下面几种模式：

1）复用输入功能：端口必须配置成输入模式（浮空、上拉或下拉）且输入引脚必须由外部驱动。

2）模拟输入：用于 ADC 模拟输入。

3）推挽式复用输出功能：片内外设的功能，如 I^2C 的 SCL、SDA。

4）开漏复用输出功能：片内外设的功能，如 SPI 的 SCK、MOSI、MISO。

5）双向复用功能：输出时，端口位必须配置成复用功能输出模式（推挽或开漏）。输入时，输入驱动器被配置成浮空输入模式。

2. 软件重新映射复用功能

为了使不同器件封装的外设 IO 功能的数量达到最优，可以把一些复用功能重新映射到其他一些引脚上。

4.1.4 外部中断/唤醒功能

所有端口都有外部中断能力，为了使用外部中断线，端口必须配置成输入模式。

对于互联型产品，外部中断/事件控制器由 20 个产生事件/中断请求的边沿检测器组成，对于其他产品，则有 19 个能产生事件/中断请求的边沿检测器。每个输入线可以独立地被配置输入类型（脉冲或挂起）和对应的触发事件（上升沿或下降沿或者双边沿触发）。每个输入线都可以独立地被屏蔽。挂起寄存器保持着状态线的中断请求。

外部中断/事件控制器结构及应用将在第 5 章详细论述。

STM32F10x 单片机的所有功能均是通过读/写寄存器实现的，每个 GPIO 端口都对应有 2 个 32 位配置寄存器（GPIOx - CRL、GPIOx - CRH)、2 个 32 位数据寄存器（GPIOx - IDR、GPIOx - ODR)、1 个 32 位置位/复位寄存器（GPIOx - BSRR)、1 个 16 位复位寄存器（GPIOx - BRR）和 1 个 32 位锁定寄存器（GPIOx - LCKR)。有关 GPIO 寄存器的功能请参见参考文献［1］。GPIO 功能也可借助标准外设库的函数来实现。标准库提供了几乎所有寄存器操作函数，基于标准库的开发更加简单、快捷。

4.2 GPIO 常用库函数

STM32 标准库中提供了几乎覆盖所有 GPIO 操作的函数，见表 4-1。为了理解这些函数的具体使用方法，下面对标准库中部分函数做详细介绍。

表 4-1 GPIO 函数库

函数名称	功能
GPIO_DeInit	将外设 GPIOx 寄存器重设为缺省值
GPIO_AFIODeInit	将复用功能（重映射事件控制和 EXTI 设置）重设为缺省值
GPIO_Init	根据 GPIO_InitStruct 中指定的参数初始化外设 GPIOx 寄存器
GPIO_StructInit	把 GPIO_InitStruct 中的每一个参数按缺省值填入
GPIO_ReadInputDataBit	读取指定端口引脚的输入
GPIO_ReadInputData	读取指定的 GPIO 端口输入
GPIO_ReadOutputDataBit	读取指定端口引脚的输出
GPIO_ReadOutputData	读取指定的 GPIO 端口输出
GPIO_SetBits	设置指定的数据端口位
GPIO_ResetBits	清除指定的数据端口位
GPIO_WriteBit	设置或者清除指定的数据端口位
GPIO_Write	向指定 GPIO 数据端口写入数据
GPIO_PinLockConfig	锁定 GPIO 引脚设置寄存器
GPIO_EventOutputConfig	选择 GPIO 引脚用作事件输出
GPIO_EventOutputCmd	使能或者失能事件输出
GPIO_PinRemapConfig	改变指定引脚的映射
GPIO_EXTILineConfig	选择 GPIO 引脚用作外部中断线路

1. 函数 GPIO_DeInit

函数 GPIO_DeInit 的原型为 void GPIO_DeInit（GPIO_TypeDef* GPIOx)，使用方法为：

```
GPIO_DeInit( );
```

2. 函数 GPIO_AFIODeInit

函数 GPIO_AFIODeInit 的原型为 void GPIO_AFIODeInit（void)，使用方法为：

```
GPIO_AFIODeInit( );
```

3. 函数 GPIO_Init

函数 GPIO_Init 的原型为 void GPIO_Init（GPIO_TypeDef* GPIOx，GPIO_InitTypeDef* GPIO_InitStruct)，该结构体中包含了外设 GPIO 的所有信息，如引脚名称、引脚传输速率、引脚工作模式等，具体结构如下：

```
typedef struct
{
    uint16_t GPIO_Pin;
    GPIOSpeed_TypeDef GPIO_Speed;
    GPIOMode_TypeDef GPIO_Mode;
}GPIO_InitTypeDef;
```

1）参数 GPIO_Pin 用来选择待设置的 GPIO_Pin 值。该参数可取值及含义如下：

GPIO_Pin_None /* 无引脚被选中 */

GPIO_Pin_n　n=1，2，…，15 /* 选中引脚 n */

GPIO_Pin_All　/* 选中全部引脚 */

2）GPIO_Speed 用以设置选中引脚的速率。该参数可取值及含义如下：

GPIO_Speed_10MHz　/* 最高输出速率 10MHz　*/

GPIO_Speed_20MHz　/* 最高输出速率 20MHz　*/

GPIO_Speed_50MHz　/* 最高输出速率 50MHz　*/

3）GPIO_Mode 用以设置选中引脚的工作状态。该参数可取值及含义如下：

GPIO_Mode_AIN　/* 模拟输入 */

GPIO_Mode_IN_FLOATING　/* 浮空输入 */

GPIO_Mode_IPD　/* 下拉输入　*/

GPIO_Mode_IPU　/* 上拉输入 */

GPIO_Mode_Out_OD　/* 开漏输出　*/

GPIO_Mode_Out_PP　/* 推挽输出　*/

GPIO_Mode_AF_OD /* 复用开漏输出 */

GPIO_Mode_AF_PP　/* 复用推挽输出　*/

该函数使用方法如下：

```
GPIO_InitTypeDef GPIO_InitStructure;
GPIO_InitStructure.GPIO_Pin = GPIO_Pin_All;
GPIO_InitStructure.GPIO_Speed = GPIO_Speed_10MHz;
GPIO_InitStructure.GPIO_Mode = GPIO_Mode_IN_FLOATING;
GPIO_Init(GPIOA,&GPIO_InitStructure);
```

4. 函数 GPIO_StructInit

函数 GPIO_StructInit 的原型为 void GPIO_StructInit（GPIO_InitTypeDef GPIO_InitStruct)，GPIO_InitStruct 各个成员的默认值为：GPIO_Pin_All、GPIO_Speed_2MHz、GPIO_Mode_IN_FLOATING。该函数的使用方法如下：

```
GPIO_StructInit(GPIOA,&GPIO_InitStructure);
```

5. 函数 GPIO_ReadInputDataBit

函数 GPIO_ReadInputDataBit 的原型为 uint8_t GPIO_ReadInputDataBit （GPIO_TypeDef* GPIOx，uint16_t GPIO_Pin），该函数的使用方法如下：

```
//读取 PB7 的输入值
uint8_t ReadValue;
ReadValue = GPIO_ReadInputDataBit(GPIOB,GPIO_Pin_7);
```

6. 函数 GPIO_ReadInputData

函数 GPIO_ReadInputData 的原型为 uint16_t GPIO_ReadInputData （GPIO_TypeDef* GPIOx），该函数的使用方法如下：

```
//读取 PB 的输入值
uint16_t ReadValue;
ReadValue = GPIO_ReadInputData (GPIOB);
```

7. 函数 GPIO_ReadOutputDataBit

函数 GPIO_ReadOutputDataBit 的原型为 uint8_t GPIO_ReadOutputDataBit （GPIO_TypeDef* GPIOx，uint16_t GPIO_Pin），该函数的使用方法如下：

```
//读取 PB7 的输出值
uint8_t ReadValue;
ReadValue = GPIO_ReadOutputDataBit(GPIOB,GPIO_Pin_7);
```

8. 函数 GPIO_ReadOutputData

函数 GPIO_ReadOutputData 的原型为 uint16_t GPIO_ReadOutputData （GPIO_TypeDef* GPIOx），使用方法如下：

```
//读取 PB 的输出值
uint16_t ReadValue;
ReadValue = GPIO_ReadOutputData (GPIOB);
```

9. 函数 GPIO_SetBits

函数 GPIO_SetBits 的原型为 void GPIO_SetBits （GPIO_TypeDef* GPIOx，uint16_t GPIO_Pin），使用方法如下：

```
//设置 PA10 和 PA15 为 1
GPIO_SetBits(GPIOA,GPIO_Pin_10 | GPIO_Pin_15);
```

10. 函数 GPIO_ResetBits

函数 GPIO_ResetBits 的原型为 void GPIO_ResetBits （GPIO_TypeDef* GPIOx，uint16_t GPIO_Pin），使用方法如下：

```
//设置 PA10 和 PA15 为 0
GPIO_ResetBits(GPIOA,GPIO_Pin_10 | GPIO_Pin_15);
```

11. 函数 GPIO_WriteBit

函数 GPIO_WriteBit 的原型为 void GPIO_WriteBit（GPIO_TypeDef* GPIOx，uint16_t GPIO_Pin，BitAction BitVal），使用方法如下：

```
//设置 PA15 为 1
GPIO_WriteBit(GPIOA,GPIO_Pin_15,Bit_SET);
```

12. 函数 GPIO_Write

函数 GPIO_Write 的原型为 void GPIO_Write（GPIO_TypeDef* GPIOx，uint16_t PortVal），使用方法如下：

```
//设置 PA 为 1101H
GPIO_Write(GPIOA,0x1101);
```

13. 函数 GPIO_PinLockConfig

函数 GPIO_PinLockConfig 的原型为 void GPIO_PinLockConfig（GPIO_TypeDef* GPIOx，uint16_t GPIO_Pin），使用方法如下：

```
//锁定 PA0 和 PA1
GPIO_PinLockConfig(GPIOA,GPIO_Pin_0 | GPIO_Pin_1);
```

14. 函数 GPIO_EventOutputConfig

函数 GPIO_EventOutputConfig 的原型为 void GPIO_EventOutputConfig（uint8_t GPIO_PortSource，uint8_t GPIO_PinSource），使用方法如下：

```
//设置 PA5 为事件输出引脚
GPIO_EventOutputConfig(GPIO_PortSourceGPIOA,GPIO_PinSource5);
```

15. 函数 GPIO_EventOutputCmd

函数 GPIO_EventOutputCmd 的原型为 void GPIO_EventOutputCmd（FunctionalState NewState），使用方法如下：

```
//使能 PC6 事件输出引脚
GPIO_EventOutputConfig(GPIO_PortSourceGPIOC,GPIO_PinSource6);
GPIO_EventOutputCmd(ENABLE);
```

16. 函数 GPIO_PinRemapConfig

函数 GPIO_PinRemapConfig 的原型为 void GPIO_PinRemapConfig（uint32_t GPIO_Remap，FunctionalState NewState），使用方法如下：

```
//重映射 I²C_SCL 为 PB8,I²C_SDA 为 PB9
GPIO_PinRemapConfig(GPIO_Remap_I2C1,ENABLE);
```

17. 函数 GPIO_EXTILineConfig

函数 GPIO_EXTILineConfig 的原型为 void GPIO_EXTILineConfig（uint8_t GPIO_PortSource，uint8_t GPIO_PinSource），使用方法如下：

```
//设置 PB8 为外部中断线
GPIO_EXTILineConfig(GPIO_PortSource_GPIOB,GPIO_PinSource8);
```

4.3 GPIO 使用流程

根据IO端口的特定硬件特征，IO端口的每个引脚都可以由软件配置成多种工作模式。在运行程序之前必须对每个用到的引脚功能进行配置。

1）如果某些引脚的复用功能没有使用，可以先配置为通用输入输出GPIO。

2）如果某些引脚的复用功能被使用，需要对复用的IO端口进行配置。

3）IO具有锁定机制，允许冻结IO配置。当在一个端口位上执行了锁定（LOCK）程序后，在下一次复位之前，将不能再更改端口位的配置。

4.3.1 普通 GPIO 配置

GPIO是最基本的应用，其基本配置方法为：

1）配置GPIO时钟，完成初始化。

2）利用函数GPIO_Init配置引脚，包括引脚名称、引脚传输速率、引脚工作模式。

3）完成GPIO_Init的设置。

4.3.2 IO 复用功能 AFIO 配置

IO复用功能AFIO常对应到外设的输入输出功能。使用时，需要先配置IO为复用功能，打开AFIO时钟，然后再根据不同的复用功能进行配置。对应外设的输入输出功能有下述三种情况：

1）外设对应的引脚为输出：需要根据外围电路的配置选择对应的引脚为复用功能的推挽输出或复用功能的开漏输出。

2）外设对应的引脚为输入：根据外围电路的配置可以选择浮空输入、带上拉输入或带下拉输入。

3）ADC对应的引脚：配置引脚为模拟输入。

对STM32各个外设的IO配置见表4-2～表4-12。比如，定时器要输出PWM，则需要首先打开GPIO和AFIO时钟，再配置IO为复用推挽输出，最后配置定时器功能。

表4-2 高级定时器TIM1/8

TIM1/8 引脚	配置	IO 配置
TIM1/8 – CHx	输入捕获通道 x	浮空输入
	输出比较通道 x	推挽复用输出
TIM1/8 – CHxN	互补输出通道 x	推挽复用输出
TIM1/8 – BKIN	刹车输入	浮空输入
TIM1/8 – ETR	外部触发时钟输入	浮空输入

表 4-3 通用定时器 TIM2/3/4/5

<table>
<tr><th>TIM2/3/4/5 引脚</th><th>配置</th><th>IO 配置</th></tr>
<tr><td rowspan="2">TIM2/3/4/5 - CHx</td><td>输入捕获通道 x</td><td>浮空输入</td></tr>
<tr><td>输出比较通道 x</td><td>推挽复用输出</td></tr>
<tr><td>TIM2/3/4/5 - ETR</td><td>外部触发时钟输入</td><td>浮空输入</td></tr>
</table>

表 4-4 USART

<table>
<tr><th>USART 引脚</th><th>配置</th><th>IO 配置</th></tr>
<tr><td rowspan="2">USARTx - TX</td><td>全双工模式</td><td>推挽复用输出</td></tr>
<tr><td>半双工同步模式</td><td>推挽复用输出</td></tr>
<tr><td rowspan="2">USARTx - RX</td><td>全双工模式</td><td>浮空输入或带上拉输入</td></tr>
<tr><td>半双工同步模式</td><td>未用，可作为通用 IO</td></tr>
<tr><td>USARTx - CK</td><td>同步模式</td><td>推挽复用输出</td></tr>
<tr><td>USARTx - RTS</td><td>硬件流量控制</td><td>推挽复用输出</td></tr>
<tr><td>USARTx - CTS</td><td>硬件流量控制</td><td>浮空输入或带上拉输入</td></tr>
</table>

表 4-5 SPI

<table>
<tr><th>SPI 引脚</th><th>配置</th><th>IO 配置</th></tr>
<tr><td rowspan="2">SPIx - SCK</td><td>主模式</td><td>推挽复用输出</td></tr>
<tr><td>从模式</td><td>浮空输入</td></tr>
<tr><td rowspan="4">SPIx - MOSI</td><td>全双工模式/主模式</td><td>推挽复用输出</td></tr>
<tr><td>全双工模式/从模式</td><td>浮空输入或带上拉输入</td></tr>
<tr><td>简单的双向数据线/主模式</td><td>推挽复用输出</td></tr>
<tr><td>简单的双向数据线/从模式</td><td>未用，可作为通用 IO</td></tr>
<tr><td rowspan="4">SPIx - MISO</td><td>全双工模式/主模式</td><td>浮空输入或带上拉输入</td></tr>
<tr><td>全双工模式/从模式</td><td>推挽复用输出</td></tr>
<tr><td>简单的双向数据线/主模式</td><td>未用，可作为通用 IO</td></tr>
<tr><td>简单的双向数据线/从模式</td><td>推挽复用输出</td></tr>
<tr><td rowspan="3">SPIx - NSS</td><td>硬件主/从模式</td><td>浮空输入或带上拉输入
或带下拉输入</td></tr>
<tr><td>硬件主模式/NSS 输出使能</td><td>推挽复用输出</td></tr>
<tr><td>软件模式</td><td>未用，可作为通用 IO</td></tr>
</table>

表 4-6 I^2C 接口

I^2C 引脚	配置	IO 配置
I^2C x - SCL	I^2C 时钟	开漏复用输出
I^2C x - SDA	I^2C 数据	开漏复用输出

表4-7　BxCAN的功能

BxCAN引脚	IO配置
CAN－TX	推挽复用输出
CAN－RX	浮空输入或带上拉输入

表4-8　USB的功能

USB引脚	IO配置
USB－DM/USB－DP	一旦使能了USB模块，引脚会自动连接到内部USB收发器

表4-9　SDIO的功能

SDIO引脚	IO配置
SDIO－CK	推挽复用输出
SDIO－CMD	推挽复用输出
SDIO［D7: D0］	推挽复用输出

表4-10　ADC/DAC的功能

ADC/DAC引脚	IO配置
ADC/DAC	模拟输入/输出

表4-11　FSMC的功能

FSMC引脚	IO配置
FSMC－A［25:0］，FSMC－D［15:0］	推挽复用输出
FSMC－CK	推挽复用输出
FSMC－NOE，FSMC－NWE	推挽复用输出
FSMC－NE［4:1］，FSMC－NCE［3:2］，FSMC－NCE4－1，FSMC－NCE4－2	推挽复用输出
FSMC－NWAIT，FSMC－CD	浮空输入或带上拉输入
FSMC－NIOSI16，FSMC－INTR，FSMC－INT［3:2］	浮空输入
FSMC－NL，FSMC－NBL［1:0］	推挽复用输出
FSMC－NIORD，FSMC－NIOWR，FSMC－NREG	推挽复用输出

表4-12　其他IO功能

引脚	复用功能	IO配置
TAMPER－RTC	RTC输出	当配置BKP－CR和BKP－RTCCR寄存器时，由硬件强制设置
	侵入事件输入	
MCO	时钟输出	推挽复用输出
EXTI输入线	外部中断输入	浮空输入或带上拉输入或带下拉输入

4.4　GPIO应用设计实例

GPIO是嵌入式单片机的基本功能，通过检测输入端口高低电平来获取外部设备开关状态，或通过输出高低电平来控制外部设备的开关状态，是实际应用中使用最多的外设。本节主要介绍 GPIO 的设计方法及应用实例，GPIO 的复用功能 AFIO 将在后续章节介绍。

4.4.1 GPIO 应用实例 1：系统工作指示灯

利用 GPIO 的输出功能实现系统工作指示功能：嵌入式系统工作过程通常需要一个 LED 指示系统运行状态，如图 4-2 中 LED1 快闪（间隔时间 0.3s）5 次表示系统完成初始化，LED1 慢闪（间隔时间 1s）表示系统正常运行。

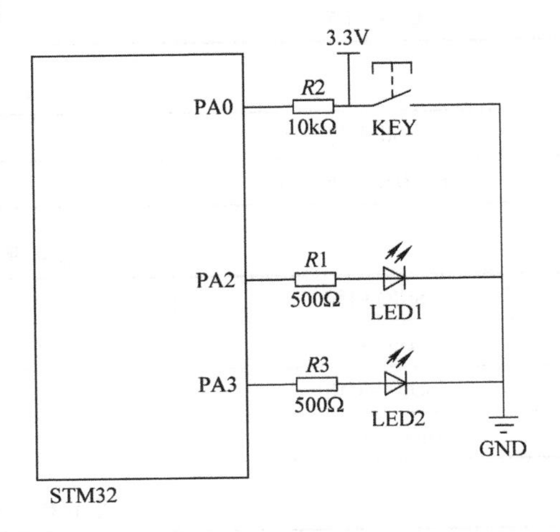

图 4-2 系统工作指示灯 LED 电路原理图

硬件电路设计如图 4-2 所示。普通 LED 的导通电压为 1.7～2.3V，导通电流为 2～20mA，电流过大会烧毁 LED，因此加一个限流电阻，根据所用 LED1，限流电阻阻值一般为 300～1000Ω。因此，设计硬件电路中 LED1 负极接地，正极经一个 500Ω 限流电阻接 PA2。

程序流程图如图 4-3 所示。

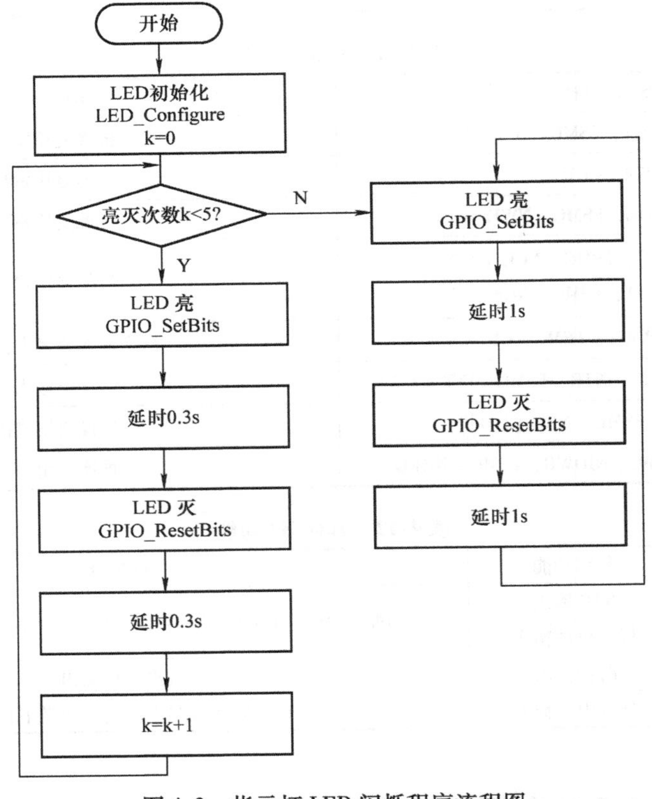

图 4-3 指示灯 LED 闪烁程序流程图

工程文件首先采用 MDK5，为了方便学习，将 LED 驱动程序放在 main. c 中，因此，只需编写完成 main. c 程序。此外，本例用到 GPIO 功能，须在驱动文件中将 GPIO 添加上（见图 3-17）。添加完成后的工程文件结构如图 4-4 所示。

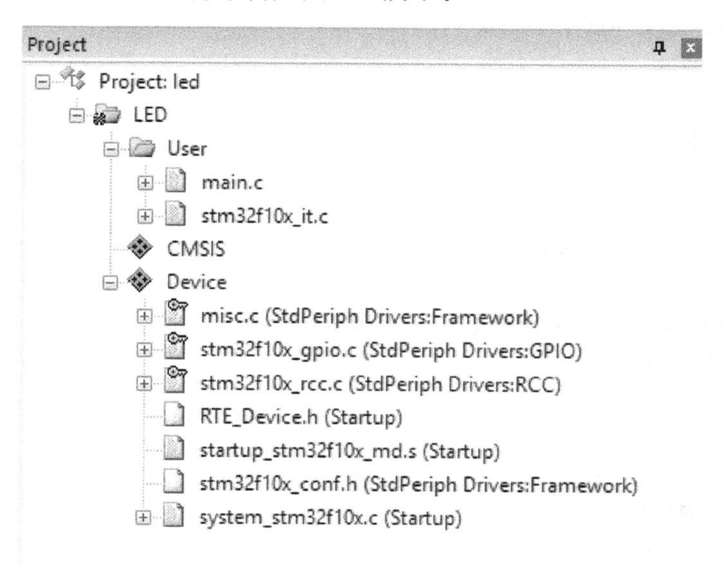

图 4-4　工程文件结构

main. c 程序如下：

main. c

```
/* ------------头文件包含------------------------*/
#include "stm32f10x.h"
    /* ------------------函数声明-------------*/
void delay_ms(int32_t ms);
/* -------------主程序-----------------------*/
int main(void)
{
    uint8_t k;//LED 亮灭计数
    /* LED 初始化 */
    GPIO_InitTypeDef GPIO_InitStructure;//定义 GPIO 初始化结构体
    RCC_APB2PeriphClockCmd(RCC_APB2Periph_GPIOA,ENABLE);//打开 GPIOA 时钟
    GPIO_InitStructure.GPIO_Pin = GPIO_Pin_2;//选择输出引脚
    GPIO_InitStructure.GPIO_Speed = GPIO_Speed_50MHz;//设置 IO 翻转速度
    GPIO_InitStructure.GPIO_Mode = GPIO_Mode_Out_PP;//推挽输出
    GPIO_Init(GPIOA,&GPIO_InitStructure);//完成 PA2 设置
    GPIO_ResetBits(GPIOA,GPIO_Pin_2);//熄灭 LED

    /* 完成初始化,LED 快闪 5 次 */
    for(k=0; k<5; k++)
    {
```

```
        GPIO_SetBits(GPIOA,GPIO_Pin_2);
        delay_ms(300);
        GPIO_ResetBits(GPIOA,GPIO_Pin_2);
        delay_ms(300);
    }
        /* 正常运行,LED 慢闪 */
    while (1)
    {
        GPIO_SetBits(GPIOA,GPIO_Pin_2); //LED 亮
        delay_ms(1000);
        GPIO_ResetBits(GPIOA,GPIO_Pin_2); //LED 灭
        delay_ms(1000);
    }
}
/**
  * @简介:软件延时函数,单位 ms
  * @参数: 延时毫秒数
  * @返回值:无
  */
void delay_ms(int32_t ms)
{
    int32_t i;
    while(ms--)
    {
        i=7500;//开发板晶振 8MHz 时的经验值
        while(i--);
    }
}
```

先编译程序，然后将编译好的程序下载到开发板，可以看到 LED 快闪 5 次，表示初始化完成，随后 LED 慢闪，系统进入正常运行状态。也可以利用软件仿真显示 IO 输出状态，具体操作如下：

1）如图 4-5 所示，选择工程属性 Debug 下的 Use Simulator，最下面的 Dialog DLL 及 Parameter 改为：DARMSTM. DLL、 -pSTM32F103RB，TARMSTM. DLL、 -pSTM32F103RB，如图 4-5 所示，然后，单击 OK 按钮退出工程设置。

2）按图 4-6 所示步骤，通过软件仿真中的逻辑分析仪观察 PA2 输出高低电平的变化。

3）按〈F5〉键或者单击工具栏左上角的图标，使程序全速运行，调节 Logic Analyzer 中的 Zoom，观察 PA2 输出电平变化，如图 4-7 所示，先是高低电平快速变化 5 次，之后慢速变化。注意，由于计算机时钟与 STM32 时钟不一致及软件原因，软件仿真观测时，高低电平时间与理论设计会出现不一致现象，因此利用逻辑分析仪观察到电平的改变主要是说明程序的运行状况。

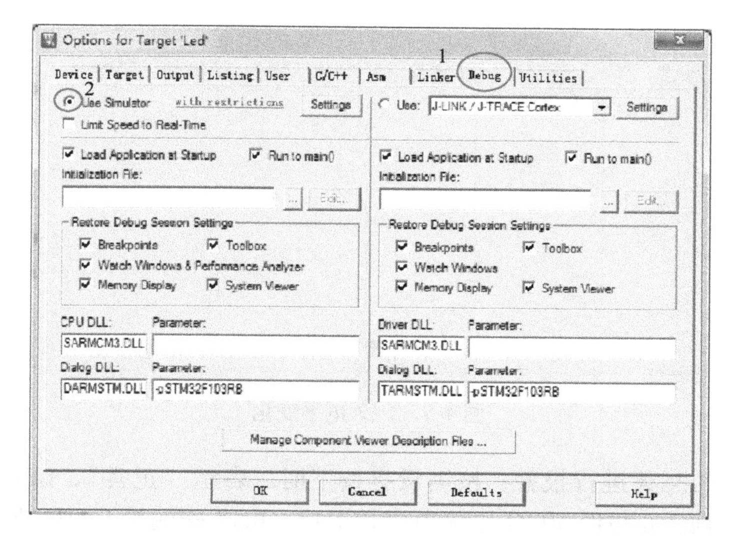

图4-5　软件仿真设置

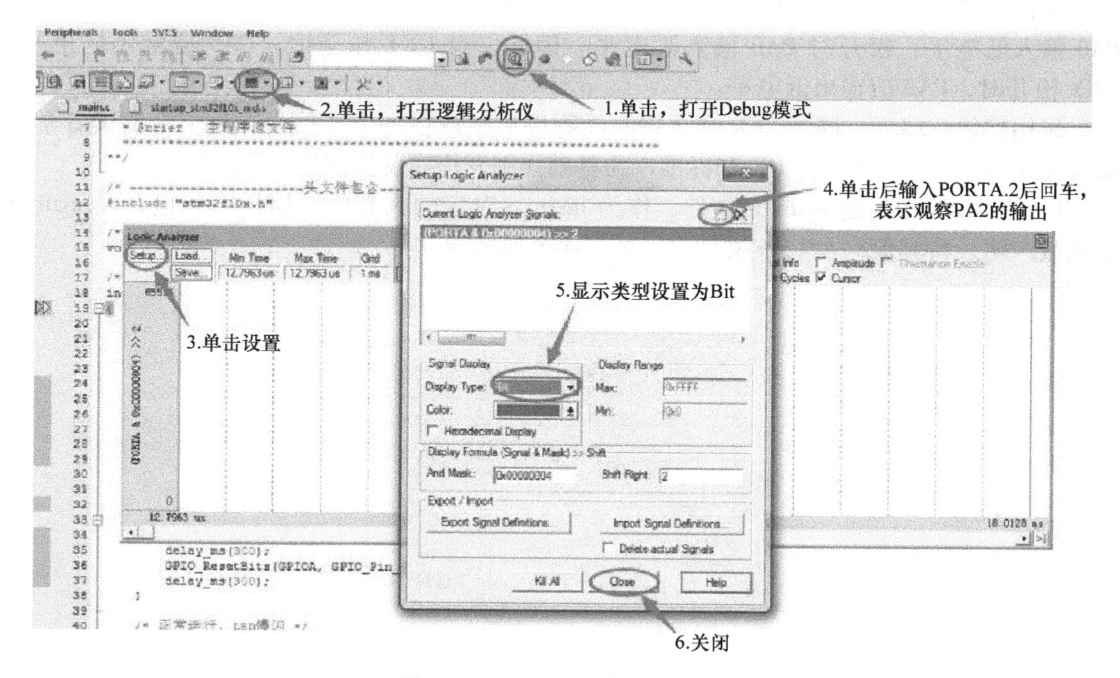

图4-6　Debug逻辑分析仪设置

4.4.2　GPIO应用实例2：开关量状态监测

开关量输入输出在现实生活中应用广泛，如门的开关监测控制、烟雾监测、断电漏水监测报警、接近开关计数等。利用GPIO的输入和输出功能可实现状态监测及报警。

硬件电路设计如图4-2所示。利用按键KEY的按下和松开模拟诸如断电漏水等开关量输入，利用LED2反映开关量状态。具体为：按键按下时（如表示“断电、漏水”等某一种

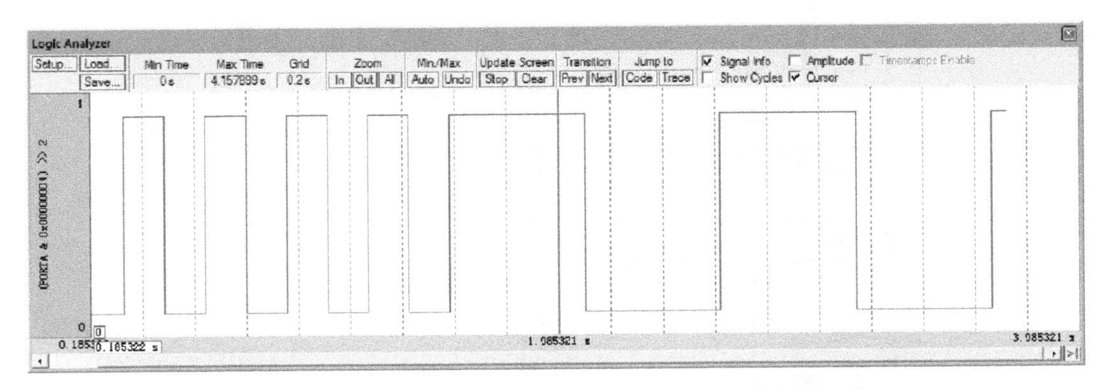

图 4-7　PA2 电平变化

状态)，以 LED2 的亮灭进行报警；按键没有按下时，表示“正常”，LED2 灭。硬件设计中，LED2 负极接地，正极经 500Ω 限流电阻接 PA3；KEY 一端接 GND，另一端接 3.3V 电源，并经 10kΩ 电阻接 PA0；LED1 用于系统状态指示，其工作方式同实例 1。

根据电路原理图，PA3 输出低电平时 LED2 灭，输出高电平时 LED2 亮；KEY 按下时 PA0 输入低电平，松开时 PA0 输入高电平。因此，当 KEY 按下时，PA3 应输出高电平；KEY 松开时，PA3 应输出低电平。

采用模块化编程，即将 LED 和按键驱动程序单独放在一个文件中。为了帮助读者学习模块化编程方法，这里以 MDK 和标准库为基础详细介绍实现步骤。

1）在 MDK 中新建 main. h 文件，作为 main. c 对应的头文件，用于文件包含及 main. c 中函数声明，将其保存在 User 文件夹，如图 4-8 所示。

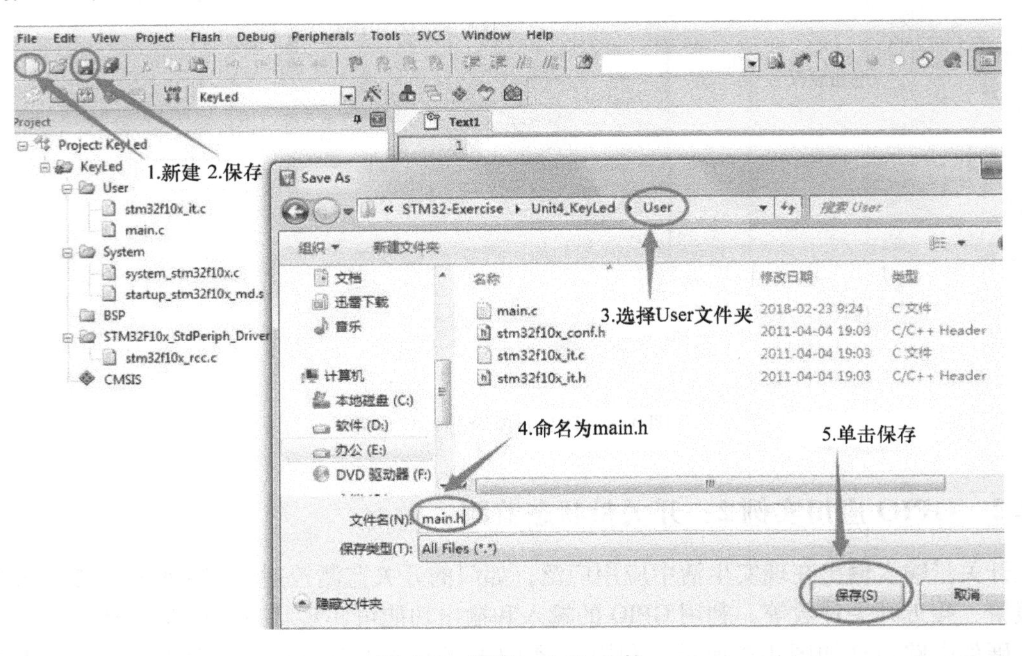

图 4-8　新建 main. h 文件

2）采用上述方法新建 delay. c 和 delay. h，作为延时源程序和头文件，保存在 User 文件夹；新建 key. c、key. h、led. c 和 led. h 文件，分别用于按键和 LED 相关源程序及头文件，将其保存在 BSP 文件夹。值得注意的是，用户只对 User 和 BSP 文件夹的文件进行操作。最后在文件管理中将 delay. c 添加至 User，key. c 和 led. c 添加至 BSP，如图 4-9 所示。

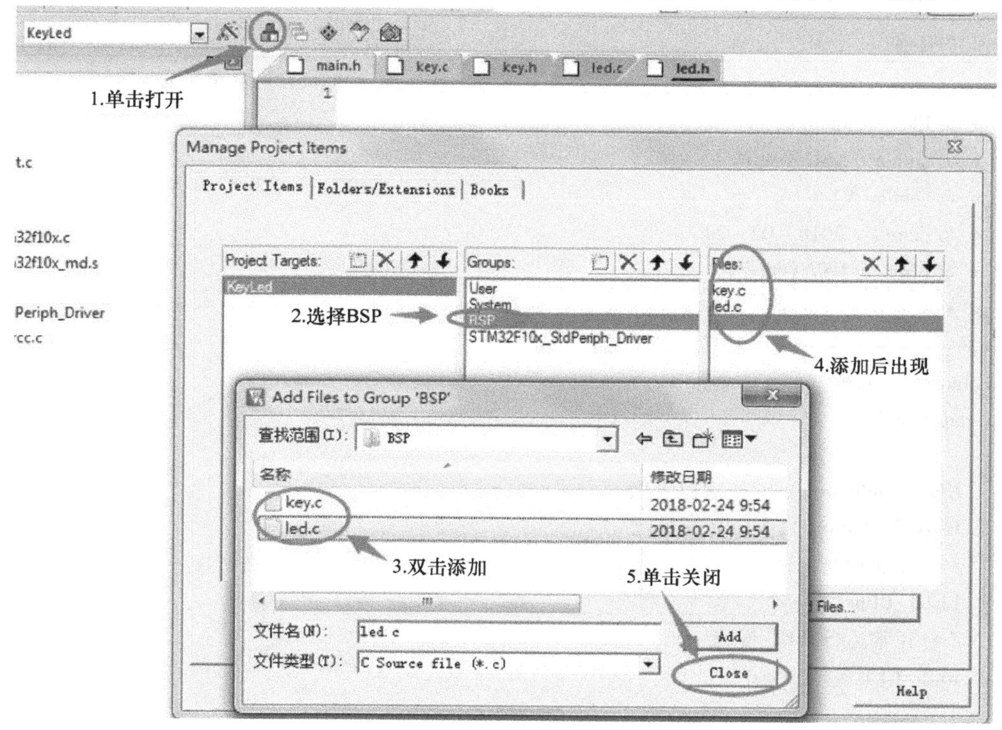

图 4-9　添加文件

本例中用到了 GPIO 功能，须将 GPIO 相关功能的标准库文件 stm32f10x_gpio. c 添加至 STM32F10x_StdPeriph_Driver。添加完成后在 BSP 下出现 key. c 和 led. c，在 STM32F10x_StdPeriph_Driver 下出现 stm32f10x_gpio. c。工程文件结构如图 4-10所示。

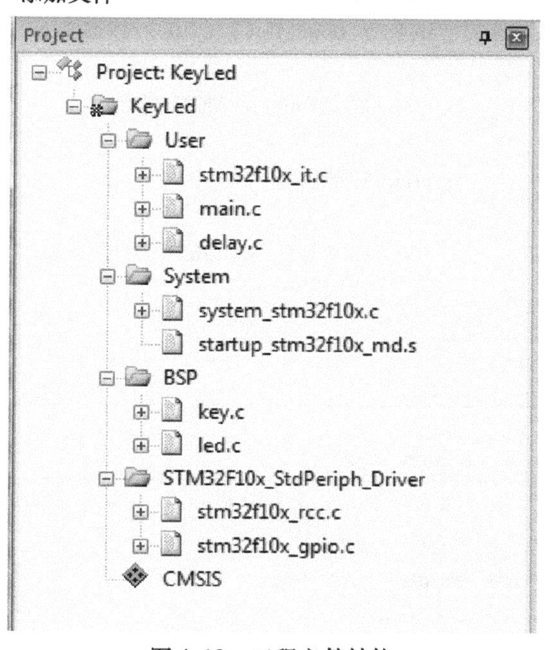

图 4-10　工程文件结构

3）编程实现上述新建的文件。初学者在编程时有三种方案：

① 先局部后整体，即先编写驱动程序文件 key. c、key. h、led. c 和 led. h，实现按键初始化、按键检测、LED 初始化和 LED 亮灭控制等模块函数，然后再根据主程序流程图编写 main. c 和 mian. h，调用各个模块函数实现相应功能。

② 先整体后局部，即先根据主程序流程图实现 main. c 和 main. h，搭起程序框架，然后再编写驱动程序文件，实现模块功能。

③ 上述两种方案同时进行，即一边搭框架，一边实现模块，直到实现所有功能。

各文件程序如下：

main. c

```
/*****************************************
  * @file       main.c
  * @author     YSU Team
  * @version V1.0
  * @date       2018-02-24
  * @brief      主程序源文件
  *****************************************/
/* -------------头文件包含-------------*/
#include "main.h"
int main(void)
{
    KEY_Configure();//按键初始化
    LED_Configure();//LED 初始化
    /* 完成初始化,LED 快闪 5 次 */
    LED1_Blink(5);
    /* 正常运行,LED 慢闪 */
    while (1)
    {
        LED1_Blink(0);
        if(KEY_Down_Up() ==0)//按键按下
        {
            LED2_On();//LED2 亮
        }
        else//按键松开
        {
            LED2_Off();//LED2 灭
        }
    }
}
```

main. h

```
/*****************************************
  * @file       main.h
  * @author     YSU Team
  * @version V1.0
  * @date       2018-02-24
```

```
 * @brief    主函数头文件
 ****************************************************/
/* -------------宏定义防止重复包含-----------*/
#ifndef _MAIN_H_
#define _MAIN_H_
/* ------------头文件包含--------------------*/
#include "stm32f10x.h"
#include "delay.h"
#include "key.h"
#include "led.h"
#endif
```

key.c

```
/*************************************************
 * @file     key.c
 * @author   YSU Team
 * @version  V1.0
 * @date     2018-02-24
 * @brief    KEY源文件,KEY相关操作
 ************************************************/
/* -----------头文件包含---------------*/
#include "key.h"
/**
 * @简介:按键初始化  */
void KEY_Configure(void)
{
    /* 定义GPIO初始化结构体 */
    GPIO_InitTypeDef GPIO_InitStructure;
    /* 打开GPIOA时钟 */
    RCC_APB2PeriphClockCmd(RCC_APB2Periph_GPIOA, ENABLE);
    /* 配置PA0为上拉输入 */
    GPIO_InitStructure.GPIO_Pin = GPIO_Pin_0;
    GPIO_InitStructure.GPIO_Mode = GPIO_Mode_IPU;
    /* 完成配置 */
    GPIO_Init(GPIOA, &GPIO_InitStructure);
}
/** * @简介:按键状态
 * @参数:无
 * @返回值:按键状态,0-按下,1-松开  */
uint8_t KEY_Down_Up(void)
{
    return GPIO_ReadInputDataBit(GPIOA, GPIO_Pin_0);
}
```

key. h

```
/* * * * * * * * * * * * * * * * * * * * * * * * * * * * * * * * * * * * * * * * * * * *
  * @file      key. h
  * @author    YSU Team
  * @version V1. 0
  * @date      2018 -02 -24
  * @brief     KEY 头文件
  * * * * * * * * * * * * * * * * * * * * * * * * * * * * * * * * * * * * * * * * * * * */
/* --------------宏定义防止重复包含--------------*/
#ifndef _KEY_H_
#define _KEY_H_
/* --------------头文件包含----------------*/
#include "main. h"
/* ---------------函数声明----------------*/
void KEY_Configure(void);
uint8_t KEY_Down_Up(void);
#endif
```

led. c

```
/* * * * * * * * * * * * * * * * * * * * * * * * * * * * * * * * * * * * * * * * * * * * *
  * @file      led. c
  * @author    YSU Team
  * @version V1. 0
  * @date      2018 -02 -24
  * @brief     LED 源文件
  * * * * * * * * * * * * * * * * * * * * * * * * * * * * * * * * * * * * * * * * * * * */
/* ---------------头文件包含----------------*/
#include "led. h"
/* * @简介:LED 初始化
  * @参数:无
  * @返回值:无   */
void LED_Configure(void)
{
    /* 定义 GPIO 初始化结构体 */
    GPIO_InitTypeDef GPIO_InitStructure;
    /* 打开 GPIOA 时钟 */
    RCC_APB2PeriphClockCmd(RCC_APB2Periph_GPIOA, ENABLE);
    /* 配置 PA2 为推挽输出,IO 速度 50MHz */
    GPIO_InitStructure. GPIO_Pin = GPIO_Pin_2 | GPIO_Pin_3;
    GPIO_InitStructure. GPIO_Speed = GPIO_Speed_50MHz;
    GPIO_InitStructure. GPIO_Mode = GPIO_Mode_Out_PP;
```

```
        /* 完成配置 */
        GPIO_Init(GPIOA, &GPIO_InitStructure);
        /* 熄灭 LED */
        LED1_Off();
        LED2_Off();
}
/* * @简介:LED1 亮
  * @参数:无
  * @返回值:无  */
void LED1_On(void)
{
        GPIO_SetBits(GPIOA, GPIO_Pin_2);
}
/*  * @简介:LED1 灭
  * @参数:无
  * @返回值:无  */
void LED1_Off(void)
{
        GPIO_ResetBits(GPIOA, GPIO_Pin_2);
}
/* * @简介:LED1 闪烁
  * @参数:闪烁次数,0:亮灭1次,k:快闪k次
  * @返回值:无  */
void LED1_Blink(int8_t k)
{
        if(k!=0)
        {
            while(k--)
            {
                LED1_On();//LED1 亮
                delay_ms(300);
                LED1_Off();//LED1 灭
                delay_ms(300);
            }
        }
        else
        {
            LED1_On();//LED1 亮
            delay_ms(1000);
            LED1_Off();//LED1 灭
            delay_ms(1000);
        }
```

```
}
/* * @简介:LED2 亮    */
void LED2_On(void)
{
    GPIO_SetBits(GPIOA, GPIO_Pin_3);
}
/* * @简介:LED2 灭    */
void LED2_Off(void)
{
    GPIO_ResetBits(GPIOA, GPIO_Pin_3);
}
```

led. h

```
/* * * * * * * * * * * * * * * * * * * * * * * * * * * * * * * * * * * * * * * * * * * *
  * @file      led. h
  * @author    YSU Team
  * @version   V1. 0
  * @date      2018 - 02 - 24
  * @brief     LED 头文件
  * * * * * * * * * * * * * * * * * * * * * * * * * * * * * * * * * * * * * * * * * * * */
/* ------------宏定义防止重复包含----------------*/
#ifndef _LED_H_
#define _LED_H_
/* ------------头文件包含-------------------*/
#include "main. h"
/* ------------函数声明--------------*/
void LED_Configure(void);
void LED1_On(void);
void LED1_Off(void);
void LED1_Blink(int8_t k);
void LED2_On(void);
void LED2_Off(void);
#endif
```

delay. c

```
/* * * * * * * * * * * * * * * * * * * * * * * * * * * * * * * * * * * * * * * * * * * *
  * @file      delay. c
  * @author    YSU Team
  * @version   V1. 0
  * @date      2018 - 02 - 24
  * @brief     延时程序
```

```
  ****************************************************/
/* ------------头文件包含--------------*/
#include "delay.h"
/** @简介:软件延时函数,单位 ms
  * @参数: 延时毫秒数
  * @返回值:无 */
void delay_ms(int32_t ms)
{
    int32_t i;
    while(ms--)
    {
        i=7500;//开发板晶振 8MHz 时的经验值
        while(i--);
    }
}
```

delay.h

```
/****************************************************
  * @file     delay.h
  * @author   YSU Team
  * @version  V1.0
  * @date     2018-02-24
  * @brief    延时程序头文件
  ****************************************************/
/* -------------宏定义防止重复包含--------------*/
#ifndef _DELAY_H_
#define _DELAY_H_
/* ------------头文件包含--------------------*/
#include "main.h"
/* ------------函数声明----------------------*/
void delay_ms(int32_t ms);
#endif
```

编译程序后，下载到开发板，可以看到按键按下时 LED2 亮，按键松开时 LED2 灭。

4）在没有开发板的情况下，可以用逻辑分析仪观察现象，按图 4-6 所示步骤，通过软件仿真中的逻辑分析仪观察 PA2、PA3 输出高低电平变化。

程序运行中，利用 Peripherals 中的 GPIOA 的 PA0 可以人为给与按键动作，如图 4-11 所示。

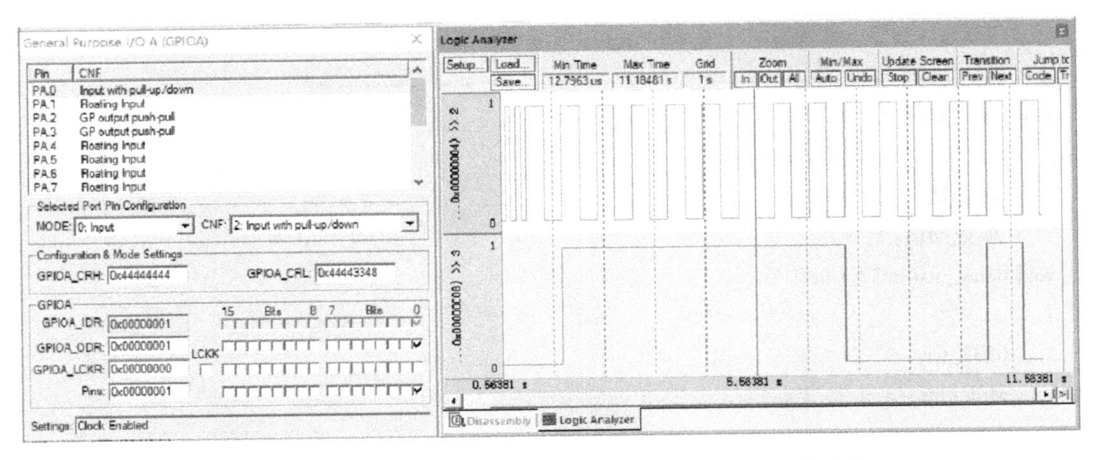

图 4-11　逻辑分析仪仿真按键动作时观察 PA2 和 PA3 的变化

思考与练习

1. STM32F103 的 IO 口可配置为哪几种模式?
2. 设置指定的数据端口位用哪个函数?
3. 读取指定端口引脚的输入用哪个函数?
4. 简述 GPIO、AFIO 的含义。
5. 试述 STM32F103 的 GPIO 有哪些功能?
6. 试述 STM32F103 的 AFIO 有哪些功能?
7. 写出函数 GPIO_Init 的原型及作用。
8. 编写函数 GPIO_Config ( ), 配置 PA8 为推挽输出。
9. 编写函数使 GPIOB. 0 和 GPIOB. 1 置位。

10. 从硬件原理及软件编程思考本章实例 2 整个设计过程, 为什么将按键和 LED 操作分别保存在两个不同的文件中? 这样做有什么优点?

11. 设有 8 个 LED, 画出电路原理图, 设计程序实现依次点亮每个 LED, 要求画出主程序流程图。

12. 设计一个具有 4 路开关量输入, 4 路开关量输出的测控系统。

要求: (1) 分析系统功能; (2) 采用现有开发板上 LED 和按键模拟系统功能; (3) 画出电路原理图; (4) 编程实现功能。

第5章 STM32单片机外部中断EXTI

在实际的应用系统中，嵌入式单片机STM32可能与各种各样的外部设备相连接。这些外设的结构形式、信号种类与大小、工作速度等差异很大，因此，需要有效的方法使单片机与外部设备协调工作。通常单片机与外设交换数据有三种方式：无条件传输方式、程序查询方式以及中断方式。

1）无条件传输方式：单片机无须了解外部设备状态，当执行传输数据指令时直接向外部设备发送数据，因此适合于快速设备或者状态明确的外部设备。

2）程序查询方式：控制器主动对外部设备的状态进行查询，依据查询状态传输数据。查询方式常常使单片机处于等待状态，同时也不能做出快速响应。因此，在单片机任务不太繁忙，对外部设备响应速度要求不高的情况下常采用这种方式。

3）中断方式：外部设备主动向单片机发送请求，单片机接到请求后立即中断当前工作，处理外部设备的请求，处理完毕后继续处理未完成的工作。这种传输方式提高了STM32微处理器的利用率，并且对外部设备有较快的响应速度。因此，中断方式更加适应实时控制的需要。

5.1 中断的相关概念

1）中断：单片机执行主程序时，由于某个事件的原因，暂停主程序的执行，调用相应的中断处理程序处理该事件，处理完毕后再自动继续执行主程序的过程。

2）中断源：可以引起中断的事件称为中断源。

3）中断的优先级：不同事件的重要程度不同，重要的事件可以打断相对不重要的事件的处理，用户可以根据自己的需求对不同的事件即不同的中断源设定重要级别，称为中断的优先级。

4）中断服务程序与中断向量：为了处理中断而编写的程序称为中断服务程序，对应中断服务程序的入口地址称为中断向量。

5）中断请求、中断响应、中断服务及中断返回：中断源对主程序或中断服务程序提出中断要求称为中断请求；主程序或中断服务程序接受中断请求，进入中断服务程序的过程称为中断响应；执行中断服务程序的过程称为中断服务；中断服务程序执行完毕后回到主程序或者次级别中断服务程序的过程称为中断返回。中断处理的整个过程包含了中断请求、中断响应、中断服务及中断返回四个步骤。

6）中断系统：实现中断处理功能的软件、硬件系统称为中断系统。

7）中断嵌套：如果在执行一个中断时又被另一个更重要的事件打断，暂停该中断处理过程转去处理这个更重要的事件，处理完毕后再继续处理本中断的过程称为中断的嵌套。中断嵌套有两条基本规则：

① 低优先级的中断服务可被高优先级中断源中断，反之则不能。

② 任何一种中断（不管是高级还是低级）一旦得到响应，不会被它的同级中断源的请求所中断。

2 级优先级中断嵌套过程如图 5-1 所示。

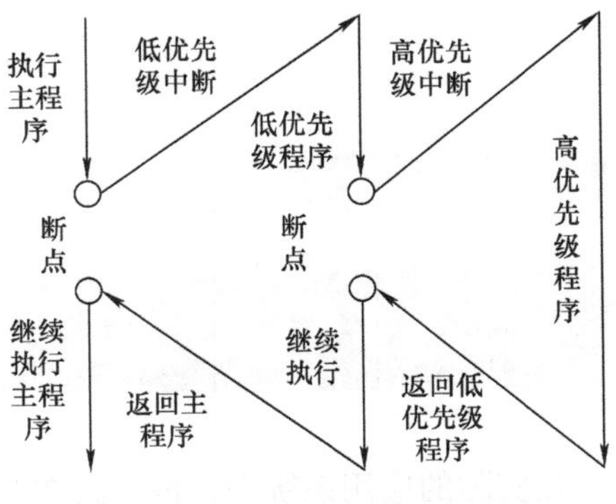

图 5-1　中断嵌套过程

5.2　STM32F103 中断系统组成结构

STM32F10x 最多有 84 个中断，包括 16 个内核中断和 68 个可屏蔽中断，具有 16 级可编程中断优先级。STM32F103 系列具有 60 个可屏蔽中断，STM32F107 系列具有 68 个可屏蔽中断。

5.2.1　中断源及中断向量

STM32F103 中断系统提供 10 个系统异常和 60 个可屏蔽中断（STM32F107 系列为 68 个）源，具有 16 个中断优先级。

可屏蔽中断源包括外部中断、定时器中断、串口中断、直接内存访问中断、模/数转换中断、集成电路总线中断、串行外设接口中断等。

其中，外部中断由嵌套向量中断控制器 NVIC 和外部中断/事件控制器 EXTI 来控制。本章介绍外部中断工作原理和使用方法，其他中断将在第 6 ~ 11 章介绍。

STM32F103 中断向量表见表 5-1。

表 5-1　STM32F103 中断向量表

位置	优先级	优先级类型	名称	说明	地址
	—	—	—	保留	0x00000000
	-3	固定	Reset	复位	0x00000004
	-2	固定	NMI	不可屏蔽中断 RCC 时钟安全系统（CSS）连接到 NMI 向量	0x00000008
	-1	固定	硬件失效（HardFault）	所有类型的失效	0x0000000C
	0	可设置	存储管理（MemManage）	存储器管理	0x00000010
	1	可设置	总线错误（BusFault）	预取指失败，存储器访问失败	0x00000014
	2	可设置	错误应用（UsageFault）	未定义的指令或非法状态	0x00000018
	—	—	—	保留	0x0000001C 0x0000002B
	3	可设置	SVCall	通过 SWI 指令的系统服务调用	0x0000002C
	4	可设置	调试监控（DebugMonitor）	调试监控器	0x00000030

（续）

位置	优先级	优先级类型	名称	说明	地址
	—	—	—	保留	0x00000034
	5	可设置	PendSV	可挂起的系统服务	0x00000038
	6	可设置	SysTick	系统嘀嗒定时器	0x0000003C
0	7	可设置	WWDG	窗口定时器中断	0x00000040
1	8	可设置	PVD	连到EXTI的电源电压检测（PVD）中断	0x00000044
2	9	可设置	TAMPER	侵入检测中断	0x00000048
3	10	可设置	RTC	实时时钟（RTC）全局中断	0x0000004C
4	11	可设置	Flash	闪存全局中断	0x00000050
5	12	可设置	RCC	复位和时钟控制（RCC）中断	0x00000054
6	13	可设置	EXTI0	EXTI线0中断	0x00000058
7	14	可设置	EXTI1	EXTI线1中断	0x0000005C
8	15	可设置	EXTI2	EXTI线2中断	0x00000060
9	16	可设置	EXTI3	EXTI线3中断	0x00000064
10	17	可设置	EXTI4	EXTI线4中断	0x00000068
11	18	可设置	DMA1通道1	DMA1通道1全局中断	0x0000006C
12	19	可设置	DMA1通道2	DMA1通道2全局中断	0x00000070
13	20	可设置	DMA1通道3	DMA1通道3全局中断	0x00000074
14	21	可设置	DMA1通道4	DMA1通道4全局中断	0x00000078
15	22	可设置	DMA1通道5	DMA1通道5全局中断	0x0000007C
16	23	可设置	DMA1通道6	DMA1通道6全局中断	0x00000080
17	24	可设置	DMA1通道7	DMA1通道7全局中断	0x00000084
18	25	可设置	ADC1_2	ADC1和ADC2的全局中断	0x00000088
19	26	可设置	USB_HP_CAN_TX	USB高优先级或CAN发送中断	0x0000008C
20	27	可设置	USB_LP_CAN_RX0	USB低优先级或CAN接收0中断	0x00000090
21	28	可设置	CAN_RX1	CAN接收1中断	0x00000094
22	29	可设置	CAN_SCE	CAN SCE中断	0x00000098
23	30	可设置	EXTI9_5	EXTI线［9:5］中断	0x0000009C
24	31	可设置	TIM1_BRK	TIM1刹车中断	0x000000A0
25	32	可设置	TIM1_UP	TIM1更新中断	0x000000A4
26	33	可设置	TIM1_TRG_COM	TIM1触发和通信中断	0x000000A8
27	34	可设置	TIM1_CC	TIM1捕获比较中断	0x000000AC
28	35	可设置	TIM2	TIM2全局中断	0x000000B0
29	36	可设置	TIM3	TIM3全局中断	0x000000B4
30	37	可设置	TIM4	TIM4全局中断	0x000000B8
31	38	可设置	I2C1_EV	I^2C1事件中断	0x000000BC

（续）

位置	优先级	优先级类型	名称	说明	地址
32	39	可设置	I2C1_ER	I^2C1 错误中断	0x000000C0
33	40	可设置	I2C2_EV	I^2C2 事件中断	0x000000C4
34	41	可设置	I2C2_ER	I^2C2 错误中断	0x000000C8
35	42	可设置	SPI1	SPI1 全局中断	0x000000CC
36	43	可设置	SPI2	SPI2 全局中断	0x000000D0
37	44	可设置	USART1	USART1 全局中断	0x000000D4
38	45	可设置	USART2	USART2 全局中断	0x000000D8
39	46	可设置	USART3	USART3 全局中断	0x000000DC
40	47	可设置	EXTI15_10	EXTI 线［15:10］中断	0x000000E0
41	48	可设置	RTCAlarm	连到 EXTI 的 RTC 闹钟中断	0x000000E4
42	49	可设置	USB 唤醒	连到 EXTI 的从 USB 待机唤醒中断	0x000000E8
43	50	可设置	TIM8_BRK	TIM8 刹车中断	0x000000EC
44	51	可设置	TIM8_UP	TIM8 更新中断	0x000000F0
45	52	可设置	TIM8_TRG_COM	TIM8 触发和通信中断	0x000000F4
46	53	可设置	TIM8_CC	TIM8 捕获比较中断	0x000000F8
47	54	可设置	ADC3	ADC3 全局中断	0x000000FC
48	55	可设置	FSMC	FSMC 全局中断	0x00000100
49	56	可设置	SDIO	SDIO 全局中断	0x00000104
50	57	可设置	TIM5	TIM5 全局中断	0x00000108
51	58	可设置	SPI3	SPI3 全局中断	0x0000010C
52	59	可设置	UART4	UART4 全局中断	0x00000110
53	60	可设置	UART5	UART5 全局中断	0x00000114
54	61	可设置	TIM6	TIM6 全局中断	0x00000118
55	62	可设置	TIM7	TIM7 全局中断	0x0000011C
56	63	可设置	DMA2 通道 1	DMA2 通道 1 全局中断	0x00000120
57	64	可设置	DMA2 通道 2	DMA2 通道 2 全局中断	0x00000124
58	65	可设置	DMA2 通道 3	DMA2 通道 3 全局中断	0x00000128
59	66	可设置	DMA2 通道 4_5	DMA2 通道 4 和 DMA2 通道 5 全局中断	0x0000012C

STM32F103 为中断设置了默认的优先级，把优先级从 -3 ~ 6 的中断向量定义为系统异常，编号为负的内核异常不能被设置优先级，如复位（Reset）、不可屏蔽中断（NMI）和硬件失效（HardFault）。响应优先级 7 开始为连接到 NVIC 的中断输入信号线的可屏蔽中断，这些中断的优先级是可以被用户设置的。NVIC 与 CPU 紧密结合，减少了中断延时时间，让新来的中断可以得到高效处理。

5.2.2 外部中断系统结构

STM32 中某一外部中断线或外部事件线的信号中断结构图如图 5-2 所示。

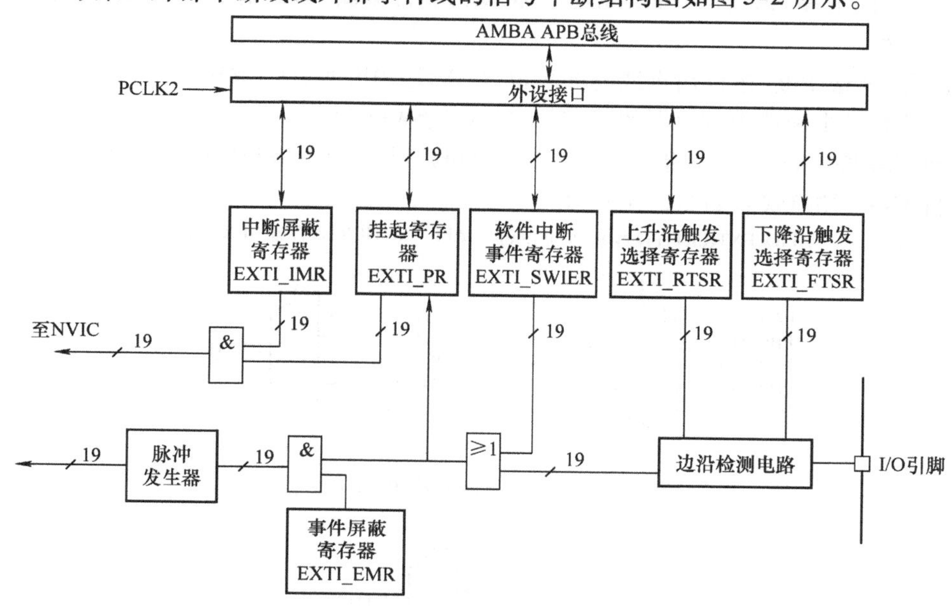

图 5-2 外部中断线或外部事件线的信号中断结构图

中断/事件请求可以来源于芯片引脚输入的外部中断/事件，也可以通过软件在软件中断事件寄存器写 1，来产生一个中断/事件请求。

外部中断/事件信号从芯片引脚输入，经过边沿检测电路处理后，与软件中断事件寄存器通过或门进入中断挂起请求寄存器，最后与中断屏蔽寄存器相与输出到 NVIC。

外部信号首先经过边沿检测电路，该边沿检测电路受到两个平行的寄存器控制，即上升沿触发选择寄存器和下降沿触发选择寄存器。用户可以只使用一个寄存器控制选择一种边沿触发，也可以同时选择上升沿和下降沿，即双边沿触发。

为了使外部中断线上的事件能够产生中断，首先将两个边沿触发寄存器设置为相应的边沿检测，并且将中断屏蔽寄存器对应的标志位设置为 1 以使能外部中断请求。这样，当被选择的边沿触发在外部中断线上发生时，将向系统发出一个中断请求，该中断线对应的挂起标志位被置 1。通过向挂起寄存器写 1 操作可以清除中断请求，中断挂起寄存器 EXTI_PR 的功能描述见参考文献［1］。

配置软硬件中断/事件请求的过程如下：

1）硬件中断选择：通过下面的过程，可配置 19 根线作为中断源。

① 配置 19 根中断线的屏蔽位（EXTI_IMR）；

② 配置所选中的触发选择位（EXTI_RTSR 和 EXTI_FTSR）；

③ 配置那些控制映射到外部中断/事件控制器（EXTI）的 NVIC 中断通道的允许位和屏蔽位，使得 19 根中断线中的请求可以被正确地响应。

2）硬件事件选择：通过下面的过程，可配置 19 根线作为事件源。

① 配置 19 根事件请求线的屏蔽位（EXTI_EMR）；

② 配置事件线的触发选择位（EXTI_RTSR 和 EXTI_FTSR）。

3）软件中断/事件选择：可以配置 19 根线为软件中断/事件请求线，通过以下过程可以产生软件中断。

① 配置 19 根中断/事件请求线的屏蔽位（EXTI_IMR/EXTI_EMR）；

② 配置软件中断请求寄存器的请求位（EXTI_SWIER）。

4）外部中断/事件线路映射：通用 IO 端口可以映射到 16 根外部中断/事件线上。外部中断/事件 GPIO 端口映射如图 5-3 所示。

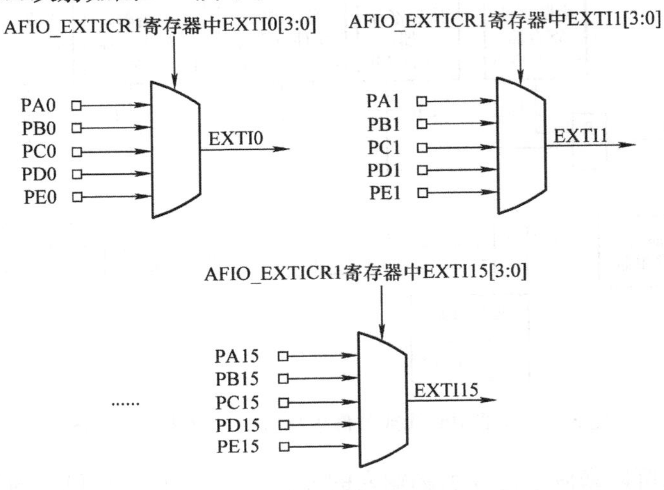

图 5-3　外部中断/事件 GPIO 端口映射

从 GPIO 端口与外部中断/事件的映射关系来看，每一组相同编号的 GPIO 端口都被映射到同一个外部中断/事件寄存器中。

另外，其他 3 种外部中断/事件控制器的连接如下：

EXTI 线 16 连接到 PVD 输出。

EXTI 线 17 连接到 RTC 闹钟事件。

EXTI 线 18 连接到 USB 唤醒事件。

Cortex－M3 可以通过外部或内部事件来唤醒内核，利用以上 19 根中断/事件请求线，可配置任何外部 IO 端口、RTC 闹钟和 USB 唤醒事件来唤醒 CPU。

5.3　中断控制

5.3.1　中断屏蔽控制

中断屏蔽控制包括嵌套向量中断控制器（Nested Vectored Interrupt Controller，NVIC）、外部中断/事件控制器（External Interrupt/Event controller，EXTI）和各外设中断控制器。其中，NVIC 为中断总开关，由中断设置允许寄存器（NVIC_ISER）、中断清除允许寄存器（NVIC_ICER）、中断设置挂起寄存器（NVIC_ISPR）、中断清除挂起寄存器（NVIC_ICPR）

和中断状态寄存器（NVIC_IABR）控制。这些寄存器读/写可通过编程设置寄存器自由实现，也均可通过标准库读/写。外部中断/事件控制器（EXTI）由19个产生事件/中断要求的边沿检测器组成，控制GPIO的中断。外设中断控制器包括串口、定时器、DMA、ADC等的相关功能寄存器。

1. 嵌套向量中断控制器NVIC

NVIC是一个在Cortex－M3中内建的中断控制器，包括众多控制寄存器，支持68个可屏蔽中断。提供16个可编程的优先级，支持中断嵌套，提供向量中断处理机制等功能；中断发生时，自动获得服务例程入口地址并直接调用，无需软件判定中断源，大大缩短了中断延时时间。

2. 外部中断/事件控制器EXTI

EXTI由19个产生事件/中断要求的边沿检测器组成，每根输入线可以独立地配置输入类型（脉冲或挂起）和对应的事件触发方式（上升沿或下降沿或者双边沿都触发）；每根输入线都可以被独立地屏蔽，由挂起寄存器保持着状态线的中断请求。

EXTI控制器的主要特性如下：

1）每个中断/事件都有独立的触发和屏蔽；

2）每根中断线都有专用的状态位；

3）支持多达19个中断/事件请求；

4）检测脉冲宽度低于APB2时钟宽度的外部信号。

3. 外设中断控制器

除GPIO由EXTI控制中断外，其他外设均有自己的中断屏蔽控制寄存器，如定时器中断由TIM/中断使能寄存器（TIM_DIER）控制、串口中断由状态寄存器（USART_SR）和控制寄存器3（USART_CR3）控制等。有关的外设中断控制器将在第6～11章介绍。

5.3.2 中断优先级控制

STM32的中断向量有两个属性，即抢占属性和响应属性，属性编号越小，优先级越高。其中断优先级由中断优先级寄存器组IPR（Interrupt Priority Registers）控制，这个寄存器组包含15个32位的寄存器，一个可屏蔽中断占用8bit，因此一个寄存器可以控制4个可屏蔽中断（32除以8），一共15×4＝60。在这占用的8bit中只使用了高4位，可分为五组，即0、1、2、3、4五个组，五组分配决定了STM32F103系列单片机中断优先级的分配。5个组与中断优先级的对应关系见表5-2。

表5-2　中断优先级的分配

组别	分配结果	组别	分配结果
0	0位抢占优先级，4位响应优先级	3	3位抢占优先级，1位响应优先级
1	1位抢占优先级，3位响应优先级	4	4位抢占优先级，0位响应优先级
2	2位抢占优先级，2位响应优先级		

0组对应的是0位抢占优先级，4位响应优先级，那么无抢占优先级，响应优先级可设置为0～15级中的任意一种。1组对应是1位抢占优先级，3位响应优先级，抢占优先级只可设置为0级或者1级（2的1次方）中的任意一种，响应优先级可设置为0～7级（2的3

次方）中的任意一种，以此类推。

上电复位时，中断配置为4组，并且60个外部中断都是抢占优先级为0级，无响应优先级。

抢占是指打断其他中断的属性，即中断嵌套。判断两个中断的优先级时先看抢占优先级的高低，如果相同再看响应优先级的高低，如果全都相同则看中断通道向量地址。一般来说在使用过程中，一个系统使用一个组别就完全可以满足需要，在设定好一个组别后不要在系统中再改动组别。

由于具有抢占优先级，系统在中断处理中可以实现中断嵌套，即中断系统正在执行一个中断服务时，有另一个抢占优先级更高的中断请求，这时会暂时终止当前执行的中断服务去处理抢占优先级更高的中断，处理完毕后再返回被中断的中断服务中继续执行。

例如，有3个中断向量抢占优先级和响应优先级分别为A（0，0）、B（1，0）、C（1，1），则：如果内核正在执行C的中断服务程序，则它能被抢占优先级更高的中断A打断；不能被抢占优先级相同的B打断；如果B和C两个中断同时到达，则先执行响应优先级更高的B。

5.4　STM32中断控制库函数

5.4.1　嵌套向量中断控制器（NVIC）库函数

STM32中断系统是通过一个嵌套向量中断控制器（NVIC）进行中断控制的，使用中断要先对NVIC进行配置。STM32标准库中提供了NVIC相关操作函数，见表5-3。

表5-3　NVIC库函数

函数名	描述
NVIC_DeInit	将外设NVIC寄存器重设为默认值
NVIC_SCBDeInit	将外设SCB寄存器重设为默认值
NVIC_PriorityGroupConfig	设置优先级分组：抢占优先级和响应优先级
NVIC_Init	根据NVIC_InitStruct中指定的参数初始化外设NVIC寄存器
NVIC_StructInit	把NVIC_InitStruct中的每一个参数按默认值填入
NVIC_SETPRIMASK	使能PRIMASK优先级：提升执行优先级至0
NVIC_RESETPRIMASK	失能PRIMASK优先级
NVIC_SETFAULTMASK	使能FAULTMASK优先级：提升执行优先级至－1
NVIC_RESETFAULTMASK	失能FAULTMASK优先级
NVIC_BASEPRICONFIG	改变执行优先级从N（最低可设置优先级）提升至1
NVIC_GetBASEPRI	返回BASEPRI屏蔽值
NVIC_GetCurrentPendingIRQChannel	返回当前待处理IRQ标识符
NVIC_GetIRQChannelPendingBitStatus	检查指定的IRQ通道待处理位设置与否
NVIC_SetIRQChannelPendingBit	设置指定的IRQ通道待处理位
NVIC_ClearIRQChannelPendingBit	清除指定的IRQ通道待处理位
NVIC_GetCurrentActiveHandler	返回当前活动的Handler（IRQ通道和系统Handler）的标识符
NVIC_GetIRQChannelActiveBitStatus	检查指定的IRQ通道活动位设置与否

（续）

函数名	描述
NVIC_GetCPUID	返回ID号码，Cortex－M3内核的版本号和实现细节
NVIC_SetVectorTable	设置向量表的位置和偏移
NVIC_GenerateSystemReset	产生一个系统复位
NVIC_GenerateCoreReset	产生一个内核（内核＋NVIC）复位
NVIC_SystemLPConfig	选择系统进入低功耗模式的条件
NVIC_SystemHandlerConfig	使能或者失能指定的系统Handler
NVIC_SystemHandlerPriorityConfig	设置指定的系统Handler优先级
NVIC_GetSystemHandlerPendingBitStatus	检查指定的系统Handler待处理位设置与否
NVIC_SetSystemHandlerPendingBit	设置系统Handler待处理位
NVIC_ClearSystemHandlerPendingBit	清除系统Handler待处理位
NVIC_GetSystemHandlerActiveBitStatus	检查系统Handler活动位设置与否
NVIC_GetFaultHandlerSources	返回表示出错的系统Handler源
NVIC_GetFaultAddress	返回产生表示出错的系统Handler所在位置的地址

为了理解这些函数的具体使用方法，对标准库中常用的函数做详细介绍。

1. 函数NVIC_DeInit

函数NVIC_DeInit的原型为void NVIC_DeInit（void），使用方法如下：

NVIC_DeInit（）；

2. 函数NVIC_SCBDeInit

函数NVIC_SCBDeInit的原型为void NVIC_SCBDeInit（void），使用方法如下：

NVIC_SCBDeInit（）；

3. 函数NVIC_PriorityGroupConfig

函数NVIC_PriorityGroupConfig的原型为void NVIC_PriorityGroupConfig（uint32_t NVIC_PriorityGroup），使用方法如下：

NVIC_PriorityGroupConfig（NVIC_PriorityGroup_1）；

4. 函数NVIC_Init

函数NVIC_Init的原型为void NVIC_Init（NVIC_InitTypeDef＊ NVIC_InitStruct），输入参数NVIC_InitStruct为指向结构NVIC_InitTypeDef的指针，包含了外设GPIO的配置信息。NVIC_InitTypeDef定义于文件“stm32f10x_nvic.h”，具体结构如下：

```
typedef struct
{
uint8_ t NVIC_ IRQChannel;
uint8_ t NVIC_ IRQChannelPreemptionPriority;
uint8_ t NVIC_ IRQChannelSubPriority;
FunctionalState NVIC_ IRQChannelCmd;
} NVIC_ InitTypeDef;
```

其中 NVIC_IRQChannel 用以使能指定的 IRQ 通道。NVIC_IRQChannel 值见表 5-4。

表 5-4　NVIC_IRQChannel 值

NVIC_IRQChannel	描述	NVIC_IRQChannel	描述
WWDG_IRQn	窗口看门狗中断	CAN_SCE_IRQn	CAN SCE 中断
PVD_IRQn	PVD 通过 EXTI 探测中断	EXTI9_5_IRQn	外部中断线 9～5 中断
TAMPER_IRQn	篡改中断	TIM1_BRK_IRQn	TIM1 暂停中断
RTC_IRQn	RTC 全局中断	TIM1_UP_IRQn	TIM1 刷新中断
FLASH_IRQn	Flash 全局中断	TIM1_TRG_COM_IRQn	TIM1 触发和通信中断
RCC_IRQn	RCC 全局中断	TIM1_CC_IRQn	TIM1 捕获比较中断
EXTI0_IRQn	外部中断线 0 中断	TIM2_IRQn	TIM2 全局中断
EXTI1_IRQn	外部中断线 1 中断	TIM3_IRQn	TIM3 全局中断
EXTI2_IRQn	外部中断线 2 中断	TIM4_IRQn	TIM4 全局中断
EXTI3_IRQn	外部中断线 3 中断	I2C1_EV_IRQn	I^2C1 事件中断
EXTI4_IRQn	外部中断线 4 中断	I2C1_ER_IRQn	I^2C1 错误中断
DMAChannel1_IRQn	DMA 通道 1 中断	I2C2_EV_IRQn	I^2C2 事件中断
DMAChannel2_IRQn	DMA 通道 2 中断	I2C2_ER_IRQn	I^2C2 错误中断
DMAChannel3_IRQn	DMA 通道 3 中断	SPI1_IRQn	SPI1 全局中断
DMAChannel4_IRQn	DMA 通道 4 中断	SPI2_IRQn	SPI2 全局中断
DMAChannel5_IRQn	DMA 通道 5 中断	USART1_IRQn	USART1 全局中断
DMAChannel6_IRQn	DMA 通道 6 中断	USART2_IRQn	USART2 全局中断
DMAChannel7_IRQn	DMA 通道 7 中断	USART3_IRQn	USART3 全局中断
ADC_IRQn	ADC 全局中断	EXTI15_10_IRQn	外部中断线 15～10 中断
USB_HP_CANTX_IRQn	USB 高优先级或者 CAN 发送中断	RTCAlarm_IRQn	RTC 闹钟通过 EXTI 线中断
USB_LP_CAN_RX0_IRQn	USB 低优先级或者 CAN 接收 0 中断	USBWakeUp_IRQn	USB 通过 EXTI 线从悬挂唤醒中断
CAN_RX1_IRQn	CAN 接收 1 中断		

使用方法如下：

```
NVIC_InitTypeDef NVIC_InitStructure;
/* 设置优先级分组为第 1 组 */
NVIC_PriorityGroupConfig(NVIC_PriorityGroup_1);
/* 使能 TIM3 全局中断,抢占优先级为 0,响应优先级为 2 */
NVIC_InitStructure.NVIC_IRQChannel = TIM3_IRQChannel;
NVIC_InitStructure.NVIC_IRQChannelPreemptionPriority = 0;
NVIC_InitStructure.NVIC_IRQChannelSubPriority = 2;
NVIC_InitStructure.NVIC_IRQChannelCmd = ENABLE;
NVIC_Init(&NVIC_InitStructure);
/* 使能 USART1 全局中断,抢占优先级为 1,响应优先级为 5 */
NVIC_InitStructure.NVIC_IRQChannel = USART1_IRQChannel;
NVIC_InitStructure.NVIC_IRQChannelPreemptionPriority = 1;
NVIC_InitStructure.NVIC_IRQChannelSubPriority = 5;
NVIC_Init(&NVIC_InitStructure);
/* 使能 EXTI4 全局中断,抢占优先级为 1,响应优先级为 7 */
NVIC_InitStructure.NVIC_IRQChannel = EXTI4_IRQChannel;
```

```
NVIC_InitStructure. NVIC_IRQChannelPreemptionPriority = 1;
NVIC_InitStructure. NVIC_IRQChannelSubPriority = 7;
NVIC_InitStructure(&NVIC_InitStructure);
```

5. 函数 NVIC_StructInit

函数 NVIC_StructInit 的原型为 void NVIC_StructInit（NVIC_InitTypeDef * NVIC_InitStruct），使用方法如下：

NVIC_InitTypeDef NVIC_InitStructure;

NVIC_StructInit（&NVIC_InitStructure）;

6. 函数 NVIC_GetCPUID

函数 NVIC_GetCPUID 的原型为 uint32_t NVIC_GetCPUID（void），使用方法如下：

```
/* 得到 CPU ID */
uint32_ t CM3_ CPUID;
CM3_ CPUID = NVIC_ GetCPUID ();
```

7. 函数 NVIC_SetVectorTable

函数 NVIC_SetVectorTable 的原型为 void NVIC_SetVectorTable（uint32_t NVIC_VectTab, uint32_t Offset），使用方法如下：

```
/* 设置 Flash 中向量表基地址为 0x0 */
NVIC_ SetVectorTable (NVIC_ VectTab_ FLASH, 0x0);
```

8. 函数 NVIC_GenerateSystemReset

函数 NVIC_GenerateSystemReset 的原型为 void NVIC_GenerateSystemReset（void），使用方法如下：

```
/* 产生一个系统复位 */
NVIC_ GenerateSystemReset ();
```

9. 函数 NVIC_GenerateCoreReset

函数 NVIC_GenerateCoreReset 的原型为 void NVIC_GenerateCoreReset（void），使用方法如下：

```
/*产生一个内核 (内核+NVIC) 复位*/
NVIC_ GenerateCoreReset ();
```

10. 函数 NVIC_SystemLPConfig

函数 NVIC_SystemLPConfig 的原型为 void NVIC_SystemLPConfig（uint8_t LowPowerMode, FunctionalState NewState），使用方法如下：

```
/* 根据待处理请求唤醒系统 */
NVIC_ SystemLPConfig (NVIC_ LP_ SEVONPEND, ENABLE);
```

11. 函数 NVIC_GetFaultHandlerSources

函数 NVIC _ GetFaultHandlerSources 的原型为 uint32 _ t NVIC _ GetFaultHandlerSources (uint32_t SystemHandler)，使用方法如下：

```
/* 得到总线硬异常源 */
uint32_ t BusFaultHandlerSource;
BusFaultHandlerSource = NVIC_ GetFaultHandlerSources (SystemHandler_ BusFault);
```

12. 函数 NVIC_GetFaultAddress

函数 NVIC_GetFaultAddress 的原型为 uint32_t NVIC_GetFaultAddress (uint32_t SystemHandler)，使用方法如下：

```
/* 得到总线硬异常源地址 */
uint32_ t BusFaultHandlerAddress;
BusFaultHandlerAddress = NVIC_ GetFaultAddress (SystemHandler_ BusFault);
```

5.4.2 STM32 外部中断 EXTI 库函数

STM32 标准库中提供了几乎覆盖所有 EXTI 操作的函数，见表 5-5。

表 5-5 EXTI 函数库

函数名称	功能
EXTI_DeInit	将外设 EXTI 寄存器重设为默认值
EXTI_Init	根据 EXTI_InitStruct 中指定的参数初始化外设 EXTI 寄存器
EXTI_StructInit	把 EXTI_InitStruct 中的每一个参数按默认值填入
EXTI_GenerateSWInterrupt	产生一个软件中断
EXTI_GetFlagStatus	检查指定的 EXTI 线路标志位设置与否
EXTI_ClearFlag	清除 EXTI 线路挂起标志位
EXTI_GetITStatus	检查指定的 EXTI 线路触发请求发生与否
EXTI_ClearITPendingBit	清除 EXTI 线路挂起位

为了理解这些函数的具体使用方法，对标准库中常用的部分函数做详细介绍。

1. 函数 EXTI_DeInit

函数 EXTI_DeInit 的原型为 void EXTI_DeInit (void)，使用方法如下：

```
/* 设置 EXTI 寄存器为初始值 */
EXTI_ DeInit ();
```

2. 函数 EXTI_Init

函数 EXTI_Init 的原型为 void EXTI_Init（EXTI_InitTypeDef * EXTI_InitStruct），输入参数 EXTI_InitStruct 为指向结构 EXTI_InitTypeDef 的指针，包含了外设 EXTI 的配置信息。EXTI_InitTypeDef 定义于文件“stm32f10x_exti. h”，具体结构如下：

```
typedef struct
{
uint32_ t EXTI_ Line;
EXTIMode_ TypeDef EXTI_ Mode;
EXTIrigger_ TypeDef EXTI_ Trigger;
FunctionalState EXTI_ LineCmd;
} EXTI_ InitTypeDef;
```

1）EXTI_Line 选择了待使能或者失能的外部线路。EXTI_Line0 ~ 18 表示外部中断线 0 ~ 18。

2）EXTI_Mode 设置了被使能线路的模式。EXTI_Mode 值如下：

EXTI_Mode_Event /* 设置 EXTI 线路为事件请求 */

EXTI_Mode_Interrupt /* 设置 EXTI 线路为中断请求 */

3）EXTI_Trigger 设置了被使能线路的触发边沿。EXTI_Trigger 值如下：

EXTI_Trigger_Falling /* 设置输入线路下降沿为中断请求 */

EXTI_Trigger_Rising /* 设置输入线路上升沿为中断请求 */

EXTI_Trigger_Rising_Falling /* 设置输入线路上升沿和下降沿为中断请求 */

4）EXTI_LineCmd 用来定义选中线路的新状态。它可以被设为 ENABLE 或者 DISABLE。

该函数使用方法如下：

```
/* 使能外部中断线路 12 和 14，下降沿触发 */
EXTI_InitTypeDef EXTI_InitStructure;
EXTI_InitStructure. EXTI_Line = EXTI_Line12 | EXTI_Line14;
EXTI_InitStructure. EXTI_Mode = EXTI_Mode_Interrupt;
EXTI_InitStructure. EXTI_Trigger = EXTI_Trigger_Falling;
EXTI_InitStructure. EXTI_LineCmd = ENABLE;
EXTI_Init( &EXTI_InitStructure) ;
```

3. 函数 EXTI_StructInit

函数 EXTI_StructInit 的原型为 void EXTI_StructInit（EXTI_InitTypeDef * EXTI_InitStruct），使用方法如下：

EXTI_StructInit（&EXTI_InitStructure）;

4. 函数 EXTI_GenerateSWInterrupt

函数 EXTI_GenerateSWInterrupt 的原型为 void EXTI_GenerateSWInterrupt（uint32_t EXTI_Line），使用方法如下：

```
/* 外部中断线路 6 产生一个软件中断请求 */
EXTI_GenerateSWInterrupt( EXTI_Line6) ;
```

5. 函数 EXTI_GetFlagStatus

函数 EXTI_GetFlagStatus 的原型为 FlagStatus EXTI_GetFlagStatus（uint32_t EXTI_Line），使用方法如下：

```
/* 得到外部中断线路 8 的标志位状态 */
FlagStatus EXTIStatus;
EXTIStatus = EXTI_GetFlagStatus(EXTI_Line8);
```

6. 函数 EXTI_ClearFlag

函数 EXTI_ClearFlag 的原型为 void EXTI_ClearFlag（uint32_t EXTI_Line），使用方法如下：

```
/* 清除 EXTI_Line2 状态标志位 */
EXTI_ClearFlag(EXTI_Line2);
```

7. 函数 EXTI_GetITStatus

函数 EXTI_GetITStatus 的原型为 ITStatus EXTI_GetITStatus（uint32_t EXTI_Line），使用方法如下：

```
/* 得到 EXTI_Line8 的中断触发请求状态 */
ITStatus EXTIStatus;
EXTIStatus = EXTI_GetITStatus(EXTI_Line8);
```

8. 函数 EXTI_ClearITPendingBit

函数 EXTI_ClearITPendingBit 的原型为 void EXTI_ClearITPendingBit（uint32_t EXTI_Line），使用方法如下：

```
/* 清除 EXTI_Line2 线路中断挂起位 */
EXTI_ClearITpendingBit(EXTI_Line2);
```

5.5 外部中断使用流程

STM32 中断设计包括三部分，即 NVIC 设置、中断端口配置、中断处理。

5.5.1 NVIC 设置

在使用中断时首先要对 NVIC 进行配置，NVIC 设置流程如图 5-4 所示。主要包括以下内容：

1）根据需要对中断优先级进行分组，确定抢占优先级和响应优先级的个数。

2）选择中断通道，不同的引脚对应不同的中断通道，在 stm32f10x.h 中定义了中断通道结构体 IRQn_Type，包含了所有型号芯片的所有中断通道。外部中断 EXTI0 ~ EXTI4 有独立的中断通道 EXTI0_IRQn ~ EXTI4_IRQn，而 EXTI5 ~ EXTI9 共用一个中断通道 EXTI9_5_

IRQn，EXTI15～EXTI10 共用一个中断通道 EXTI15_10_IRQn。

3）根据系统要求设置中断优先级，包括抢占优先级和响应优先级。

4）使能相应的中断，完成 NVIC 配置。

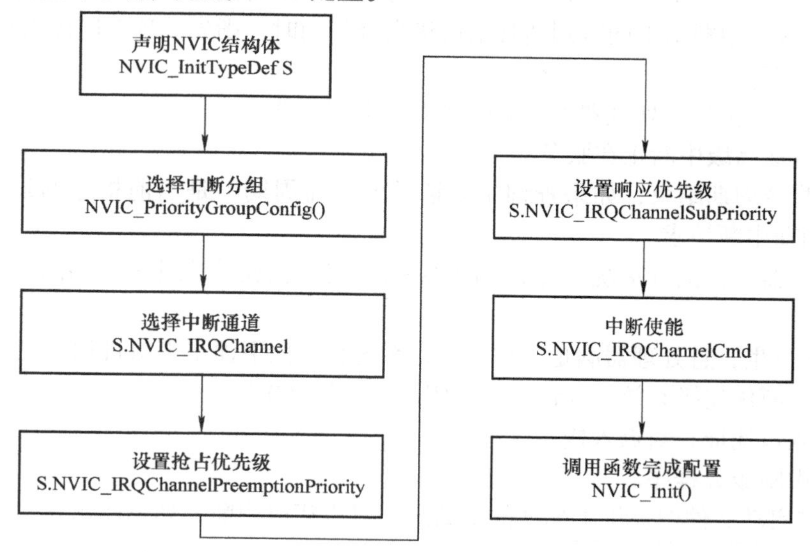

图 5-4　NVIC 设置流程

5.5.2　中断端口配置

NVIC 设置完成后要对中断端口进行配置，即配置哪个引脚发生什么中断。GPIO 外部中断端口配置流程图如图 5-5 所示。

中断端口配置主要包括以下内容：

1）首先进行 GPIO 配置，对引脚进行配置，使能引脚，具体方法参考第 4 章的 GPIO 配置，如果使用了复用功能需要打开复用时钟。

2）然后对外部中断方式进行配置，包括中断线路设置、中断或事件选择、触发方式设置、使能中断线完成设置。

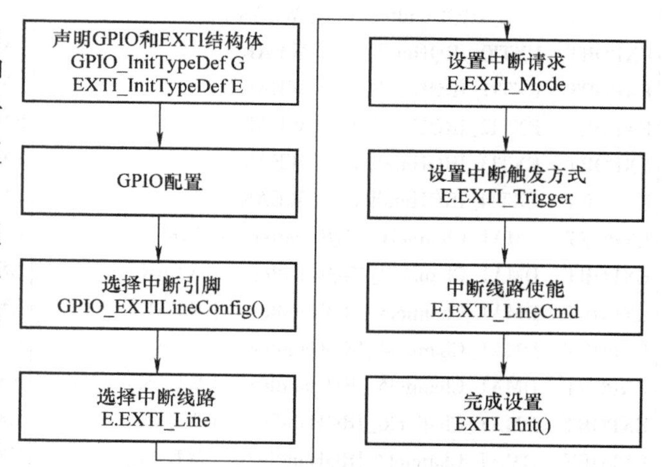

图 5-5　GPIO 外部中断端口配置流程图

其中，中断线路 EXTI_Line0～EXTI_Line15 分别对应 EXTI0～EXTI15，即每个端口的 16 个引脚，如图 5-3 所示；EXTI_Line16～EXTI_Line18 分别对应 PVD 输出事件、RTC 闹钟事件和 USB 唤醒事件。

5.5.3　中断处理

中断处理的整个过程包括中断请求、中断响应、中断服务程序及中断返回 4 个步骤。其中，中断服务程序主要完成中断线路状态检测、中断服务内容和中断清除。

1. 中断请求

如果系统中存在多个中断源，处理器要先对当前中断的优先级进行判断，先响应优先级高的中断。当多个中断请求同时到达且抢占优先级相同时，则先处理响应优先级高的中断。

2. 中断响应

在中断事件产生后，处理器响应中断要满足下列条件。

1）无同级或高级中断正在服务。

2）当前指令周期结束，如果查询中断请求的机器周期不是当前指令的最后一个周期，则无法执行当前中断请求。

3）若处理器正在执行系统指令，则需要执行到当前指令及下一条指令才能响应中断请求。

如果中断发生，且处理器满足上述条件，系统将按照下面步骤执行相应中断请求。

1）置位中断优先级有效触发器，即关闭同级和低级中断。

2）调用入口地址，断点入栈。

3）进入中断服务程序。

STM32 在启动文件中提供了标准的中断入口对应相应中断，如下所示。

Default_Handler PROC	Default_Handler PROC
EXPORT WWDG_IRQHandler [WEAK]	EXPORT CAN1_SCE_IRQHandler [WEAK]
EXPORT PVD_IRQHandler [WEAK]	EXPORT EXTI9_5_IRQHandler [WEAK]
EXPORT TAMPER_IRQHandler [WEAK]	EXPORT TIM1_BRK_IRQHandler [WEAK]
EXPORT RTC_IRQHandler [WEAK]	EXPORT TIM1_UP_IRQHandler [WEAK]
EXPORT FLASH_IRQHandler [WEAK]	EXPORT TIM1_TRG_COM_IRQHandler [WEAK]
EXPORT RCC_IRQHandler [WEAK]	EXPORT TIM1_CC_IRQHandler [WEAK]
EXPORT EXTI0_IRQHandler [WEAK]	EXPORT TIM2_IRQHandler [WEAK]
EXPORT EXTI1_IRQHandler [WEAK]	EXPORT TIM3_IRQHandler [WEAK]
EXPORT EXTI2_IRQHandler [WEAK]	EXPORT TIM4_IRQHandler [WEAK]
EXPORT EXTI3_IRQHandler [WEAK]	EXPORT I2C1_EV_IRQHandler [WEAK]
EXPORT EXTI4_IRQHandler [WEAK]	EXPORT I2C1_ER_IRQHandler [WEAK]
EXPORT DMA1_Channel1_IRQHandler [WEAK]	EXPORT I2C2_EV_IRQHandler [WEAK]
EXPORT DMA1_Channel2_IRQHandler [WEAK]	EXPORT I2C2_ER_IRQHandler [WEAK]
EXPORT DMA1_Channel3_IRQHandler [WEAK]	EXPORT SPI1_IRQHandler [WEAK]
EXPORT DMA1_Channel4_IRQHandler [WEAK]	EXPORT SPI2_IRQHandler [WEAK]
EXPORT DMA1_Channel5_IRQHandler [WEAK]	EXPORT USART1_IRQHandler [WEAK]
EXPORT DMA1_Channel6_IRQHandler [WEAK]	EXPORT USART2_IRQHandler [WEAK]
EXPORT DMA1_Channel7_IRQHandler [WEAK]	EXPORT USART3_IRQHandler [WEAK]
EXPORT ADC1_2_IRQHandler [WEAK]	EXPORT EXTI15_10_IRQHandler [WEAK]
EXPORT USB_HP_CAN1_TX_IRQHandler [WEAK]	EXPORT RTCAlarm_IRQHandler [WEAK]
EXPORT USB_LP_CAN1_RX0_IRQHandler [WEAK]	EXPORT USBWakeUp_IRQHandler [WEAK]
EXPORT CAN1_RX1_IRQHandler [WEAK]	

值得注意的是，外部中断 EXTI0 ~ EXTI4 有独立的入口 EXTI0_IRQHandler ~ EXTI4_

IRQHandler，而EXTI5～EXTI9共用一个入口EXTI9_5_IRQHandler，EXTI15～EXTI10共用一个入口EXTI15_10_IRQHandler。在stm32f10x_it.c文件中添加中断服务函数时函数名必须与后面使用的中断服务程序名称一致，无返回值无参数。

3. 中断服务程序

以外部中断为例，中断服务程序处理流程图如图5-6所示。

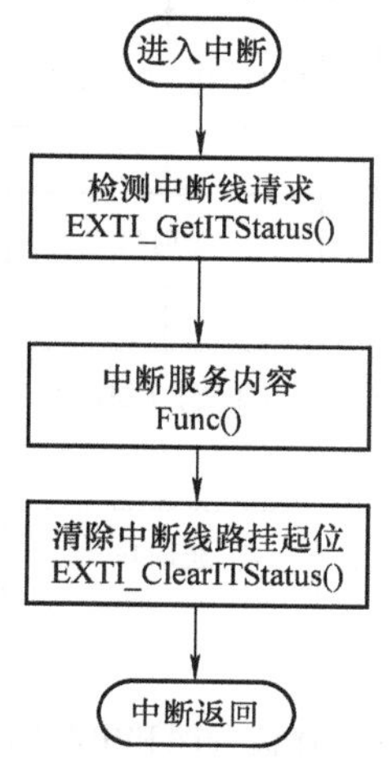

图5-6　中断服务程序处理流程图

4. 中断返回

中断返回是指中断服务完成后，处理器返回到原来程序断点处继续执行原来程序。

例如，外部中断0的中断服务程序：

```
void EXTI0_IRQHandler(void)
{
    if(EXTI_GetITStatus(EXTI_Line0) ! = RESET) //确保是否产生了 EXTI Line 中断
    {
        /* 中断服务内容 */
        ……
        EXTI_ClearITPendingBit(EXTI_Line0);     //清除中断标志位
    }
}
```

5.6 STM32外部中断应用设计实例

5.6.1 外部中断应用实例1：按键控制LED模拟手术室工作状态指示

本实例利用按键KEY中断实现LED1和LED2状态控制，可以用于模拟诸如手术室工作状态指示等应用。电路原理图如图4-2所示。要求：①无手术时LED1（绿灯）间隔1s闪烁、LED2（红灯）灭；②医生进入手术室，可以按下按键，使LED1灭、LED2稳定点亮；③手术结束，再次按下按键，恢复LED1闪烁和LED2灭。

根据设计要求，主程序流程图和中断程序流程图如图 5-7 所示。

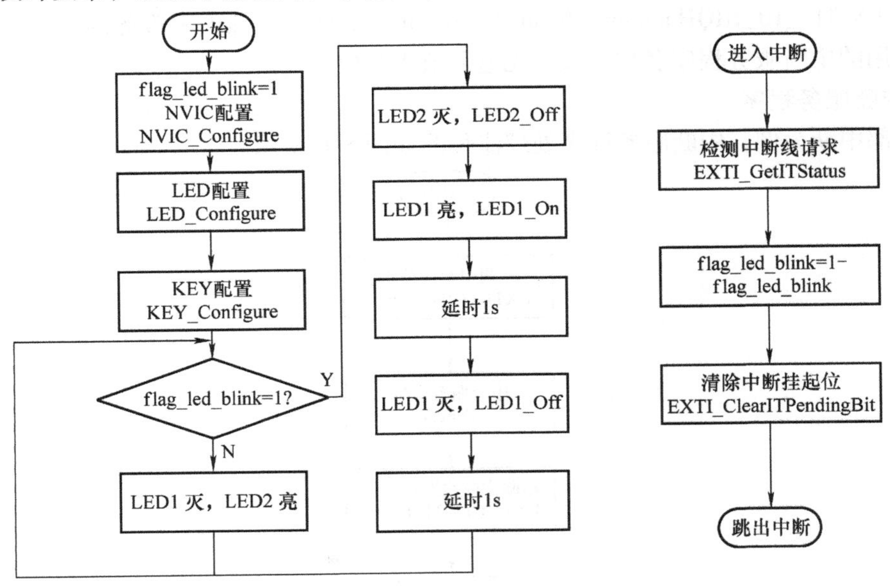

图 5-7　主程序流程图和中断程序流程图

本例将主程序和中断程序均放在 main. c 中，工程文件结构如图 5-8 所示。

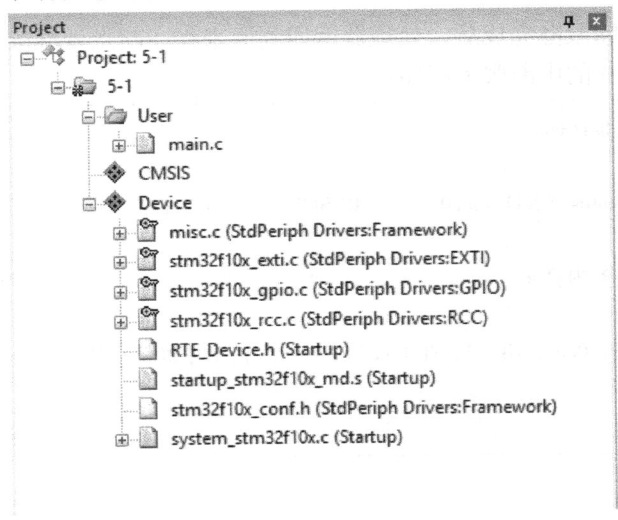

图 5-8　工程文件结构

main. c 程序如下：

main. c

```
#include "stm32f10x.h"
#include "stm32f10x_it.h"
void NVIC_Configure(void);
void KEY_Configure(void);
```

```
void LED_Configure(void);
void LED1_On(void);
void LED1_Off(void);
void LED2_On(void);
void LED2_Off(void);
void delay(void);
uint8_t flag_led_blink = 1;
int main(void)
{
    NVIC_Configure();
    KEY_Configure();
    LED_Configure();

    while (1)
    {
        if(flag_led_blink)
        {
            LED2_Off();
    LED1_On();
            delay();
            LED1_Off();
            delay();
        }
        else
        {
          LED1_Off();
            LED2_On();

        }
    }
}

void NVIC_Configure(void)
{
    NVIC_InitTypeDef NVIC_InitStructure;
    NVIC_PriorityGroupConfig(NVIC_PriorityGroup_1);
    NVIC_InitStructure.NVIC_IRQChannel = EXTI0_IRQn;
    NVIC_InitStructure.NVIC_IRQChannelPreemptionPriority = 0;
    NVIC_InitStructure.NVIC_IRQChannelSubPriority = 0;
    NVIC_InitStructure.NVIC_IRQChannelCmd = ENABLE;
    NVIC_Init(&NVIC_InitStructure);
}
```

```
void KEY_Configure(void)
{
    GPIO_InitTypeDef GPIO_InitStructure;
    EXTI_InitTypeDef EXTI_InitStructure;
    RCC_APB2PeriphClockCmd(RCC_APB2Periph_GPIOA | RCC_APB2Periph_AFIO, ENABLE);
    GPIO_InitStructure.GPIO_Pin = GPIO_Pin_0;
    GPIO_InitStructure.GPIO_Mode = GPIO_Mode_IPU;
    GPIO_Init(GPIOA, &GPIO_InitStructure);
    GPIO_EXTILineConfig(GPIO_PortSourceGPIOA, GPIO_PinSource0);
    EXTI_InitStructure.EXTI_Line = EXTI_Line0;
    EXTI_InitStructure.EXTI_Mode = EXTI_Mode_Interrupt;
    EXTI_InitStructure.EXTI_Trigger = EXTI_Trigger_Rising_Falling;
    EXTI_InitStructure.EXTI_LineCmd = ENABLE;
    EXTI_Init(&EXTI_InitStructure);
}
void LED_Configure(void)
{
    GPIO_InitTypeDef GPIO_InitStructure;
    RCC_APB2PeriphClockCmd(RCC_APB2Periph_GPIOA, ENABLE);
    GPIO_InitStructure.GPIO_Pin = GPIO_Pin_2 | GPIO_Pin_3;
    GPIO_InitStructure.GPIO_Speed = GPIO_Speed_50MHz;
    GPIO_InitStructure.GPIO_Mode = GPIO_Mode_Out_PP;
    GPIO_Init(GPIOA, &GPIO_InitStructure);
        LED1_Off();
    LED2_Off();
}
void LED1_On(void)
{
    GPIO_SetBits(GPIOA,GPIO_Pin_2);
}
void LED1_Off(void)
{
    GPIO_ResetBits(GPIOA,GPIO_Pin_2);
}
void LED2_On(void)
{
    GPIO_SetBits(GPIOA, GPIO_Pin_3);
}
void LED2_Off(void)
{
    GPIO_ResetBits(GPIOA, GPIO_Pin_3);
}
```

```
void delay(void)
{
    int i = 0xffff;
    while(i - - );
}
void EXTI0_IRQHandler(void)
{
    if(EXTI_GetITStatus(EXTI_Line0) ! = RESET)
    {
        flag_led_blink = 1 - flag_led_blink;
        EXTI_ClearITPendingBit(EXTI_Line0);
    }
}
```

编译程序后，将程序下载到开发板，可以看到 LED1 闪烁、LED2 灭，当按键按下时 LED1 灭、LED2 亮，再次按下按键恢复 LED1 闪烁、LED2 灭。

在没有开发板的情况下，可以用以下两种方式进行仿真。

1）程序运行中，通过 EXTI 寄存器 SWEIR0 软件模拟按键中断，打勾表示置 1，此时 EXTI 寄存器 PR0 自动变为 1，产生软件中断，LED 状态改变并停止闪烁。

2）程序运行中，利用 Peripherals 中的 GPIOA 的 PA0 人为给与按键动作，运行模拟结果如图 5-9 所示。

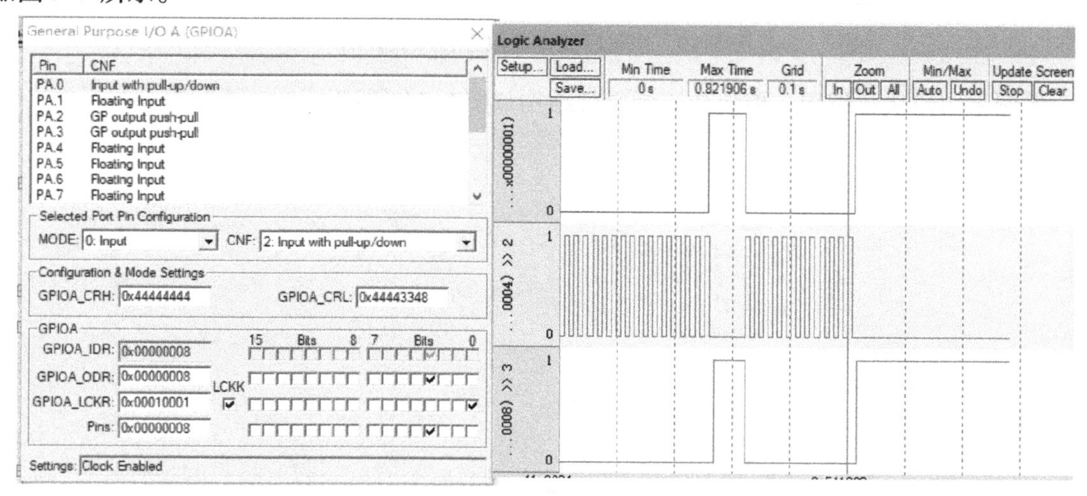

图 5-9　软件模拟手术室按键控制指示灯仿真结果

5.6.2　外部中断应用实例 2：烟雾监测紧急报警

利用 LED1 的闪烁模拟系统当前任务，PA0 开关量输入按键 KEY 的按下和松开模拟烟雾超限报警及解除报警，PA3 开关量输出控制 LED2 的亮灭进行报警。当 KEY 按下时表示发生紧急情况（烟雾超标），产生中断，LED2 亮，发出报警信息，并延时一段时间；烟雾解除 KEY 松开，表示紧急情况消除，进入中断，LED2 灭，取消报警。

电路原理图如图 4-2 所示。根据设计要求，主程序及中断服务程序流程图如图 5-10 所示。

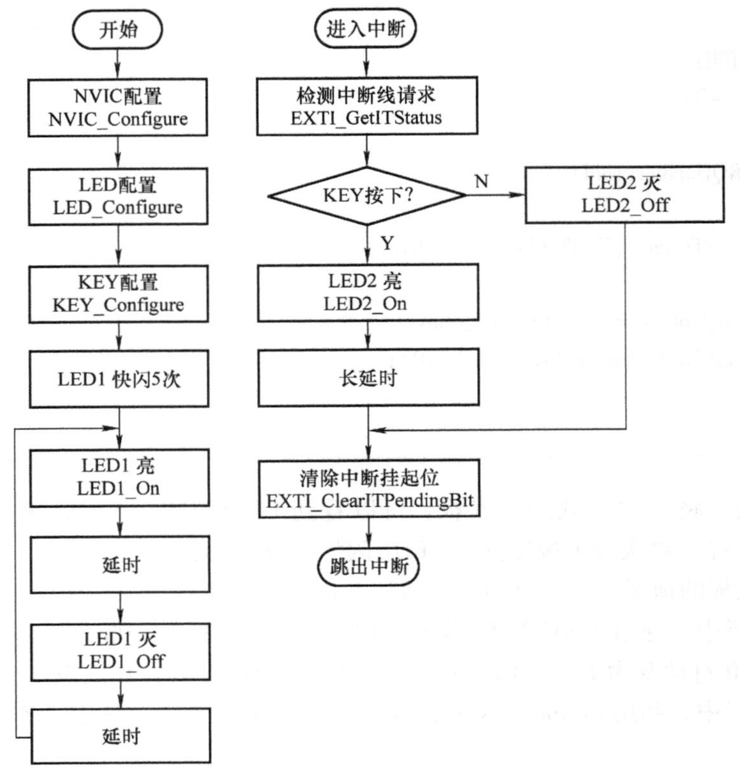

图 5-10　主程序及中断服务程序流程图

本例采用模块化编程，模块化工程文件结构如图 5-11 所示。

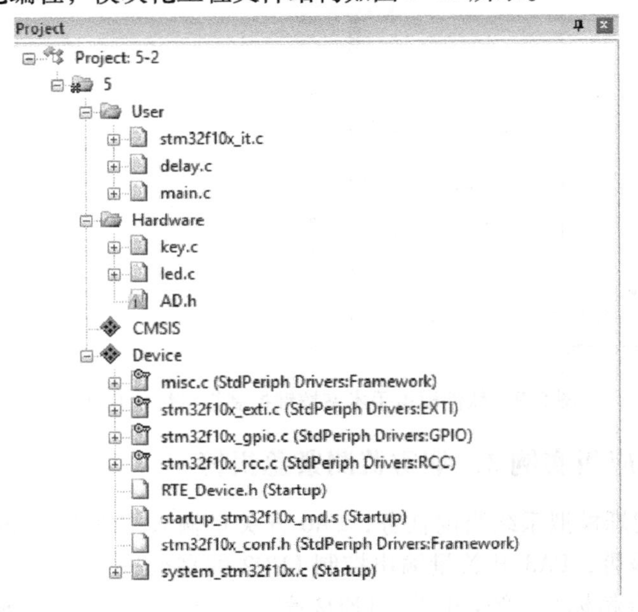

图 5-11　模块化工程文件结构

编译程序后，将程序下载到开发板，可以看到 LED1 闪烁，LED2 灭当烟雾超标（按键按下）时，进入中断服务，LED2 亮，LED1 保持原状态（亮或灭）；当烟雾恢复正常值（按键松开）时，LED2 灭。

也可以用逻辑分析仪观察输出结果：

程序运行中，利用 Peripherals 中的 GPIOA 的 PA0 人为给与按键动作，逻辑分析仪观察结果如图 5-12 所示。其中，LED1（第一行）为工作指示灯，LED2（第二行）为报警指示灯，按键（第三行）的变化由左侧图中的 Peripherals 中的 GPIOA 的 PA0 人为给与按键动作。

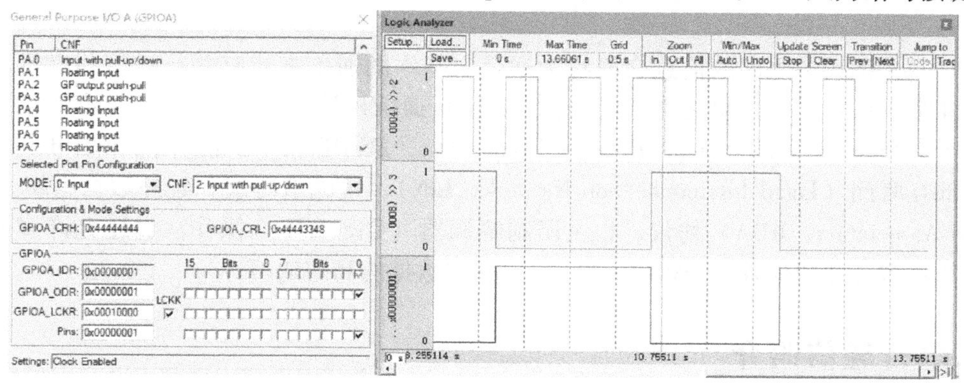

图 5-12　模拟烟雾 2 次报警仿真结果

思考与练习

1. 什么是中断？什么是中断优先级？什么是中断嵌套？描述中断处理过程。
2. STM32 最多支持多少个中断？有几个优先级？如何判断中断优先级？
3. STM32F103x 的中断源有哪些？其中可屏蔽中断源包括哪些？
4. 画出 STM32 外部中断/事件线路映射关系，简述外部中断/事件信号的线路。
5. 列举 STM32 标准库中与中断相关的几个常用库函数，并说明其功能。
6. 简述嵌套向量中断控制器（NVIC）的主要特性，给出 NVIC 配置流程。
7. 外部中断/事件控制器（EXTI）的主要特性有哪些？
8. 中断端口如何配置？简述使用外部 IO 口引脚中断的基本步骤。
9. 如何配置 STM32 中断优先级？
10. 编写程序指定中断源的优先级，使能 EXTI0 中断，设置指定抢占式优先级别为 1，响应式优先级别为 0。
11. 中断入口从哪个文件中可以找到？
12. 外部中断源有电平触发和边缘触发两种触发方式，这两种触发方式分别怎样设定？所产生的中断过程有哪些不同？

第 6 章 STM32 通用同步/异步通信

CPU 与外围设备之间的信息交换称为通信。基本的通信方式有并行通信和串行通信两种。STM32F103 系列单片机提供了功能强大的串行通信模块，即通用同步/异步收发器（Universal Synchronous Asynchronous Receiver Transmitter，USART），其支持同步和异步通信，也支持局部互联网（Local Interconnection Network，LIN），智能卡协议和红外数据组织（Infrared Data Association，IrDA）协议，以及调制解调器（CTS/RTS）操作。它还允许多处理器通信，使用多缓冲器配置的 DMA 方式，可以实现数据的高速通信。

6.1 串行通信简介

6.1.1 串行通信与并行通信

串行通信是数据字节的各位一位一位地依次传送的通信方式。串行通信的速度慢，但占用的传输线条数少，适用于远距离的数据传送。

并行通信是数据字节的各位同时传送的通信方式。并行通信的优点是数据传送速度快，缺点是占用的传输线条数多，适用于近距离通信，远距离通信的成本比较高。

6.1.2 串行通信方式

从硬件上看，串行通信方式有单工、半双工和全双工通信。

（1）单工通信。数据只允许向一个方向进行传送，即数据发送设备只能发送数据，而数据接收设备只能接收数据。此时在数据发送设备与数据接收设备之间只需要一条数据传输线。

（2）半双工通信。数据允许向两个方向进行传送，但是传送数据的过程与接收数据的过程不能同时进行。即进行通信的两个设备都具备发送与接收数据的能力，但是同一时刻只能有一个设备进行数据发送而另一个设备进行数据接收。

（3）全双工通信。数据允许向两个方向进行传送，并且发送数据的过程与接收数据的过程可以同时进行。即进行通信的两个设备都具备发送与接收数据的能力，而且同一时刻两个设备均可以发送与接收数据。

6.1.3 串行异步通信和串行同步通信

串行通信按照串行数据的时钟控制方式分为异步通信和同步通信。

串行异步通信是一种常用的串行通信方式，一次通信传送一个字符帧。在发送字符时，发送的字符之间的时间间隔可以是任意的，接收端时刻做好接收的准备。串行异步通信的优点是通信设备简单、价格低廉，但因为具有起始位和停止位，所以传输效率较低。

串行同步通信要求设备在进行通信前先建立同步，发送频率和接收方的接收频率要同步。串行同步通信在发送信息时，将多个字符加上同步字符组成一个信息帧，由一个统一的时钟控制发送端的发送，接收端应能识别同步字符，当检测到有一串数位和同步字符相匹配时，就认为开始一个信息帧，把此后的数位作为实际传输信息来处理，因此串行同步通信的传输速度较快，可用于点对多点（串行异步通信只适用于点对点）。其缺点是需要使用专用的时钟控制线实现同步，对于长距离的通信，成本较高，通信的速率也会降低。串行同步通信多用于同一PCB上芯片级之间的通信。

6.1.4 串行异步通信的数据传输形式

串行异步通信需要制定一些共同遵守的约定，其中最重要的是字长和波特率，串行异步通信的数据传输形式如图6-1所示。其中，字长可以选择成8位或9位。起始位为低电平，停止位为高电平，空闲帧为全1。发送和接收由一共用的波特率发生器驱动。

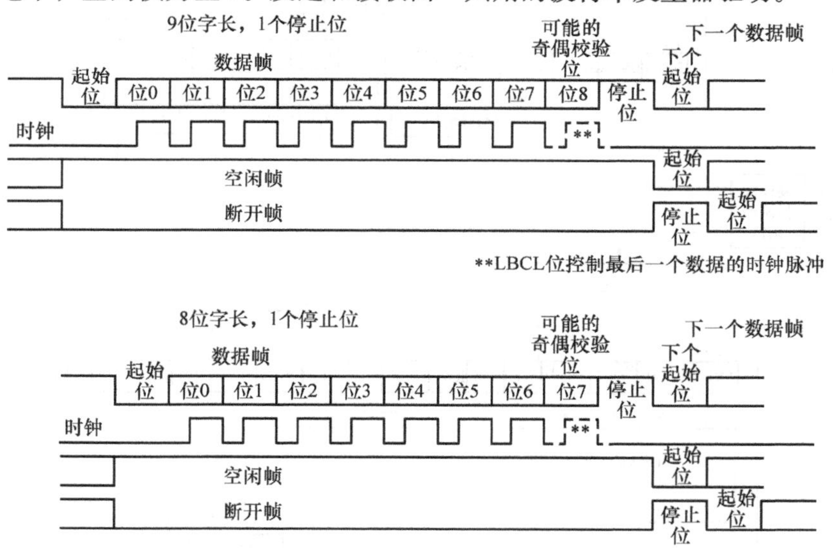

图6-1 串行异步通信的数据传输形式

6.1.5 波特率

波特率即数据的传送速率，在串行异步通信中，每秒钟传送的二进制数的位数称为波特率，单位是比特/秒（bit/s），或波特（baud）。波特率的倒数就是每一位数的传送时间，称为位传送时间，单位为秒（s）。USART根据波特率发生器提供宽范围的波特率进行选择。

6.2 STM32的USART的结构及工作方式

6.2.1 STM32的USART的结构

STM32有3～5个全双工的串行异步通信接口USART，可实现设备之间串行数据的传输。

STM32 的 USART 的主要组成部分包括接收数据输入（RX）和发送数据输出（TX）、清除发送（nCTS）、发送请求（nRTS）和发送器时钟输出（CK）等相应的引脚（与外部设备相连）。

其内部包括发送数据寄存器（TDR）、接收数据寄存器（RDR）、移位寄存器、IrDA SIR 编解码模块、硬件数据流控制器、SCLK 控制、发送器控制、唤醒单元、接收器控制、USART 中断控制和波特率控制等。STM32 的 USART 的结构如图 6-2 所示。

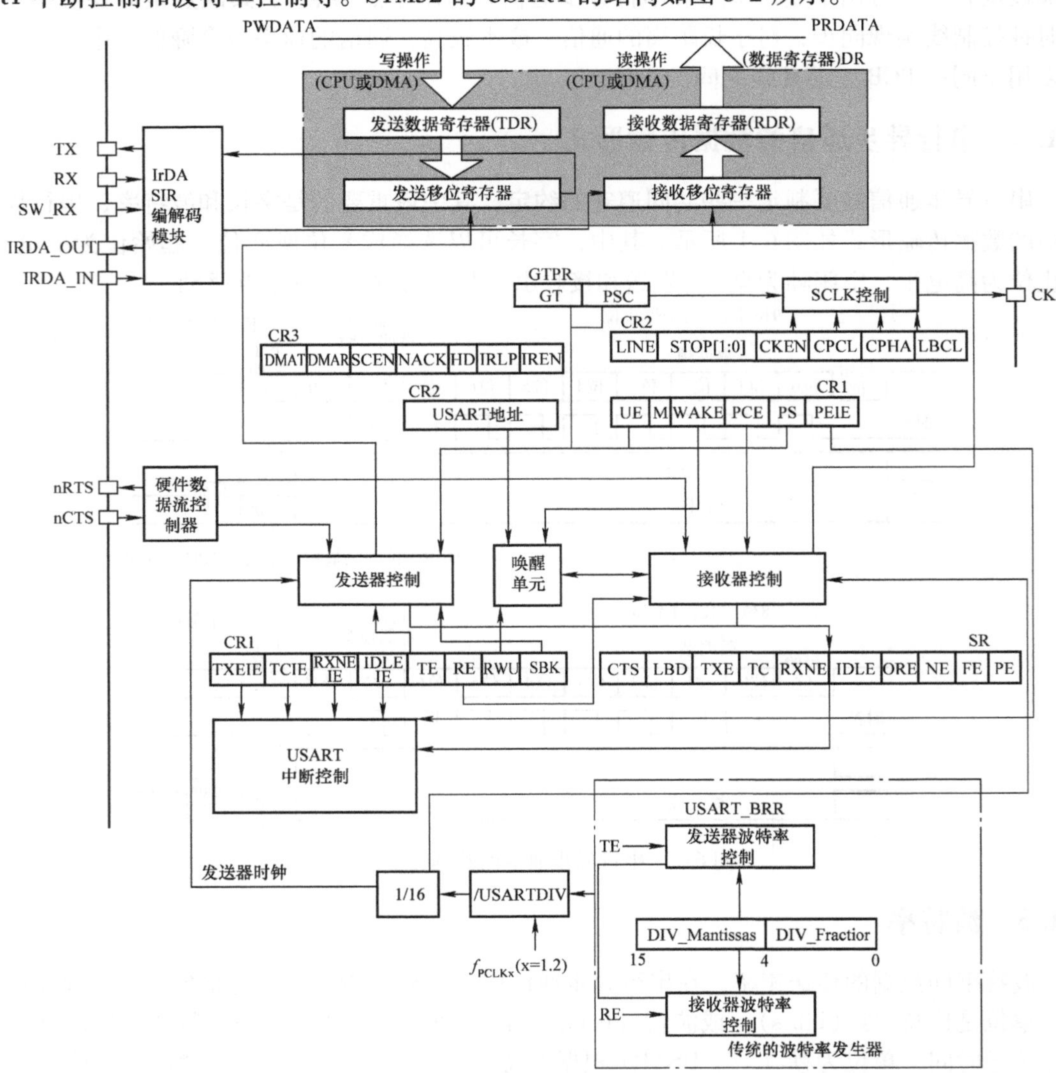

图 6-2　STM32 的 USART 的结构

任何 USART 双向通信至少需要 2 个引脚：RX 和 TX。RX 通过采样技术来区别数据和噪声，从而恢复数据。当发送器被禁止时，TX 引脚恢复到其 IO 端口配置。当发送器被激活，并且不发送数据时，TX 引脚处于高电平。在 IrDA 模式下，TX 作为 IRDA_OUT，RX 作为 IRDA_IN。在单线和智能卡模式中，TX 被同时用于数据接收和发送。

nCTS和nRTS用于调制解调。nCTS为清除发送，若是高电平，则在当前数据传输结束时不进行下一次的数据发送。nRTS为发送请求，若是低电平，表明USART准备好接收数据。

CK引脚为发送器时钟输出，此引脚输出用于同步传输的时钟，数据可以在RX上同步被接收，这可以用来控制带有移位寄存器的外部设备（例如LCD驱动器）。时钟相位和极性都是软件可编程的。在智能卡模式中，CK可以为智能卡提供时钟。

STM32F103RBT6有3个USART，即USART1、USART2和USART3，各引脚的对应情况如下：USART1_RX（PA10）、USART1_TX（PA9）、USART1_CTS（PA11）、USART1_RTS（PA12）、USART1_CK（PA8）；USART2_RX（PA3）、USART2_TX（PA2）、USART2_CTS（PA0）、USART2_RTS（PA1）、USART2_CK（PA4）；USART3_RX（PB11）、USART3_TX（PB10）、USART3_CTS（PB13）、USART3_RTS（PB14）、USART3_CK（PB12）。IRDA_OUT和IRDA_IN本身没有对应的引脚，当把USART配置为红外模式时，IRDA_OUT和IRDA_IN分别对应TX和RX。SW_RX也没有单独的引脚对应，当USART配置为单线或智能卡模式时，SW_RX对应TX。

USART的功能是通过操作相应寄存器来实现的，包括数据寄存器（USART_DR）、控制寄存器1（USART_CR1）、控制寄存器2（USART_CR2）、控制寄存器3（USART_CR3）、状态寄存器（USART_SR）、波特比率寄存器（USART_BRR）、保护时间和预分频寄存器（USART_GTPR）。

USART的相关寄存器功能请参考文献[1]。寄存器的读写可通过编程设置寄存器来实现，也可借助标准外设库（标准库）的函数来实现。标准库提供了几乎所有寄存器操作函数，基于标准库开发更加简单、快捷。

6.2.2 STM32串行异步通信的工作方式

1. 数据发送

发送器根据M位的状态发送8位或9位的数据。当发送使能位（TE）被置位时，发送移位寄存器中的数据在TX引脚上输出，字符发送在TX引脚上首先移出数据的最低有效位，相应的时钟脉冲在CK引脚上输出。

注意：当需要关闭USART或需要进入停机模式之前，为了避免破坏最后一次传输。需要确认传输结束再进行停机，即串行发送最后一个数据后，要等待TC=1，它表示最后一个数据帧的传输结束。

2. 数据接收

在USART接收期间，数据的最低有效位首先从RX引脚移进。当一个字符被接收时，RXNE位被置位。它表明移位寄存器的内容被转移到RDR，也就是说，数据已经被接收并且可以被读出。如果RXNEIE位被设置，则可以产生中断。在接收期间如果检测到帧错误、噪声或溢出错误，错误标志将被置起。

在多缓冲器通信时，RXNE在每个字节接收后被置起，并由DMA对数据寄存器的读操作来清零。由软件读USART_DR寄存器完成对RXNE位清除。RXNE标志也可以通过对它写0来清除，但这个清零必须在下一节字符被接收结束前被清零，以避免溢出错误。

3. 分数波特率的产生

接收器和发送器的波特率在 USARTDIV 的整数和小数寄存器中的值应设置成相同的。公式如下：

$$波特率 = \frac{f_{ck}}{16 \times USARTDIV}$$

式中，f_{ck} 为给外设的时钟；*USARTDIV* 为一个无符号的定位数，这 12 位的值在 USART_BRR 寄存器中进行设置。

上述配置也可通过串行通信标准库的函数实现，这样更加简单、快捷。

6.3 USART 常用库函数

STM32 标准库中提供了几乎覆盖所有 USART 操作的函数，见表 6-1。为了理解这些函数的具体使用方法，对标准库中部分函数做详细介绍。

表 6-1 USART 函数库

函数名称	功 能
USART_DeInit	将外设 USARTx 寄存器重设为缺省值
USART_Init	根据 USART_InitStruct 中指定的参数初始化外设 USARTx 寄存器
USART_StructInit	把 USART_InitStruct 中的每一个参数按缺省值填入
USART_Cmd	使能或者失能 USART 外设
USART_ITConfig	使能或者失能指定的 USART 中断
USART_DMACmd	使能或者失能指定 USART 的 DMA 请求
USART_SetAddress	设置 USART 节点的地址
USART_WakeUpConfig	选择 USART 的唤醒方式
USART_ReceiverWakeUpCmd	检查 USART 是否处于静默模式
USART_LINBreakDetectLengthConfig	设置 USART
USART_LINCmd	使能或者失能 USARTx 的 LIN 模式
USART_SendData	通过外设 USARTx 发送数据
USART_ReceiveData	通过外设 USARTx 接收数据
USART_SendBreak	发送中断字
USART_SetGuardTime	设置指定的 USART 保护时间
USART_SetPrescaler	设置 USART 时钟预分频
USART_SmartCardCmd	使能或者失能指定 USART 的智能卡模式
USART_SmartCardNackCmd	使能或者失能 NACK 传输
USART_HalfDuplexCmd	使能或者失能 USART 半双工模式
USART_IrDAConfig	设置 USART
USART_IrDACmd	使能或者失能 USART
USART_GetFlagStatus	检查指定的 USART 标志位设置与否
USART_ClearFlag	清除 USARTx 的待处理标志位
USART_GetITStatus	检查指定的 USART 中断发生与否
USART_ClearITPendingBit	清除 USARTx 的中断待处理位

1. 函数 USART_DeInit

函数 USART_DeInit 的原型为 void USART_DeInit（USART_TypeDef * USARTx），使用方法如下：

USART_DeInit（USART1）；

2. 函数 USART_Init

函数 USART_Init 的原型为 void USART_Init（USART_TypeDef * USARTx，USART_InitTypeDef * USART_Init Struct），USART_InitTypeDef 定义于文件“stm32f10x_usart. h”，具体结构如下所示。

```
typedef struct
    {
    u32 USART_BaudRate;
    u16 USART_WordLength;
    u16 USART_StopBits;
    u16 USART_Parity;
    u16 USART_HardwareFlowControl;
    u16 USART_Mode;
} USART_InitTypeDef;
```

（1）成员 USART_BaudRate 设置 USART 传输的波特率，波特率可以由以下公式计算：

IntegerDivider =（（APBClock）/（16 *（USART_InitStruct－>USART_BaudRate）））

FractionalDivider =（（IntegerDivider －（（u32）IntegerDivider））* 16）+ 0. 5

（2）成员 USART_WordLength 提示了在一个帧中传输或者接收到的数据位数。USART_WordLength 可取的值及含义如下：

USART_WordLength_8b /* 8 位数据 */

USART_WordLength_9b /* 9 位数据 */

（3）成员 USART_StopBits 定义发送的停止位数目。USART_StopBits 可取的值及含义如下：

USART_StopBits_1 /* 在帧结尾传输 1 个停止位 */

USART_StopBits_0. 5 /* 在帧结尾传输 0. 5 个停止位 */

USART_StopBits_2 /* 在帧结尾传输 2 个停止位 */

USART_StopBits_1. 5 /* 在帧结尾传输 1. 5 个停止位 */

（4）成员 USART_Parity 定义了奇偶模式。USART_Parity 可取的值及含义如下：

USART_Parity_No /* 奇偶失能 */

USART_Parity_Even /* 偶模式 */

USART_Parity_Odd /* 奇模式 */

注意：奇偶校验一旦使能，在发送数据的 MSB 位插入经计算的奇偶位（字长 9 位时的第 9 位，字长 8 位时的第 8 位）。

（5）成员 USART_HardwareFlowControl 指定了硬件流控制模式使能还是失能。USART_HardwareFlowControl 可取的值及含义如下：

USART_HardwareFlowControl_None　/* 硬件流控制失能 */
USART_HardwareFlowControl_RTS　/* 发送请求 RTS 使能 */
USART_HardwareFlowControl_CTS　/* 清除发送 CTS 使能 */
USART_HardwareFlowControl_RTS_CTS　/* RTS 和 CTS 使能 */

（6）成员 USART_Mode 定义了奇偶模式。USART_Mode 可取的值及含义如下：

USART_Mode_Tx　/* 发送使能 */
USART_Mode_Rx　/* 接收使能 */

该函数的使用方法如下：

```
USART_InitTypeDef USART_InitStructure;
USART_InitStructure. USART_BaudRate = 9600; //波特率 9600bit/s
USART_InitStructure. USART_WordLength = USART_WordLength_8b;//8 位数据
USART_InitStructure. USART_StopBits = USART_StopBits_1; //1 个停止位
USART_InitStructure. USART_Parity = USART_Parity_Odd; //奇模式
USART_InitStructure. USART_HardwareFlowControl = USART_HardwareFlowControl_RTS_CTS;// RTS 和
                                                                    CTS 使能
USART_InitStructure. USART_Mode = USART_Mode_Tx | USART_Mode_Rx;//发送接收使能
USART_Init(USART1, &USART_InitStructure);//完成 USART1 设置
```

3. 函数 USART_StructInit

函数 USART_StructInit 的原型为 void USART_StructInit（USART_InitTypeDef * USART_InitStruct），使用方法如下：USART_StructInit（&USART_InitStructure）。

4. 函数 USART_Cmd

函数 USART_Cmd 的原型为 void USART_Cmd（USART_TypeDef * USARTx，FunctionalState NewState）。

```
USART_IT 取值及含义如下:
USART_IT_PE   */ 奇偶错误中断 */
USART_IT_TXE   */ 发送中断 */
USART_IT_TC   */ 传输完成中断 */
USART_IT_RXNE   */ 接收中断 */
USART_IT_IDLE   */ 空闲总线中断 */
USART_IT_LBD   */ LIN 中断检测中断 */
USART_IT_CTS   */ CTS 中断 */
USART_IT_ERR   */ 错误中断 */
```

使用方法如下：

```
/* 使能 USART1 */
USART_Cmd(USART1, ENABLE);
```

5. 函数 USART_ITConfig

函数 USART_ITConfig 的原型为 void USART_ITConfig（USART_TypeDef * USARTx，u16

USART_IT, FunctionalState NewState),使用方法如下:

```
/* 使能 USART1 接收中断 */
USART_ITConfig(USART1, USART_IT_RXNE, ENABLE);
```

6. 函数 USART_DMACmd

函数 USART_DMACmd 的原型为 USART_DMACmd (USART_TypeDef * USARTx, FunctionalState NewState),使用方法如下:

```
/* 使能 USART2 发送 DMA 请求和接收 DMA 请求 */
USART_DMACmd(USART2, USART_DMAReq_Rx | USART_DMAReq_Tx, ENABLE);
```

7. 函数 USART_SetAddress

函数 USART_SetAddress 的原型为 void USART_SetAddress (USART_TypeDef * USARTx, u8 USART_Address),使用方法如下:

```
/* 设置 USART2 节点的地址为 0x5 */
USART_SetAddress(USART2, 0x5);
```

8. 函数 USART_SendData

函数 USART_SendData 的原型为 void USART_SendData (USART_TypeDef * USARTx, u8 Data),使用方法如下:

```
/* USART3 发送数据 */
USART_SendData(USART3, 0x26);
```

9. 函数 USART_ReceiveData

函数 USART_ReceiveData 的原型为 u8 USART_ReceiveData (USART_TypeDef * USARTx),使用方法如下:

```
/* USART2 接收数据 */
u16 RxData;
RxData = USART_ReceiveData(USART2);
```

10. 函数 USART_GetFlagStatus

函数 USART_GetFlagStatus 的原型为 FlagStatus USART_GetFlagStatus (USART_TypeDef * USARTx, u16 USART_FLAG)。

```
USART_FLAG   */ 取值及含义如下:
USART_FLAG_CTS   */ CTS 标志位 */
USART_FLAG_LBD   */ LIN 中断检测标志位 */
USART_FLAG_TXE   */ 发送数据寄存器空标志位 */
USART_FLAG_TC   */ 发送完成标志位 */
```

```
USART_FLAG_RXNE   */ 接收数据寄存器非空标志位 */
USART_FLAG_IDLE   */ 空闲总线标志位 */
USART_FLAG_ORE   */ 溢出错误标志位 */
USART_FLAG_NE   */ 噪声错误标志位 */
USART_FLAG_FE   */ 帧错误标志位 */
USART_FLAG_FE   */ 奇偶错误标示位 */
```

使用方法如下：

```
/* 检测 USART1 发送数据寄存器是否为空 */
FlagStatus Status;
Status = USART_GetFlagStatus(USART1, USART_FLAG_TXE);
```

11. 函数 USART_ClearFlag

函数 USART_ClearFlag 的原型为 void USART_ClearFlag（USART_TypeDef * USART*x*, u16 USART_FLAG)，使用方法如下：

```
/* 清除 USART1 溢出错误标志位 */
USART_ClearFlag(USART1,USART_FLAG_ORE);
```

6.4 USART 使用流程

STM32F1 的 USART 的功能有很多，最基本的功能就是发送和接收。其功能的实现需要串口工作方式配置、串口发送和串口接收三部分程序。本节只介绍基本配置，其他功能和技巧都是在基本配置的基础上完成的，读者可参考相关资料。USART 的基本配置流程如图 6-3 所示。

需要注意的是，串口是 IO 的复用功能，需要根据数据手册将相应的 IO 配置为复用功能。如 USART1 的发送引脚和 PA9 复用，需将 PA9 配置为复用推挽输出，接收引脚和 PA10 复用，需将 PA10 配置为浮空输入，并开启复用功能时钟。另外，根据需要设置串口波特率和数据格式。

和其他外设一样，完成配置后一定要使能串口功能。

发送数据使用 USART_SendData（）函数。发送数据时一般要判断发送状态，等发送完成后再执行后面的程序，如下所示。

```
/* 发送数据 */
USART_SendData(USART1, i);
/* 等待发送完成 */
while(USART_GetFlagStatus(USART1,USART_FLAG_TC)! =SET);
```

接收数据使用 USART_ReceiveData（）函数。无论使用中断方式接收还是查询方式接

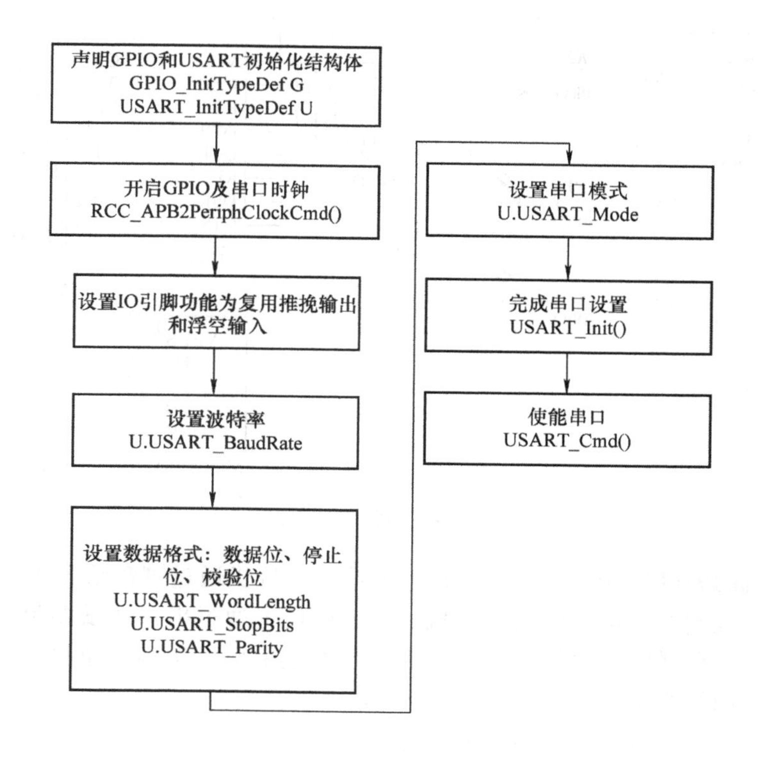

图 6-3　USART 的基本配置流程

收，首先要判断接收数据寄存器是否为空，非空时才进行接收，如下所示。

```
/* 接收寄存器非空 */
if(USART_GetFlagStatus(USART1,USART_IT_RXNE) = =SET)
{
    /* 接收数据 */
    i = USART_ReceiveData(USART1);
}
```

6.5　USART 应用设计实例

6.5.1　串行异步通信应用实例 1：收发信息

借助串口调试助手，通过串口打印信息是一种常用的调试方法，在特定位置输出打印信息可以直观地观察程序的运行状态，判断程序的运行结果是否与预期逻辑一致。因此，在硬件设计时通常预留串口进行调试，由于上位机串口和 STM32 串口通信电平不一致，通常采用 PL2302、PL2303、CH340 等芯片进行 USB 和串口转换，具体可参考相关文档，本例采用 CH340 芯片实现 USB 转串口，硬件原理图如图 6-4 所示。

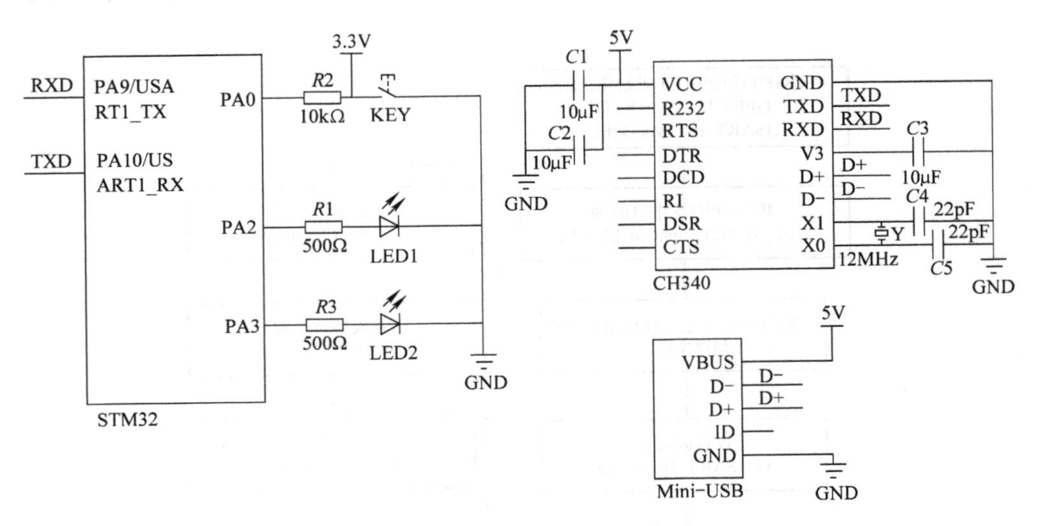

图 6-4　硬件原理图

利用上位机的串口与 STM32 的 USART1 通信。上位机通过键盘给 STM32 的串口发送字符，STM32 将接收到的字符再传回上位机。在上位机上通过串口调试助手显示结果。采用查询方式，接收寄存器中有数据时即取出来，再通过串口发送到上位机。上位机与 STM32 通信程序流程图如图 6-5 所示。

将主程序均放在 main. c 中，并将初始化、按键判断和 LED 亮灭控制写成函数模块，工程文件结构如图 6-6 所示。

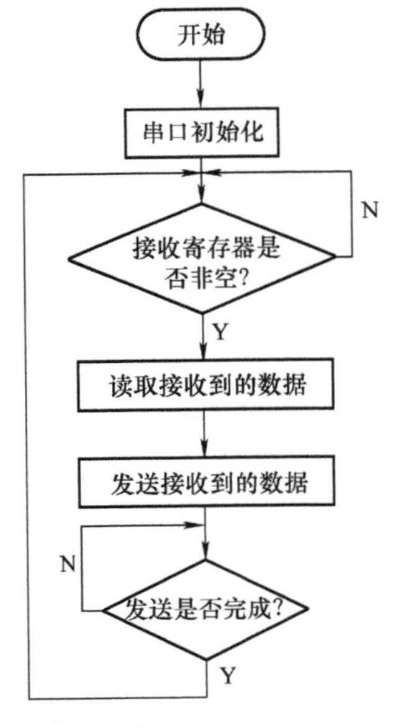

图 6-5　上位机与 STM32 通信程序流程图

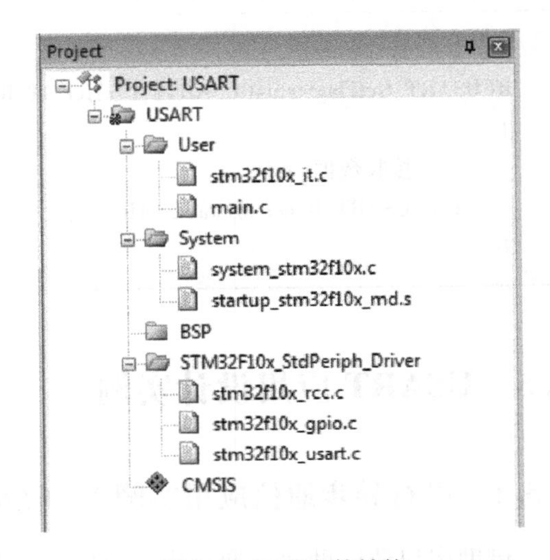

图 6-6　工程文件结构

main. c 程序如下：

main. c

```
/ * * @ file      main. c
```

```
* @author    YSU Team
        * @version V1.0
    * @date       2018-02-24
    * @brief    主程序源文件 * */
/* ---------------头文件包含-------------------*/
#include "stm32f10x.h"
/* ---------------函数声明-------------------*/
void USART1_Configure(void);
/* ---------------主程序-------------------*/
int main(void)
{
    uint16_t dat;
    USART1_Configure();//TIM3 初始化
    while (1)
    {
        /* 判断接收寄存器是否非空 */
        if(USART_GetFlagStatus(USART1,USART_FLAG_RXNE) = =SET)
        {
            /* 接收数据 */
            dat = USART_ReceiveData(USART1);
            /* 发送数据 */              USART_SendData(USART1, dat);
            /* 等待发送完成 */
            while(USART_GetFlagStatus(USART1,USART_FLAG_TC)! =SET);
        }
    }
}
/** * @简介:USART1 初始化
  * @参数: 无
  * @返回值:无   */
void USART1_Configure(void)
{
    GPIO_InitTypeDef GPIO_InitStructure;
    USART_InitTypeDef USART_InitStructure;
    RCC_APB2PeriphClockCmd(RCC_APB2Periph_GPIOA|RCC_APB2Periph_USART1|RCC_APB2Periph
_AFIO, ENABLE);//使能串口、串口所用的I/O 口以及端口复用时钟
    /* 配置 PA9 USART1_Tx 为复用推挽输出 */
    GPIO_InitStructure.GPIO_Pin = GPIO_Pin_9;
    GPIO_InitStructure.GPIO_Speed = GPIO_Speed_50MHz;
    GPIO_InitStructure.GPIO_Mode = GPIO_Mode_AF_PP;
    GPIO_Init(GPIOA,&GPIO_InitStructure);
    /* 配置 PA10 USART1_Rx 为浮空输入 */
    GPIO_InitStructure.GPIO_Pin = GPIO_Pin_10;
```

```
    GPIO_InitStructure.GPIO_Mode = GPIO_Mode_IN_FLOATING;//浮空输入 - RX
    GPIO_Init(GPIOA, &GPIO_InitStructure);
    USART_InitStructure.USART_BaudRate = 9600;//设置波特率为 9600bit/s
    /* 8 位数据,1 个停止位,无奇偶校验 */
    USART_InitStructure.USART_WordLength = USART_WordLength_8b;
    USART_InitStructure.USART_StopBits = USART_StopBits_1;
    USART_InitStructure.USART_Parity = USART_Parity_No;
    USART_InitStructure.USART_HardwareFlowControl = USART_HardwareFlowControl_None;
    /* 功能为接收和发送 */
    USART_InitStructure.USART_Mode = USART_Mode_Rx | USART_Mode_Tx;
    USART_Init(USART1, &USART_InitStructure);
    /* 使能 USART */
    USART_Cmd(USART1, ENABLE);
}
```

编译程序后，将程序下载到开发板，开发板上实验现象是 LED1 闪烁 LED2 灭，当按键按下时 LED1 灭 LED2 亮；再次按下按键，恢复 LED1 闪烁 LED2 灭。打开串口调试助手，设置串口号、波特率、数据位和停止位，打开串口，可以看到打印字符，在发送区域输入要发送的内容，如“USART Test”，单击“发送”按钮，每单击一次，串口数据接收区域就会显示一次发送的数据，表示接收完成，这里一共发送了 3 次，如图 6-7 所示。

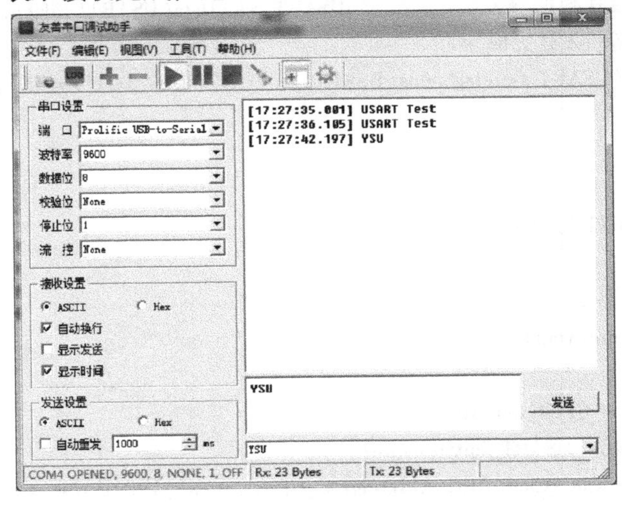

图 6-7　串口调试助手打印字符

6.5.2　串行异步通信应用实例 2：上位机控制 LED 亮灭

目前市场上有很多通信模块，这些模块只改变传输方式，而不对信息进行任何处理，如串口转 Wi - Fi 模块、串口转蓝牙模块、串口转以太网模块等。STM32F1 通过 USART 与上述通信模块连接，可实现 Wi - Fi、蓝牙、以太网等方式的信息传输。本例通过串口调试助手来实现与上位机通信，硬件原理图如图 6-4 所示，要求如下：

1）按键控制 LED2 亮灭。

2）上位机可下发指令控制 LED1 亮灭，数据协议见表 6-2，数据采用十六进制。

表 6-2　上位机下发指令数据协议

协议头（4 字节）	数据来源（1 字节）	LED1 控制状态（1 字节）	保留（2 字节）
AABBCCDD	00：上位机	00：灭；01：亮	0000

3）下位机通过串口中断接收上位机下发的指令，主程序判断指令的有效性，若有效则解析指令并控制 LED1 亮灭，若无效则上传指令无效信息（8 个字节全为 0）。

4）下位机每隔一段时间向上位机上传 LED1 和 LED2 状态信息，数据协议见表 6-3。

表 6-3　下位机上传信息数据协议

协议头（4 字节）	数据来源（1 字节）	LED1 控制状态（1 字节）	LED2 控制状态（1 字节）	保留（1 字节）
AABBCCDD	01：下位机	00：灭；01：亮	00：灭；01：亮	00

根据设计要求，主程序和中断服务程序流程图分别如图 6-8 和图 6-9 所示。本例采用模块化编程，模块化工程文件结构如图 6-10 所示。

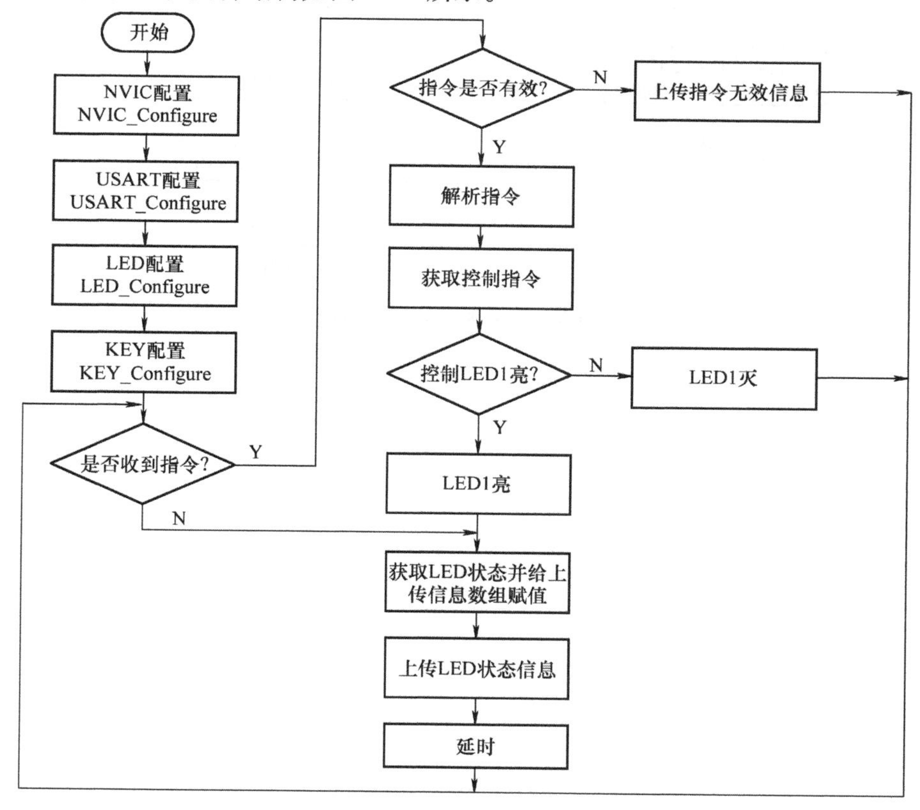

图 6-8　主程序流程图

编译程序后，将程序下载到开发板，打开串口调试助手，设置 HEX 发送和接收。未操作前 LED1 和 LED2 灭，上位机接收 LED 状态信息为“AA BB CC DD 01 00 00 00”。发送指令“AA BB CC DD 00 01 00 00”后，LED1 亮，上位机接收 LED 状态信息为“AA BB CC DD 01 01 00 00”。按下按键时，LED2 亮，上位机接收 LED 状态信息为“AA BB CC DD 01 01 01 00”。松开按键时，LED2 灭，上位机接收 LED 状态信息为“AA BB CC DD 01 01 00 00”。发送指令“AA BB CC DD 00 00 00 00”后，LED1 灭，上位机接收 LED 状态信息为“AA BB CC DD 01 00 00 00”。上位机接收 LED 状态信息如图 6-11 所示。

每次上传的信息包含表 6-3 中的内容：协议头（4 字节）、数据来源（1 字节）、LED1 状态（1 字节）、LED2 状态（1 字节）、保留（1 字节）。该程序按照这个协议将信息传输到上位机，上位机可以进一步处理。这种协议传输方式对工程设计具有参考价值。

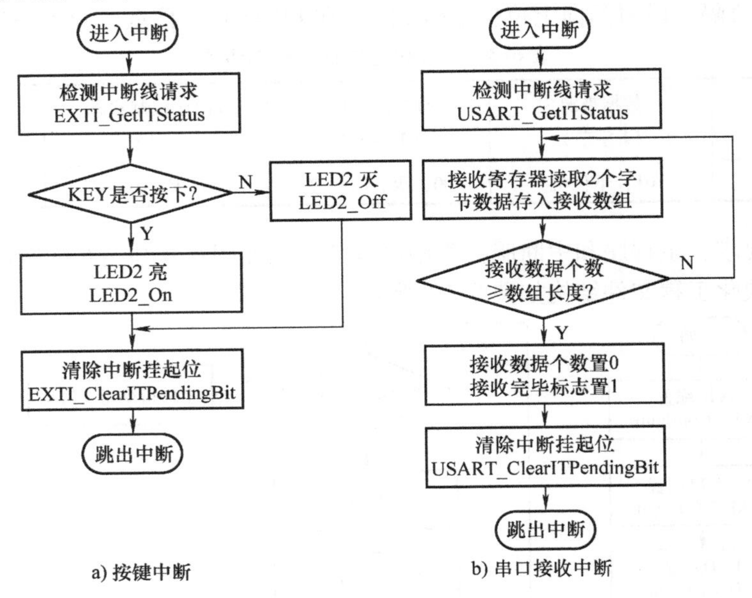

图 6-9　中断服务程序流程图

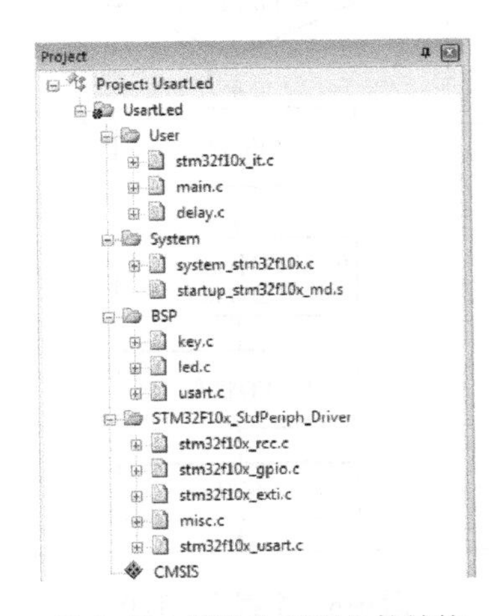

图 6-10　模块化工程文件结构

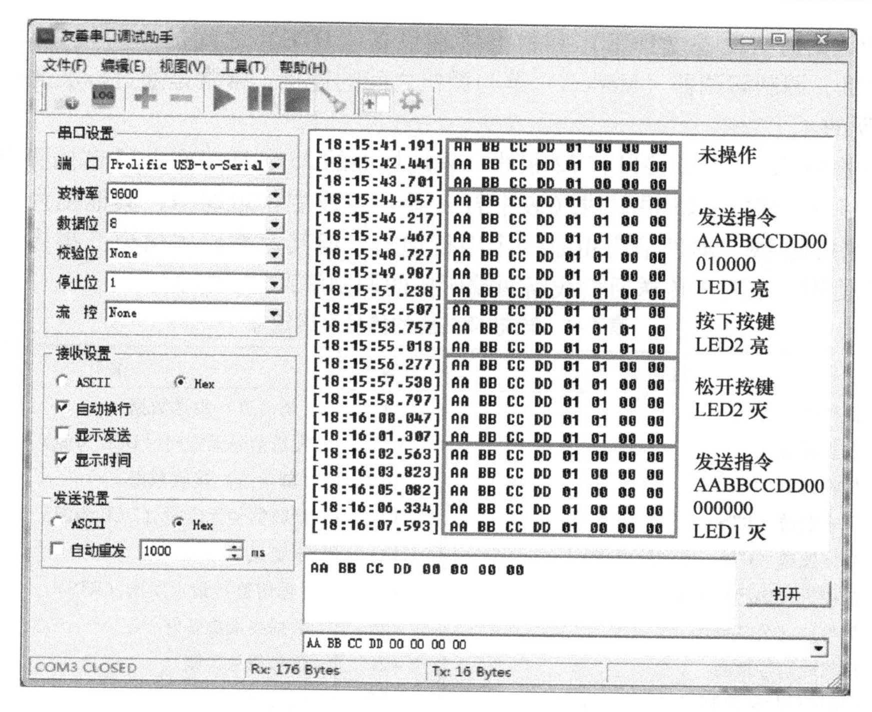

图6-11 上位机接收LED状态信息

6.6 串行通信接口抗干扰设计

STM32串行口的输入、输出均为TTL电平。这种以TTL电平串行传输数据的方式，抗干扰性差、传输距离短。为了提高串行通信的可靠性，增大串行通信的距离，一般都采用标准串行接口，如用RS－232、RS－422A、RS－485等来实现串行通信。

根据MCS－51单片机应用系统的双机通信距离和抗干扰性的要求，可选择TTL电平传输，或选择RS－232C、RS－422A、RS－485串行接口进行串行数据传输。

6.6.1 TTL电平通信接口

如果两个单片机距离很近，如在几米之内，可直接用TTL电平传输方法实现双机通信，将单片机的串行口直接相连，接口电路如图6-12所示。

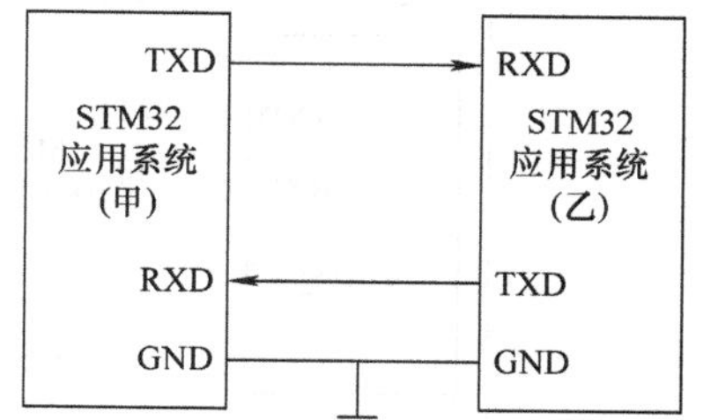

图6-12 用TTL电平传输方法实现双机通信的接口电路

6.6.2 标准串行通信接口RS－232C

如果双机通信距离在30m之内，可利用标准通信接口RS－232C实现点对点的双机通信。

串行通信接口RS－232C是微机系统中常用的外部总线标准接口。它以串行方式传送信息，是用于数据通信设备（DCE）和数据终端设备（DTE）之间的串行接口总线。例如，CRT、打印机、调制解调器（Modem）等与微机之间的连接，常常是通过标准通信接口RS－232C 来实现的。

一个完整的 RS－232C 接口有 22 根线，采用标准的 25 芯插头座。25 芯插头座的信号引线定义见表 6-4。其中，15 根引线（表中打＊者）组成主信道通信，其他则为未定义和供辅助信道使用的引线。辅助信道也是一个串行通道．但其速率比主信道低得多，一般不使用。如果要使用，主要是传送通信线路两端所接的调制解调器的控制信号。

表 6-4　25 芯插头座的信号引线定义

引脚号	说明	引脚号	说明
*1	保护地	14	（辅信道）发送数据
*2	发送数据	*15	发送信号无定时（DCE 为源）
*3	接收数据	16	（辅信道）接收数据
*4	请求发送（RTS）	17	接收信号无定时（DCE 为源）
*5	允许发送（CTS，或清除发送）	18	未定义
*6	数传机（DCE）准备好	19	（辅信道）请求发送（RTS）
*7	信号地（公共回线）	*20	数据终端准备好
*8	接收线信号检测	*21	信号质量检测
*9	（保留供数传机测试）	*22	振铃提示
10	（保留供数传机测试）	*23	数据信号速率选择（DTE/DCE 为源）
11	未定义	*24	发送信号无定时（DTE 为源）
12	（辅信道）接收线信号检测	25	未定义
13	（辅信道）允许发送（CTS）		

利用美国 MAXIM 公司生产的 RS－232C 双工发送器/接收器电路芯片（MAX232A）实现的 RS－232C 双机通信接口电路如图 6-13 所示。

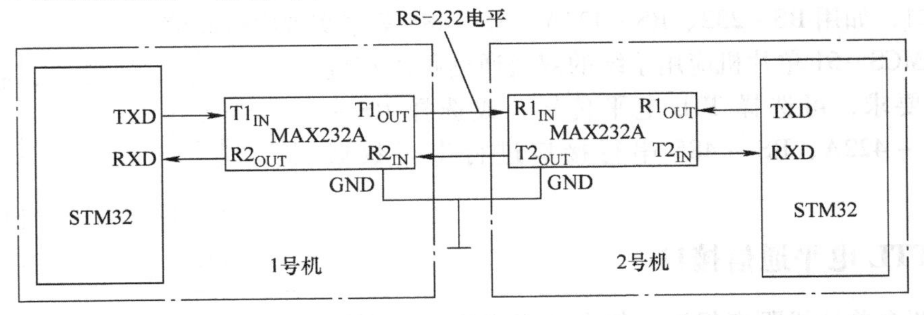

图 6-13　利用 MAX232A 实现的 RS－232C 双机通信接口电路

6.6.3　RS－485 双机通信接口

在工业现场，通常采用双绞线传输的 RS－485 串行通信接口，它很容易实现多机通信。图 6-14 所示为 RS－485 双机通信接口电路，最大传输距离可达 1000m。

在图 6-14 中，RS－485 以双向、半双工的方式来实现双机通信。在单片机系统发送或接收数据前，应先将 SN75176 的发送门或接收门打开，当 PA0＝1 时，发送门打开，接收门

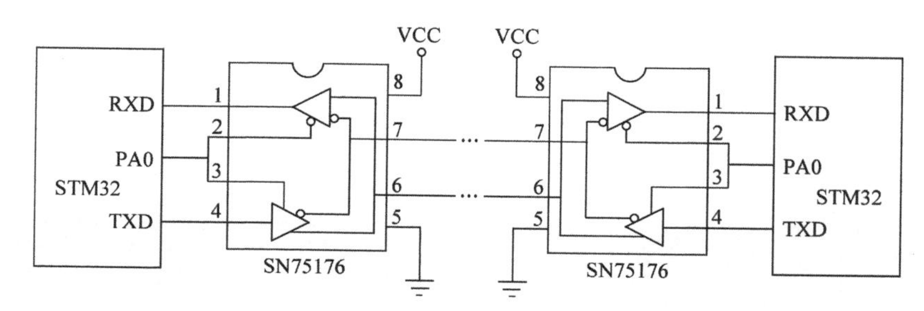

图 6-14　RS-485 双机通信接口电路

关闭；当 PA0 =0 时，接收门打开，发送门关闭。

思考与练习

1. 什么是串行通信和并行通信？比较串行通信和并行通信的优缺点。
2. 从硬件上看，串行通信有哪几种方式？几种方式有什么区别？
3. USART 是什么含义？STM32 的 USART 的结构特性有哪些？
4. 当使用 USART 模块进行全双工异步通信时，需要做哪些配置？
5. 简述数据发送和数据接收的过程。
6. 分别说明 USART 在发送期间和接收期间有几种中断事件？
7. 如何连接两个串行通信设备？各个引脚功能是什么？
8. 列举几个常用的 USART 函数，简述其功能。
9. 什么是波特率？STM32 的波特率是如何设置的？
10. USART 的基本配置包括哪几部分？简述其流程。
11. 对 USART 进行配置时，若串口是 IO 的复用功能，应注意哪些事项？请举例说明。
12. 简述串行通信中，RS-232 或 RS-485 电平转换的作用，如何进行电平转换？

第7章 STM32通用定时器

定时与计数的应用十分广泛。在实际生产过程中，许多场合都需要定时或者计数操作。例如产生精确的时间，对流水线上的产品进行计数等。因此，定时/计数器在嵌入式单片机应用系统中十分重要。定时和计数可以通过以下方式实现：

1）软件延时。单片机是在一定时钟下运行的，可以根据代码所需的时钟周期来完成延时操作。软件延时会导致CPU利用率低，因此主要用于短时间延时，如高速A/D转换器。

2）可编程定时/计数器。单片机中的可编程定时/计数器可以实现定时和计数操作，定时/计数器功能由程序灵活设置，重复利用，设置好后由硬件与CPU并行工作，不占用CPU时间，这样在软件的控制下，可以实现多个精密定时/计数。嵌入式处理器为了适应多种应用，通常集成多个高性能的定时/计数器。

7.1 STM32定时/计数器概述

STM32内部集成了多个定时/计数器，根据型号不同，STM32系列芯片最多包含8个定时/计数器。其中，TIM6和TIM7为基本定时器，TIM2～TIM5为通用定时器，TIM1和TIM8为高级控制定时器，功能最强。三种定时器具备的功能见表7-1。此外，在STM32中还有两个看门狗定时器和一个系统滴答定时器。

表7-1 STM32的定时器功能

主要功能	高级控制定时器	通用定时器	基本定时器
内部时钟源（8MHz）	●	●	●
带16位分频的计数单元	●	●	●
更新中断和DMA	●	●	●
计数方向	向上、向下、双向	向上、向下、双向	向上
外部事件计数	●	●	○
其他定时器触发或级联	●	●	○
4个独立输入捕获、输出比较通道	●	●	○
单脉冲输出方式	●	●	○
正交编码器输入	●	●	○
霍尔传感器输入	●	●	○
输出比较信号死区产生	●	○	○
制动信号输入	●	○	○

1. 定时器的类型

基本定时器：基本定时器内部集成了1个16位自动加载递增计数器、1个16位预分频器。两个基本定时器是互相独立的，不共享任何资源。可以为通用定时器提供时间基准，特别地，可以为数/模转换器（DAC）提供时钟，在芯片内部直接连接到 DAC 并通过触发输出直接驱动 DAC。

通用定时器：通用定时器内部集成了1个16位自动加载递增/递减计数器、1个16位预分频器和4个独立通道。每一个通道都可以用于输入捕获、输出比较、PWM 输出和单脉冲输出，通用定时器之间是完全独立的，不互相共享任何资源。适用于多种场合，包括测量输入信号的脉冲长度（输入捕获）或者产生输出波形（输出比较和 PWM）。使用定时器预分频器和 RCC 时钟控制器预分频器，脉冲长度和波形周期可以在几个微秒到几个毫秒间调整。

高级控制定时器：高级控制定时器内部集成了1个16位自动加载递增/递减计数器、1个16位预分频器和4个独立通道。4个独立通道可以分别用于输入捕获、输出比较、PWM 输出和单脉冲输出。高级控制定时器可以被看作是分配到6个通道的三相 PWM 发生器，它具有带死区插入的 PWM 输出，还可以被当成完整的通用定时器。

高级定时器被配置16位标准定时器时，与通用定时器具有相同的功能，被配置为16位 PWM 发生器时，具有全调制能力，且调制范围为0～100%。

上述三类定时器均可使用8MHz 内部时钟作为时钟源，16位计数单元的最大计数为65536，均可产生中断和 DMA 请求。除基本定时器计数方向为向上外，其他两类定时器均有向上、向下和双向3种计数方向。

此外，STM32 中还有2个看门狗定时器和1个系统滴答定时器。

窗口看门狗定时器：内置窗口看门狗是7位递减定时器，并且可以设置为自由运行模式，被用作通用看门狗，用于系统发生问题时复位系统。窗口看门狗由系统主时钟驱动，具有早期预警中断功能。

独立看门狗定时器：内置独立看门狗是12位递减定时器，它由内部独立的40kHz 的 *RC* 振荡器提供时钟。由于这个 *RC* 振荡器独立于系统的主时钟，所以独立看门狗可以运行在停机模式和待机模式，同时也可以在系统出现问题时复位整个系统，或者用作一个自由定时器，为应用程序提供超时管理。它还可以被配置成软件或者硬件启动的系统看门狗。

系统滴答定时器：系统滴答定时器专门用于实时操作系统，也可以被用作标准的递减计数器，具有以下功能特性：

1）内部集成24位递减计数器。

2）支持数据的自动加载。

3）当计数器的数值为0时，定时器产生一个可屏蔽的系统中断。

4）支持可编程的时钟源。值得注意的是，所有定时器是完全独立的，没有相互共享任何系统资源，多个定时器也可以同步配合操作，完成相应的系统功能。

2. 计数模式

（1）向上计数模式。在向上计数模式中，计数器从0计数到自动加载值（TIMx_ARR 计数器的内容），然后重新从0开始计数并且产生一个计数器向上溢出事件，每次计数器溢出时可以产生更新事件。当发生一个更新事件时，所有的寄存器都被更新，硬件同时设置更新标志位。预分频器的缓冲区被置入预装载寄存器的值，自动装载影子寄存器被重新置入预装载寄存器的值。

（2）向下计数模式。在向下计数模式中，计数器从自动加载值（TIMx_ARR 计数器的值）开始向下计数到0，然后从自动装载值重新开始并且产生一个计数器向下溢出事件，每次计数器溢出时可以产生更新事件。当发生一个更新事件时，所有的寄存器都被更新，硬件同时设置更新标志位。预分频器的缓冲区被置入预装载寄存器的值，自动装载影子寄存器被重新置入预装载寄存器的值。

（3）中央对齐模式（向上/向下计数）。计数器从0开始计数到自动加载值（TIMx_ARR寄存器）-1，产生一个计数器向上溢出事件，最后向下计数到1并且产生一个计数器向下溢出事件，最后再从0开始重新计数。

3. 主要功能介绍

定时：通过对内部系统时钟计数，可以实现定时功能。

外部事件计数：可计算外部脉冲个数、频率和宽度。当计数不能满足要求时，可采用定时器级联，扩大计数范围。

输入捕获：用来计算脉冲频率和宽度，输出比较用来控制一个输出波形，或者指示一段给定的时间已经到时。

单脉冲输出：响应一个激励，并在一个程序延时后，产生一个宽度可被程序控制的脉冲。

正交编码器：可计算编码器的运行情况。

霍尔传感器输入：可用来捕获霍尔信号，主要用在电动机控制上。

输出比较信号死区产生：高级控制定时器（TIM1和TIM8）能够输出两路互补信号，并且能够管理输出的瞬时关断和接通，这段时间通常被称为死区，用户应该根据连接的输出器件和它们的特性（电平转换的延时、电源开关的延时等）来调整死区时间。

制动信号输入功能：用来完成紧急停止。

本书介绍的64引脚STM32F103RBT6没有基本定时器，有3个通用定时器：TIM2～TIM4，1个高级定时器TIM1。本章主要介绍通用定时器实现基本定时功能。

7.2 STM32通用定时器的结构

STM32通用定时器主要包括1个外部触发引脚（TIMx_ETR），4个输入/输出通道（TIMx_CH1、TIMx_CH2、TIMx_CH3和TIMx_CH4），1个内部时钟，1个触发控制器，1个时钟单元（由预分频器PSC、自动重装载寄存器ARR和计数器CNT组成）。通用定时器的基本结构如图7-1所示。

7.2.1 时钟源

定时/计数器时钟可由下列时钟源提供：内部时钟（CK_INT）；外部时钟模式1（外部输入引脚TIx）；外部时钟模式2（外部触发输入ETR）；内部触发输入（ITR，使用一个定时器作为另一个定时器的预分频器，如可以配置一个定时器Timer1作为另一个定时器Timer2的预分频器）。

当时钟源为内部时钟时，计数器对内部时钟脉冲进行计数，属于定时功能，可以完成精密定时；当时钟源来自外部信号时，可完成外部信号计数。具体包括：时钟源为外部时钟模式1时，计数器对选定输入端（TIMx_CH1、TIMx_CH2、TIMx_CH3或TIMx_CH4）的每个上升沿或下降沿进行计数，属于计数功能；时钟源为外部时钟2时，计数器对外部触发引脚（TIMx_ETR）进行计数，属于计数功能。

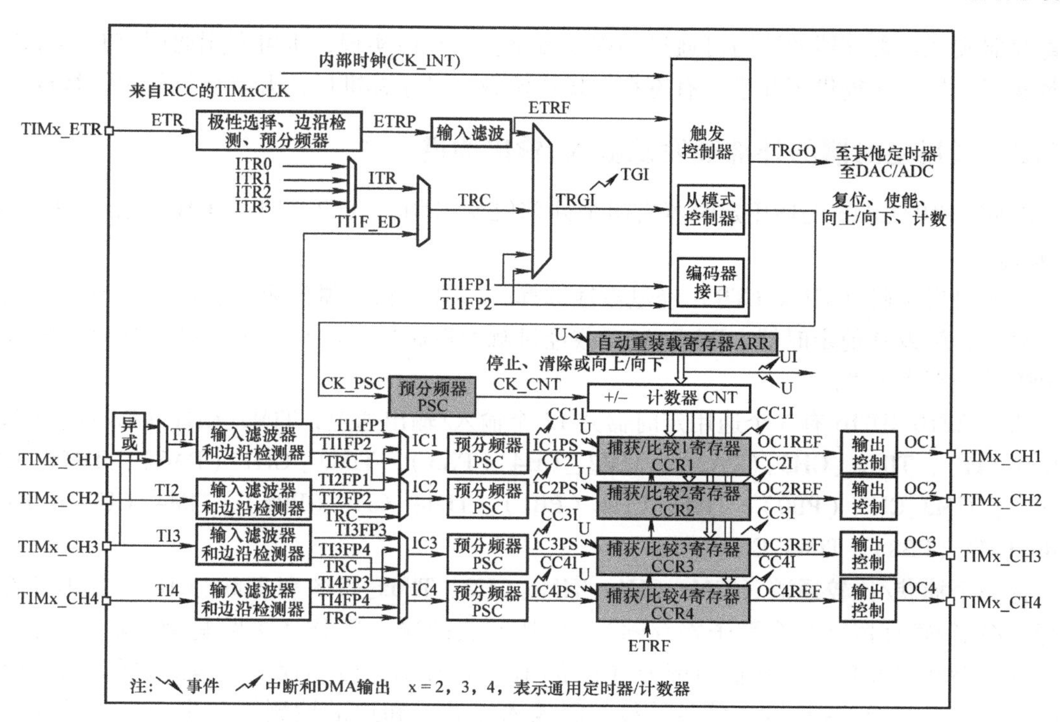

图 7-1　STM32 通用定时器的基本结构

7.2.2　通用定时器的功能寄存器

计数寄存器（16 位）包括计数器（TIMx_CNT）、预分频器（TIMx_PSC）、自动重装载寄存器（TIXx_ARR）。这个计数器可以向上计数、向下计数或者向上向下双向计数。

控制寄存器（16 位）包括带有影子寄存器的预分频器（PSC）、自动重载寄存器（TIMx_ARR）和 4 个捕捉/比较寄存器（TIMx_CCR1、TIMx_CCR2、TIMx_CCR3 和 TIMx_CCR4）

另外，控制寄存器还包括状态寄存器（TIMx_SR）、控制寄存器 1（TIMx_CR1）、控制寄存器 2（TIMx_CR2）、从模式控制寄存器（TIMx_SMCR）、DMA/中断使能寄存器（TIMx_DIER）、DMA 控制寄存器（TIMx_DCR）、连续模式的 DMA 地址（TIMx_DMAR）、事件产生寄存器（TIMx_EGR）、捕获/比较使能寄存器（TIMx_CCER）、2 个捕获/比较模式寄存器（TIMx_CCMR1 和 TIMx_CCMR2）。这些寄存器都有相应的控制功能，图中未一一画出。

预分频器、自动重载寄存器和捕捉/比较寄存器有一个在物理上与其对应的寄存器，称为影子寄存器（见图 7-1 中阴影部分）。预装载寄存器可以用程序读写，影子寄存器无法用程序对其进行读写操作，但在工作中真正起作用的是影子寄存器。根据在 TIMx_CR1 寄存器中的自动装载预装载使能位（ARPE）的设置，预装载寄存器的内容被立即或在每次的更新事件（Update Event，UEV）时传送到影子寄存器。当计数器达到溢出条件，并且 TIMx_CR1 寄存器中的禁止更新位（UDIS）等于 0 时，产生更新事件。更新事件也可以通过软件设置事件产生寄存器（TIMx_EGR）中的事件更新位（UG）来产生。

通用定时器的相关寄存器功能请参见参考文献［1］。定时器各种功能的设置可以通过控制寄存器实现。寄存器的读写可通过编程设置寄存器自由实现，也可利用通用定时器标准库函数实现。标准库提供了几乎所有寄存器操作函数，基于标准库的开发更加简单、快捷。

7.2.3 通用定时器的外部触发及输入/输出通道

STM32F103RBT6 的通用定时器有两个外部触发引脚，TIM2_ETR（PA0）和 TIM3_ETR（PD2）。

外部触发引脚（TIMx_ETR）经过极性选择、边沿检测、预分频器和输入滤波连接到触发控制器，触发其他定时器、DAC/ADC 或经过触发控制器中的从模式控制器连接到预分频器 PSC 实现计数功能。

STM32F103RBT6 有 3 个通用定时器共 12 个输入/输出通道，TIM2_CH1（PA0）、TIM2_CH2（PA1）、TIM2_CH3（PA2）、TIM2_CH4（PA3），TIM3_CH1（PA6）、TIM3_CH2（PA7）、TIM3_CH3（PB0）、TIM3_CH4（PB1），TIM4_CH1（PB6）、TIM4_CH2（PB7）、TIM4_CH3（PB8）、TIM4_CH4（PB9）。

每一个捕获/比较通道（TIMx_CH1、TIMx_CH2、TIMx_CH3 和 TIMx_CH4）都围绕着一个捕获/比较寄存器（包含影子寄存器），包括捕获的输入部分（多路复用、输入滤波器、边沿检测器和预分频器）和输出部分（捕获/比较寄存器和输出控制）。输入部分对相应的 TIx（x = 1，2，3，4）输入信号采样，经输入滤波器和边沿检测器产生一个信号 TIxFPx（x = 1，2，3，4），该信号可以作为从模式控制器的输入触发，并通过预分频进入捕获寄存器（ICxPS）作为捕获控制或产生一个中间波形 OCxREF（x = 1，2，3，4）经输出控制后输出。

7.3 STM32 通用定时器的功能

STM32 通用定时器的基本功能是定时和计数。当可编程定时/计数器的时钟源来自内部系统时钟时，可以完成精密定时；当时钟源来自外部信号时，可完成外部信号计数。在使用过程中，需要设置时钟源、时基单元和计数模式。

时基单元是设置定时器/计数器计数时钟的基本单元，包含计数器寄存器（TIMx_CNT）、预分频器（TIMx_PSC）和自动重装载寄存器（TIMx_ARR）

1）计数器寄存器（TIMx_CNT）由预分频器的时钟输出 CK_CNT 驱动，当设置了控制寄存器 TIMx_CR1 中的计数器使能位（CEN）时，CK_CNT 才有效。

2）预分频器（TIMx_PSC）可以将计数器的时钟频率按 1 ~ 65536 之间的任意值分频。这个控制寄存器带有缓冲器，它能够在工作时被改变。新的预分频器参数在下一次更新事件到来时被采用。

3）自动重装载寄存器（TIMx_ARR）是预先装载的，写或读自动重装载寄存器将访问预装载寄存器。根据在 TIMx_CR1 中的自动重装载预装载使能位（ARPE）的设置，预装载寄存器的内容被立即或在每次更新事件（UEV）时传送到其影子寄存器。

时基单元可根据实际需要，由软件设置预分频器，得到定时器/计数器的计数时钟。可通过设置相应的寄存器或由库函数设置。

7.3.1 定时功能

当可编程定时/计数器的时钟源来自内部系统时钟时，可以完成精密定时。当 TIMx_SMCR 寄存器的 SMS = 000 时，选中内部时钟源模式，CEN、DIR（TIMx_CR1 寄存器）和 UG 位（TIMx_EGR 寄存器）是事实上的控制位，并且只能被软件修改（UG 位仍被自动清除）。只要 CEN 位被写成 1，预分频器的时钟就由内部时钟 CK_INT 提供。

内部时钟源一般模式下的控制时序如图 7-2 所示，其显示了控制电路和向上计数器在一般模式下，不带预分频器或分频系数是 1 时的操作。

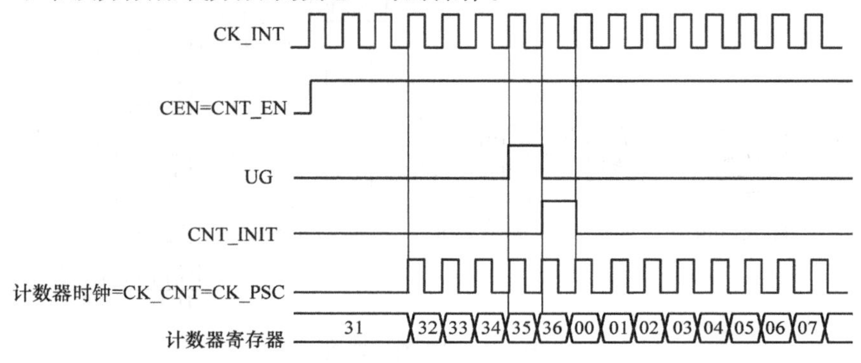

图 7-2　内部时钟源一般模式下的控制时序

当预分频的参数从 1 变到 2 时，计数器的时序图如图 7-3 所示。原始的定时器时钟为 1 分频，即不分频，定时器时钟频率（CK_CNT）和输入预分频器的时钟频率（CK_PSC）相同，每来一个 CK_CNT 脉冲，计数器寄存器加 1。预分频控制寄存器写入新数据，在更新事件（UEV）到来之前，预分频缓冲器和预分频计数器同预分频控制寄存器的原始数据相同，定时器时钟频率不变，在更新事件（UEV）到来后，预分频缓冲器和预分频计数器更新为预分频控制寄存器的新数据，定时器时钟变频率为原来的 1/2。

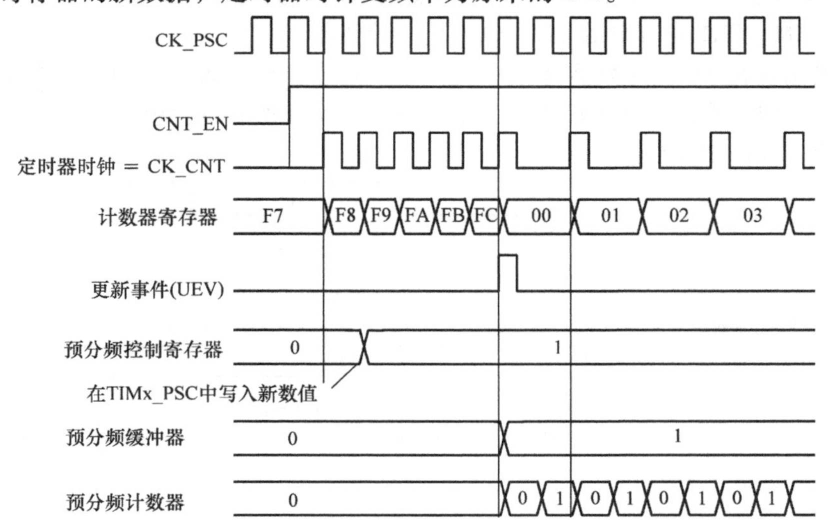

图 7-3　当预分频的参数从 1 变到 2 时计数器的时序图

7.3.2 计数功能

当时钟源来自外部信号时，可完成外部信号计数。

1. 外部时钟源模式1

当TIMx_SMCR寄存器的SMS=111时，选中外部时钟源模式1。计数器可以在选定输入端的每个上升沿或下降沿计数。以TI2为例（TIMx_CH2），要配置向上计数器在TI2输入端的上升沿计数，TI2硬件连接如图7-4所示。

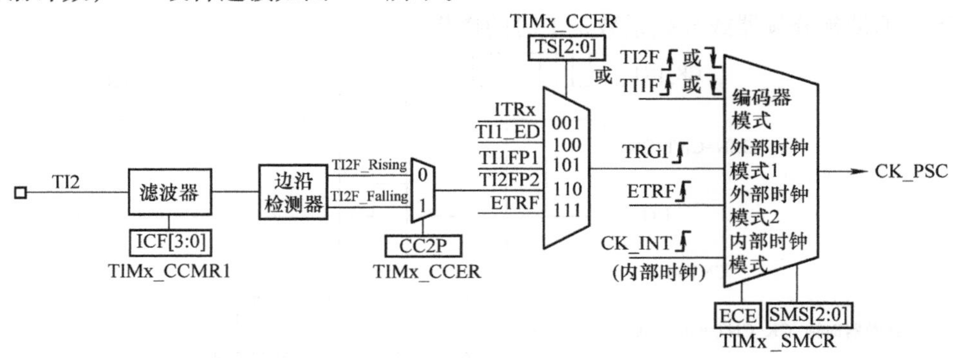

图7-4 TI2硬件连接

配置向上计数器在TI2输入端的上升沿计数步骤如下：

1）配置TIMx_CCMR1寄存器的CC2S=01，配置通道2检测TI2输入的上升沿。

2）配置TIMx_CCMR1寄存器的IC2F［3:0］，选择输入滤波器带宽（如果不需要滤波器，保持IC2F=0000）。

3）配置TIMx_CCER寄存器的CC2P=0，选定上升沿极性。

4）配置TIMx_SMCR寄存器的SMS=111，选择定时器外部时钟模式1。

5）配置TIMx_SMCR寄存器的TS=110，选定TI2作为触发输入源。

6）设置TIMx_CR1寄存器的CEN=1，启动计数器。

当上升沿出现在TI2，计数器计数一次，且TIF标志被设置。TI2的上升沿和计数器实际时钟之间的延时，取决于TI2输入端的重新同步电路。外部时钟模式1下TI2输入端的上升沿计数时序图如图7-5所示。

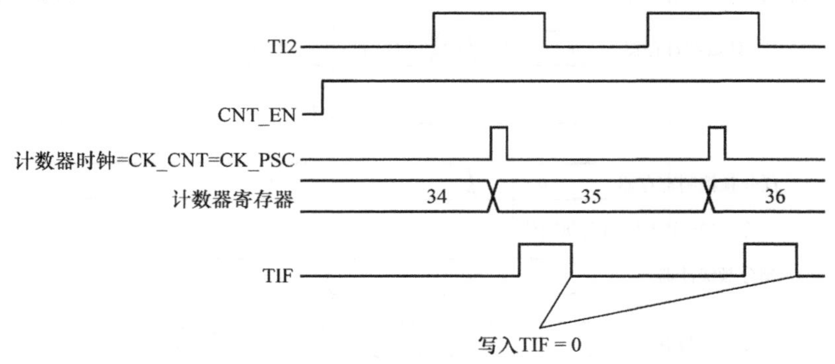

图7-5 外部时钟模式1下TI2输入端的上升沿计数时序图

2. 外部时钟源模式 2

当 TIMx_SMCR 寄存器的 ECE = 1 时，选中外部时钟源模式 2。计数器能够在外部触发 ETR 的每一个上升沿或下降沿计数。外部触发输入连接图如图 7-6 所示。

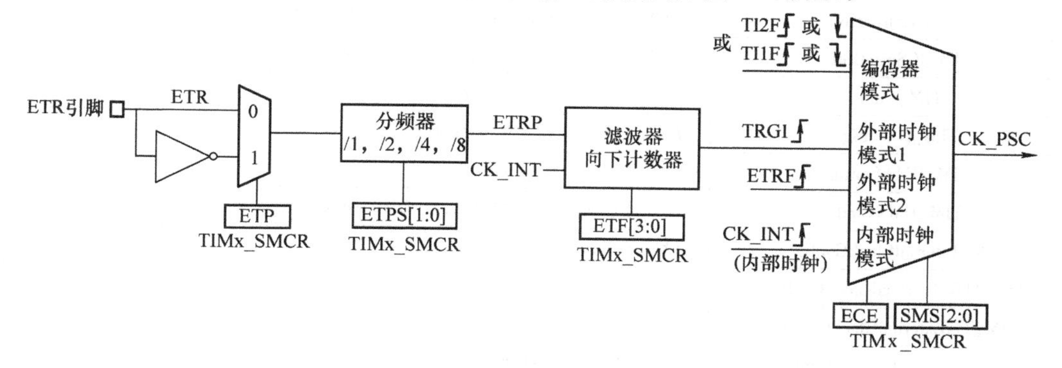

图 7-6　外部触发输入连接图

计数器在每 2 个 ETR 上升沿计数一次。ETR 的上升沿和计数器实际时钟之间的延时取决于 ETRP 信号端的重新同步电路。外部时钟模式 2 下 ETR 每 2 个上升沿计数一次的时序图如图 7-7 所示。

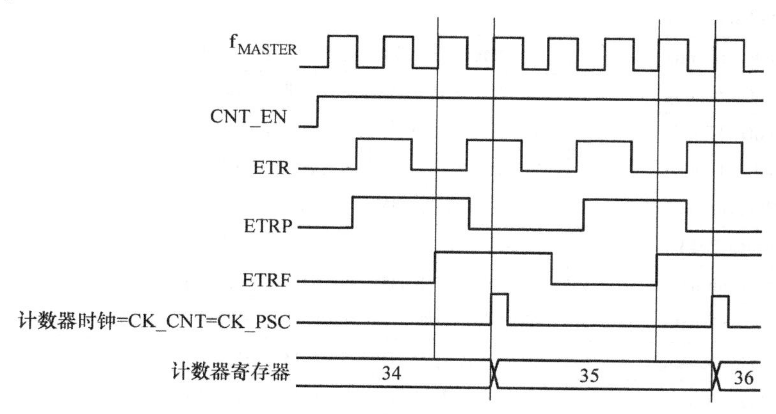

图 7-7　外部时钟模式 2 下 ETR 每 2 个上升沿计数一次的时序图

7.4　通用定时器常用库函数

TIM 固件库支持 72 种库函数，见表 7-2 所示。为了理解这些函数的具体使用方法，本节将对其中的部分函数做详细介绍。

表 7-2　TIM 固件库

函数名称	功　能
TIM_DeInit	将外设 TIMx 寄存器重设为缺省值
TIM_TimeBaseInit	根据 TIM_TimeBaseInitStruct 中指定的参数，初始化 TIMx 的时间基数单位
TIM_OCInit	根据 TIM_OCInitStruct 中指定的参数，初始化外设 TIMx
TIM_ICInit	根据 TIM_ICInitStruct 中指定的参数，初始化外设 TIMx

（续）

函数名称	功　能
TIM_TimeBaseStructInit	把 TIM_TimeBaseInitStruct 中的每一个参数按缺省值填入
TIM_OCStructInit	把 TIM_OCInitStruct 中的每一个参数按缺省值填入
TIM_ICStructInit	把 TIM_ICInitStruct 中的每一个参数按缺省值填入
TIM_Cmd	使能或者失能 TIMx 外设
TIM_ITConfig	使能或者失能指定的 TIM 中断
TIM_DMAConfig	设置 TIMx 的 DMA 接口
TIM_DMACmd	使能或者失能指定的 TIMx 的 DMA 请求
TIM_InternalClockConfig	设置 TIMx 内部时钟
TIM_ITRxExternalClockConfig	设置 TIMx 内部触发为外部时钟模式
TIM_TIxExternalClockConfig	设置 TIMx 触发为外部时钟
TIM_ETRClockMode1Config	配置 TIMx 外部时钟模式 1
TIM_ETRClockMode2Config	配置 TIMx 外部时钟模式 2
TIM_ETRConfig	配置 TIMx 外部触发
TIM_SelectInputTrigger	选择 TIMx 输入触发源
TIM_PrescalerConfig	设置 TIMx 预分频
TIM_CounterModeConfig	设置 TIMx 计数器模式
TIM_ForcedOC1Config	置 TIMx 输出 1 为活动或者非活动电平
TIM_ForcedOC2Config	置 TIMx 输出 2 为活动或者非活动电平
TIM_ForcedOC3Config	置 TIMx 输出 3 为活动或者非活动电平
TIM_ForcedOC4Config	置 TIMx 输出 4 为活动或者非活动电平
TIM_ARRPreloadConfig	使能或者失能 TIMx 在 ARR 上的预装载寄存器
TIM_SelectCCDMA	选择 TIMx 外设的捕获比较 DMA 源
TIM_OC1PreloadConfig	使能或者失能 TIMx 在 CCR1 上的预装载寄存器
TIM_OC2PreloadConfig	使能或者失能 TIMx 在 CCR2 上的预装载寄存器
TIM_OC3PreloadConfig	使能或者失能 TIMx 在 CCR3 上的预装载寄存器
TIM_OC4PreloadConfig	使能或者失能 TIMx 在 CCR4 上的预装载寄存器
TIM_OC1FastConfig	设置 TIMx 捕获/比较 1 快速特征
TIM_OC2FastConfig	设置 TIMx 捕获/比较 2 快速特征
TIM_OC3FastConfig	设置 TIMx 捕获/比较 3 快速特征
TIM_OC4FastConfig	设置 TIMx 捕获/比较 4 快速特征
TIM_ClearOC1Ref	在一个外部事件时清除或者保持 OCREF1 信号
TIM_ClearOC2Ref	在一个外部事件时清除或者保持 OCREF2 信号
TIM_ClearOC3Ref	在一个外部事件时清除或者保持 OCREF3 信号
TIM_ClearOC4Ref	在一个外部事件时清除或者保持 OCREF4 信号
TIM_UpdateDisableConfig	使能或者失能 TIMx 更新事件
TIM_EncoderInterfaceConfig	设置 TIMx 编码界面
TIM_GenerateEvent	设置 TIMx 事件由软件产生
TIM_OC1PolarityConfig	设置 TIMx 通道 1 极性
TIM_OC2PolarityConfig	设置 TIMx 通道 2 极性

（续）

函数名称	功　能
TIM_OC3PolarityConfig	设置 TIMx 通道 3 极性
TIM_OC4PolarityConfig	设置 TIMx 通道 4 极性
TIM_UpdateRequestConfig	设置 TIMx 更新请求源
TIM_SelectHallSensor	使能或者失能 TIMx 霍尔传感器接口
TIM_SelectOnePulseMode	设置 TIMx 单脉冲模式
TIM_SelectOutputTrigger	选择 TIMx 触发输出模式
TIM_SelectSlaveMode	选择 TIMx 从模式
TIM_SelectMasterSlaveMode	设置或者重置 TIMx 主/从模式
TIM_SetCounter	设置 TIMx 计数器寄存器值
TIM_SetAutoreload	设置 TIMx 自动重装载寄存器值
TIM_SetCompare1	设置 TIMx 捕获/比较 1 寄存器值
TIM_SetCompare2	设置 TIMx 捕获/比较 2 寄存器值
TIM_SetCompare3	设置 TIMx 捕获/比较 3 寄存器值
TIM_SetCompare4	设置 TIMx 捕获/比较 4 寄存器值
TIM_SetIC1Prescaler	设置 TIMx 输入捕获 1 预分频
TIM_SetIC2Prescaler	设置 TIMx 输入捕获 2 预分频
TIM_SetIC3Prescaler	设置 TIMx 输入捕获 3 预分频
TIM_SetIC4Prescaler	设置 TIMx 输入捕获 4 预分频
TIM_SetClockDivision	设置 TIMx 的时钟分割值
TIM_GetCapture1	获得 TIMx 输入捕获 1 的值
TIM_GetCapture2	获得 TIMx 输入捕获 2 的值
TIM_GetCapture3	获得 TIMx 输入捕获 3 的值
TIM_GetCapture4	获得 TIMx 输入捕获 4 的值
TIM_GetCounter	获得 TIMx 计数器的值
TIM_GetPrescaler	获得 TIMx 预分频值
TIM_GetFlagStatus	检查指定的 TIM 标志位设置与否
TIM_ClearFlag	清除 TIMx 的待处理标志位
TIM_GetITStatus	检查指定的 TIM 中断发生与否
TIM_ClearITPendingBit	清除 TIMx 的中断待处理位

1. 函数 TIM_DeInit

函数 TIM_DeInit 的原型为 void TIM_DeInit（TIM_TypeDef * TIMx），使用方法如下：

TIM_DeInit（TIM2）；

2. 函数 TIM_TimeBaseInit

函数 TIM_TimeBaseInit 的原型为 void TIM_TimeBaseInit（TIM_TypeDef * TIMx，TIM_TimeBaseInitTypeDef * TIM_TimeBaseInitStruct），输入参数 2 TIM_TimeBaseInitStruct 是指向结构 TIM_TimeBaseInitTypeDef 的指针，包含了 TIMx 时间基数单位的配置信息，TIM_Time-

BaseInitTypeDef 定义于文件“stm32f10x_tim. h”中，具体结构如下所示。

```
typedef struct
{
u16_t TIM_Period;
u16_t TIM_Prescaler;
u8_t TIM_ClockDivision;
u16_t TIM_CounterMode;
} TIM_TimeBaseInitTypeDef;
```

结构体中包含4个成员：TIM_Period、TIM_Prescaler、TIM_ClockDivision 和 TIM_CounterMode。

（1）成员 TIM_Period 设置在下一个更新事件装入活动的自动重装载寄存器周期的值。它的取值范围为0x0000 ~ 0xFFFF。

（2）成员 TIM_Prescaler 用来设置 TIMx 时钟频率除数的预分频值。它的取值范围为0x0000 ~ 0xFFFF。

（3）成员 TIM_ClockDivision 用来设置时钟分割。TIM_ClockDivision 的取值及含义如下：

TIM_CKD_DIV1　/* TDTS */

TIM_CKD__DIV2　/* 1/2TDTS */

TIM_CKD_DIV4　/* 1/4TDTS */

（4）成员 TIM_CounterMode 用来选择计数器模式。TIM_CounterMode 的取值及含义如下：

TIM_CounterMode_Up　/* TIM 向上计数模式 */

TIM_CounterMode_Down　/* TIM 向下计数模式 */

TIM_CounterMode_CenterAligned1　/* TIM 中央对齐模式1计数模式 */

TIM_CounterMode_CenterAligned2　/* TIM 中央对齐模式2计数模式 */

TIM_CounterMode_CenterAligned3　/* TIM 中央对齐模式3计数模式 */

该函数的使用方法如下：

```
TIM_TimeBaseInitTypeDef TIM_TimeBaseStructure;
TIM_TimeBaseStructure. TIM_Period = 0xFFFF;
TIM_TimeBaseStructure. TIM_Prescaler = 0xF;
TIM_TimeBaseStructure. TIM_ClockDivision = 0x0;
TIM_TimeBaseStructure. TIM_CounterMode = TIM_CounterMode_Up;
TIM_TimeBaseInit(TIM2, & TIM_TimeBaseStructure);
```

3. 函数 TIM_Cmd

函数 TIM_Cmd 的原型为 void TIM_Cmd （TIM_TypeDef * TIMx, FunctionalState NewState），使用方法如下：

```
/* 使能 TIM2 */
TIM_Cmd(TIM2, ENABLE);
```

4. 函数 TIM _ITConfig

函数 TIM _ITConfig 的原型为 void TIM_ITConfig (TIM_TypeDef * TIMx, u16 TIM_IT, Functional State NewState)。

参数 TMI_IT 使能或者失能 TIM 的中断。TIM_IT 值如下：可以取其中的一个或者多个取值的组合作为该参数的值。

TIM_IT_Update; //TIM 中断源
TIM_IT_CC1; //TIM 捕获/比较 x 中断源 (x=1, 2, 3, 4)
TIM_IT_Trigger; //TIM 触发中断源

使用方法如下：

```
/* 使能 TIM2 捕获/比较 1 中断 */
TIM_ITConfig(TIM2, TIM_IT_CC1, ENABLE );
```

5. 函数 TIM_DMAConfig

函数 TIM_DMAConfig 的原型为 void TIM_DMAConfig (TIM_TypeDef * TIMx, u8 TIM_DMABase, u16 TIM_DMABurstLength), 使用方法如下：

```
/* 配置 TIM2 DMA 连续传送起始地址为 CCR1,连续传送长度为 1 字节 */
TIM_DMAConfig(TIM2, TIM_DMABase_CCR1, TIM_DMABurstLength_1Byte)
```

6. 函数 TIM_DMACmd

函数 TIM_DMACmd 的原型为 void TIM_DMACmd (TIM_TypeDef * TIMx, u16 TIM_DMA-Source, FunctionalState Newstate)。

参数 TIM_DMABase 设置 DMA 传输起始地址, TIM_DMABase 值参见参考文献 [1]。

使用方法如下：

```
/* 使能 TIM2 捕获/比较 1DMA 源 */
TIM_DMACmd(TIM2, TIM_DMA_CC1, ENABLE);
```

7. 函数 TIM_GenerateEvent

函数 TIM_GenerateEvent 的原型为 void TIM_GenerateEvent (TIM_TypeDef * TIMx, u16 TIM_Event Source)。

参数 TIM_EventSource 选择 TIM 软件事件源。TIM_EventSource 值如下：

TIM_EventSource_Update; //TIM 更新事件源
TIM_EventSource_CCx TIM; //捕获比较 x 事件源 (x=1, 2, 3, 4)
TIM_EventSource_Trigger; //TIM 触发事件源

使用方法如下：

```
/* 选择 TIM2 触发事件源 */
TIM_GenerateEvent(TIM2, TIM_EventSource_Trigger);
```

8. 函数 TIM_SetCounter

函数 TIM_SetCounter 的原型为 void TIM_SetCounter (TIM_TypeDef * TIMx, u16 Counter),

使用方法如下：

```
/* 设置 TIM2 新的计数值 */
u16_t TIMCounter = 0xFFFF;
TIM_SetCounter(TIM2, TIMCounter);
```

9. 函数 TIM_GetFlagStatus

函数 TIM_GetFlagStatus 的原型为 FlagStatus TIM_GetFlagStatus（TIM_TypeDef * TIMx, u16TIM_FLAG）。

输入参数 2 TIM_FLAG 为待检查的标志位，TIM_FLAG 值如下：

TIM_FLAG_Update;　　TIM 更新标志位

TIM_FLAG_CCx;　　TIM 捕获/比较 x 标志位（x=1，2，3，4）

TIM_FLAG_Trigger;　　TIM 触发标志位

TIM_FLAG_CCxOF;　　TIM 捕获/比较 x 溢出标志位（x=1，2，3，4）

使用方法如下：

```
/* 检查 TIM2 捕获/比较 1 标志位是否为 1 */
if(TIM_GetFlagStatus(TIM2, TIM_FLAG_CC1) == SET)
{
}
```

10. 函数 TIM_ClearFlag

函数 TIM_ClearFlag 的原型为 void TIM_ClearFlag（TIM_TypeDef * TIMx, u32 TIM_FLAG），使用方法如下：

```
/* 清除 TIM2 捕获/比较 1 标志位 */
TIM_ClearFlag(TIM2, TIM_FLAG_CC1);
```

11. 函数 TIM_GetITStatus

函数 TIM_GetITStatus 的原型为 TStatus TIM_GetITStatus（TIM_TypeDef * TIMx, u16 TIM_IT），使用方法如下：

```
/* 检查 TIM2 捕获/比较 1 中断是否发生 */
if(TIM_GetITStatus(TIM2, TIM_IT_CC1) == SET)
{
}
```

12. 函数 TIM_ClearITPendingBit

函数 TIM_ClearITPendingBit 的原型为 void TIM_ClearITPendingBit（TIM_TypeDef * TIMx, u16 TIM_IT），使用方法如下：

```
/* 清除 TIM2 捕获/比较 1 中断挂起位 */
TIM_ClearITPendingBit(TIM2, TIM_IT_CC1);
```

7.5 通用定时器使用流程

通用定时器具有多种功能，但其原理大致相同，但其流程有所区别，以使用中断方式为例，主要包括三部分，即 NVIC 设置、TIM 中断配置、定时器中断服务程序。

7.5.1 NVIC 设置

NVIC 设置用来完成中断分组、中断通道选择、中断优先级设置及使能中断的功能，其流程图如图 5-4 所示。其中，值得注意的是通道的选择，对于不同的定时器，不同事件发生时产生不同的中断请求，针对不同的功能要选择相应的中断通道，中断通道的选择在第 5 章中做了详细描述。

7.5.2 TIM 中断配置

TIM 中断配置用来配置定时器时基及开启中断，TIM 中断配置流程图如图 7-8 所示。

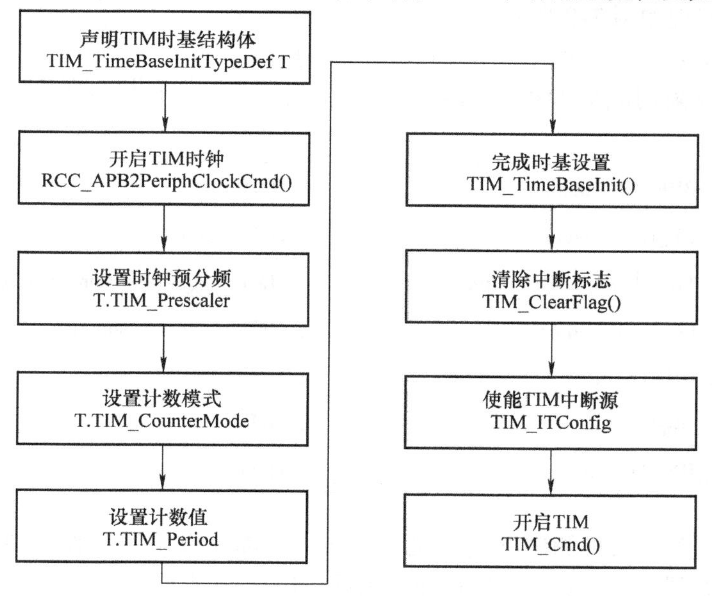

图 7-8 TIM 中断配置流程图

高级控制定时器使用的是 APB2 总线，基本定时器和通用定时器使用 APB1 总线（见图 2-3）采用相应函数开启时钟。

预分频将输入时钟频率按 1 ~ 65536 之间的值任一分频，分频值决定了计数频率。计数值为计数的个数，当计数寄存器的值达到计数值时，产生溢出，发生中断。如 TIM1 系统时钟为 72MHz，若设定的预分频 TIM_Prescaler = 7200 - 1，计数值 TIM_Period = 10000，则计数时钟周期（TIM_Prescaler + 1）/72MHz = 0.1ms，定时器产生 10000 × 0.1ms = 1000ms（即 1s）的定时，每 1s 产生一次中断。

计数模式可以设置为向上计数、向下计数和向上/向下计数。设置好时基参数后，调用函数 TIM_TimeBaseInit（）完成时基设置。

为了避免在设置时进入中断，这里需要清除中断标志。如设置为向上计数模式，则调用函数 TIM_ClearFlag（TIM1，TIM_FLAG_Update）清除向上溢出中断标志。

中断在使用时必须使能，如向上溢出中断，则需调用函数 TIM_ITConfig（）。不同的模式其参数不同，如向上计数模式时为 TIM_ITConfig（TIM1，TIM_IT_Update，ENABLE）。

在需要的时候使用函数 TIM_CMD（）开启定时器。

7.5.3 定时器中断处理程序

进入定时器中断后需根据设计完成响应操作，定时器中断处理流程如图 7-9 所示。

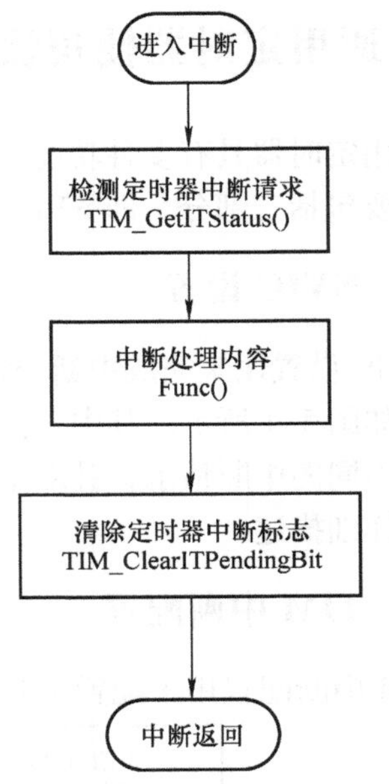

图 7-9　定时器中断处理流程

在启动文件中定义了定时器中断的入口，对于不同的中断请求要采用响应的中断函数名，程序代码如下：

```
DCD    TIM1_BRK_IRQHandler          ; TIM1 Break
DCD    TIM1_UP_IRQHandler           ; TIM1 Update
DCD    TIM1_TRG_COM_IRQHandler      ; TIM1 Trigger and Commutation
DCD    TIM1_CC_IRQHandler           ; TIM1 Capture Compare
DCD    TIM2_IRQHandler              ; TIM2
DCD    TIM3_IRQHandler              ; TIM3
DCD    TIM4_IRQHandler              ; TIM4
```

进入中断后，首先要检测中断请求是否为所需中断，以防误操作。如果确实是所需中断，则进行中断处理，中断处理完后清除中断标志位，否则会一直处于中断中。

7.6 通用定时器应用设计

7.6.1 定时器设计实例 1：精确延时

采用定时器精确延时实现系统状态监测，功能和硬件原理图同第 4 章 GPIO 应用实例 1：系统工作指示灯。主程序和定时器中断服务程序流程图如图 7-10 所示。

根据第 4 章基于 MDK 和标准库的开发方法创建工程并根据流程图编写程序，本例将主程序及子程序均放在 main. c 中，并将初始化和 LED 亮灭控制写成函数模块，中断服务程序放在 stm32f10x_it. c 中。工程文件结构如图 7-11 所示。

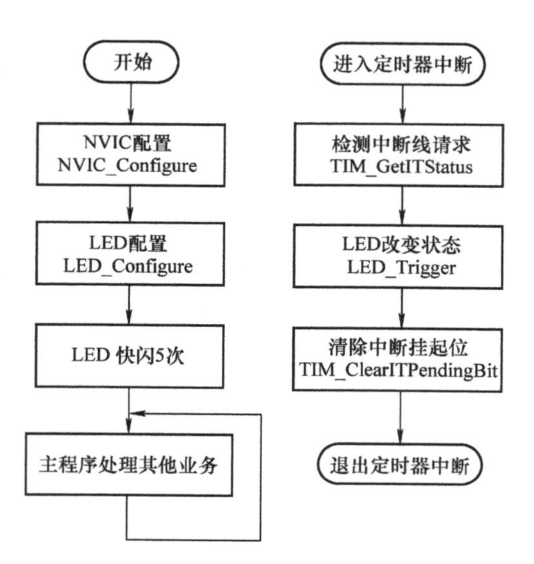

图 7-10　主程序和定时器中断服务程序流程图

Project
Project: LedTim
LedTim
User
stm32f10x_it.c
main.c
System
system_stm32f10x.c
startup_stm32f10x_md.s
BSP
STM32F10x_StdPeriph_Driver
stm32f10x_rcc.c
stm32f10x_gpio.c
stm32f10x_tim.c
misc.c
CMSIS

图 7-11　工程文件结构

main. c 和 stm32f10x_ it. c 程序如下：

main. c

```
/*****************************************
  * @file      main. c
  * @author   YSU Team
  * @version V1. 0
  * @date      2018 - 02 - 24
  * @brief    主程序源文件
  ***************************************/
/* ---------------头文件包含------------------------*/
#include "stm32f10x. h"
/* ---------------函数声明-------------------------*/
void NVIC_Configure(void);
void LED_Configure(void);
void LED_On(void);
void LED_Off(void);
void LED_Trigger(void);
void TIM3_Configure(void);
void delay_ms(int32_t ms);
/* -----------------主程序-------------------*/
```

```
int main(void)
{
    uint8_t k;//LED 亮灭计数
    NVIC_Configure();
    LED_Configure();//LED 初始化
    TIM3_Configure();//TIM3 初始化
    /* 完成初始化,LED 快闪 5 次 */
    for(k=0; k<5; k++)
    {
        LED_On();//LED 亮
        delay_ms(300);
        LED_Off();//LED 灭
        delay_ms(300);
    }
    /* 正常运行其他处理程序,LED 慢闪 */
    while (1)
    {
    }
}
/** @简介:NVIC 配置,2 个中断,EXTI0 和 USART1
  * @参数: 无
  * @返回值:无   */
void NVIC_Configure(void)
{
    /* 定义 NVIC 结构体 */
    NVIC_InitTypeDef NVIC_InitStructure;
    /* 选择中断分组 */
    NVIC_PriorityGroupConfig(NVIC_PriorityGroup_1);
    /* 允许 TIM3 中断 */
    NVIC_InitStructure.NVIC_IRQChannel = TIM3_IRQn;
    NVIC_InitStructure.NVIC_IRQChannelSubPriority = 1;
    NVIC_InitStructure.NVIC_IRQChannelCmd = ENABLE;
    NVIC_Init(&NVIC_InitStructure);
}
/** @简介:LED 初始化
  * @参数: 无
  * @返回值:无   */
void LED_Configure(void)
{
    /* 定义 GPIO 初始化结构体 */
    GPIO_InitTypeDef GPIO_InitStructure;
    /* 打开 GPIOA 时钟 */
```

```
    RCC_APB2PeriphClockCmd(RCC_APB2Periph_GPIOA, ENABLE);
    /* 配置 PA2 为推挽输出,IO 速度为 50MHz  */
    GPIO_InitStructure.GPIO_Pin = GPIO_Pin_2;
    GPIO_InitStructure.GPIO_Speed = GPIO_Speed_50MHz;
    GPIO_InitStructure.GPIO_Mode = GPIO_Mode_Out_PP;
    /* 完成配置 */
    GPIO_Init(GPIOA, &GPIO_InitStructure);
    /* LED 灭 */
    LED_Off();
}
/** @简介:LED1 亮
  * @参数: 无
  * @返回值:无  */
void LED_On(void)
{
    GPIO_SetBits(GPIOA, GPIO_Pin_2);
}
/** @简介:LED1 灭
  * @参数: 无
  * @返回值:无  */
void LED_Off(void)
{
    GPIO_ResetBits(GPIOA, GPIO_Pin_2);
}
/** @简介:LED 翻转,每次调用改变 1 次 LED 状态
  * @参数: 无
  * @返回值:无  */
void LED_Trigger(void)
{
    GPIO_WriteBit(GPIOA,GPIO_Pin_2,(BitAction)(1 - GPIO_ReadOutputDataBit(GPIOA,GPIO_Pin_2)));
}
/** @简介:TIM3 初始化
  * @参数: 无
  * @返回值:无  */
void TIM3_Configure(void)
{
    /* 定义定时器时基结构体 */
    TIM_TimeBaseInitTypeDef  TIM_TimeBaseStructure;
    /* 打开 TIM3 时钟 */
    RCC_APB1PeriphClockCmd(RCC_APB1Periph_TIM3 , ENABLE);

    /* 设置预分频值、计数模式、计数值 */
```

```
    TIM_TimeBaseStructure.TIM_Prescaler = (7200 - 1);//预分频
    TIM_TimeBaseStructure.TIM_CounterMode = TIM_CounterMode_Up; //向上计数
    TIM_TimeBaseStructure.TIM_Period = 10000;//计数值
    /* 完成时基设置 */
    TIM_TimeBaseInit(TIM3, &TIM_TimeBaseStructure);
    /* 允许 TIM3 中断 */
    TIM_ITConfig(TIM3, TIM_IT_Update | TIM_IT_Trigger, ENABLE);
    /* 使能 TIM3 */
    TIM_Cmd(TIM3, ENABLE);
}
/** @简介:软件延时函数,单位为 ms
  * @参数: 延时毫秒数
  * @返回值:无    */
void delay_ms(int32_t ms)
{
    int32_t i;
    while(ms--)
    {
        i = 7500;//开发板晶振 8MHz 时的经验值
        while(i--);
    }
}
```

stm32f10x_it.c

```
......
/* Private typedef -----------------------------------------*/
/* Private define ------------------------------------------*/
/* Private macro -------------------------------------------*/
/* Private variables ---------------------------------------*/
/* Private function prototypes -----------------------------*/
/* Private functions ---------------------------------------*/
/** @brief  This function handles PPP interrupt request.
  * @param  None
  * @retval None   */
/*void PPP_IRQHandler(void)
{
}*/
/** @简介:TIM3 中断
  * @参数: 无
  * @返回值:无    */
void TIM3_IRQHandler(void)
```

```
    {
        if(TIM_GetITStatus(TIM3, TIM_IT_Update)! = RESET )
        {
            LED_Trigger();//改变 LED 状态
            TIM_ClearITPendingBit(TIM3 , TIM_IT_Update);
        }
    }
```

编译程序并将程序下载到开发板，可以看到 LED 快闪 5 次，表示初始化完成。随后 LED 慢闪，系统进入正常运行状态。软件仿真结果如图 7-12 所示。

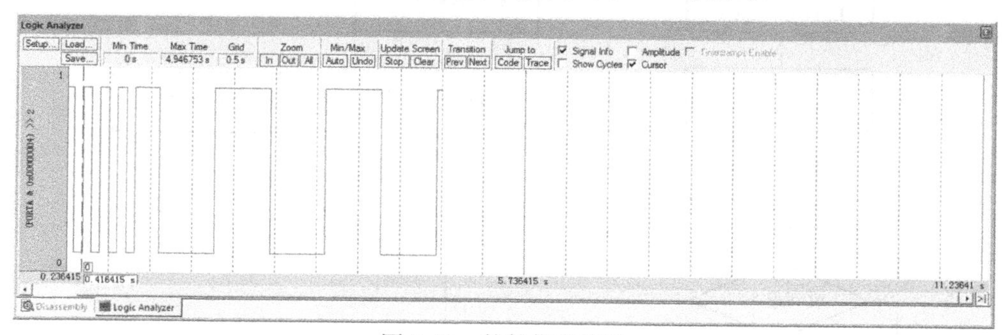

图 7-12　软件仿真结果

模块化工程文件结构如图 7-13 所示。

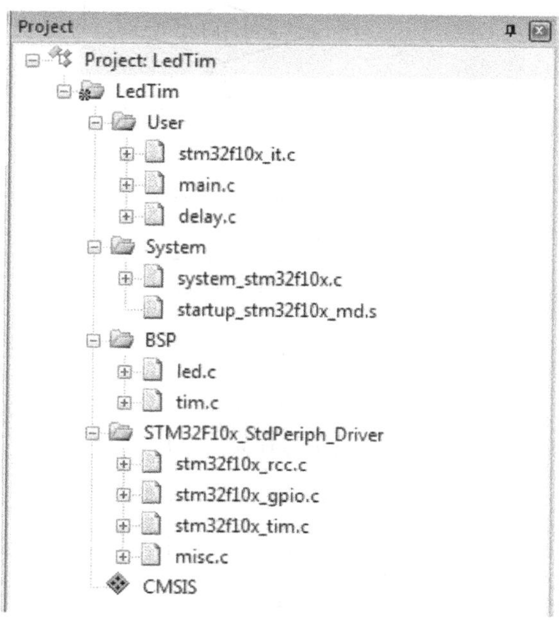

图 7-13　模块化工程文件结构

7.6.2　定时器设计实例 2：串行口定时上传信息

结合第 6 章的串行通信，采用定时器定时中断功能，间隔 1s 上传 LED1 和 LED2 状态信息，其他控制要求不变。硬件原理图如图 6-4 所示，采用 TIM3 实现定时功能。主程序流程图如图 7-14 所示，定时器中断程序流程图如图 7-15 所示。

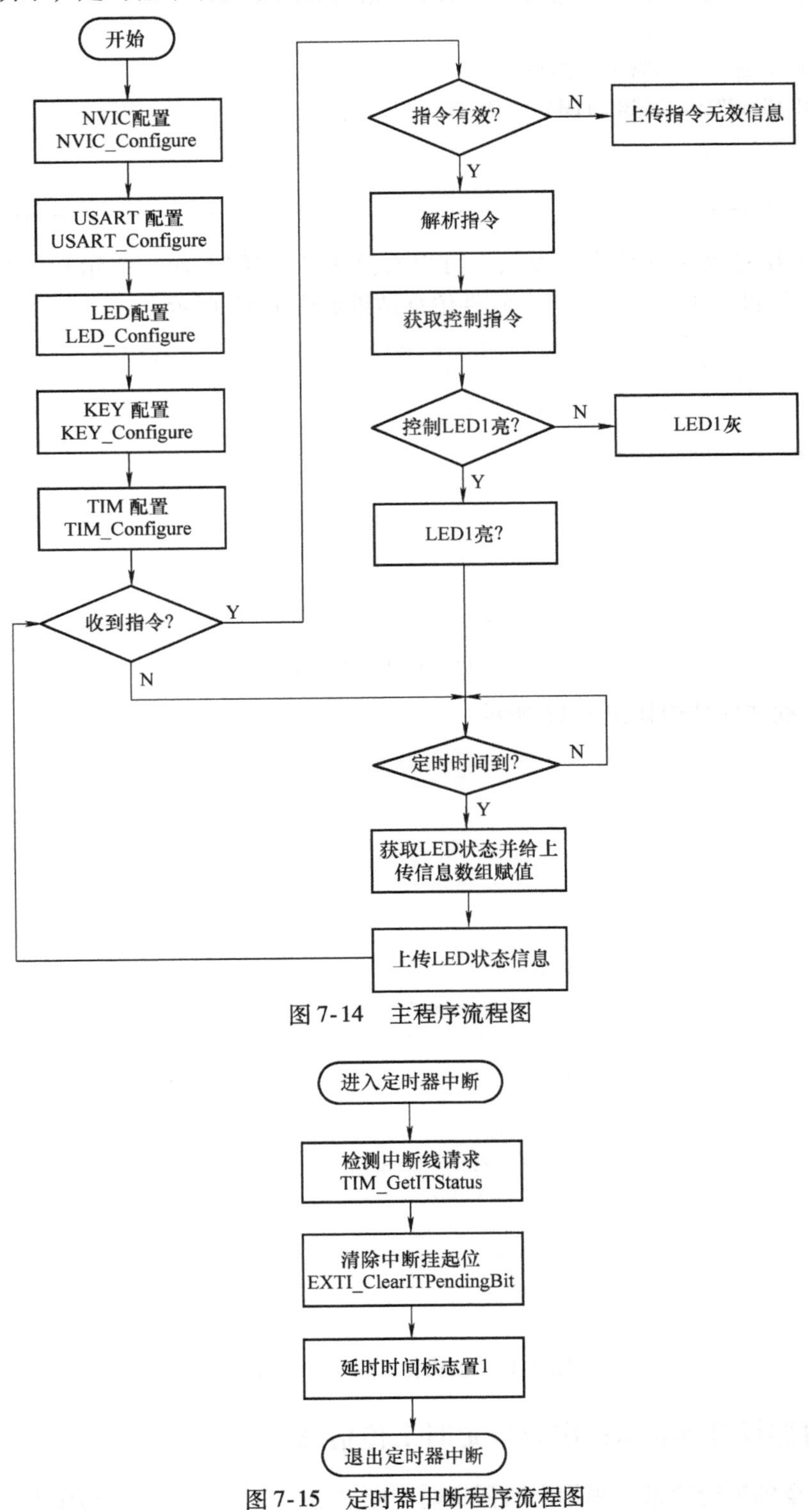

图 7-14　主程序流程图

图 7-15　定时器中断程序流程图

本例采用模块化编程，模块化工程文件结构如图7-16所示。

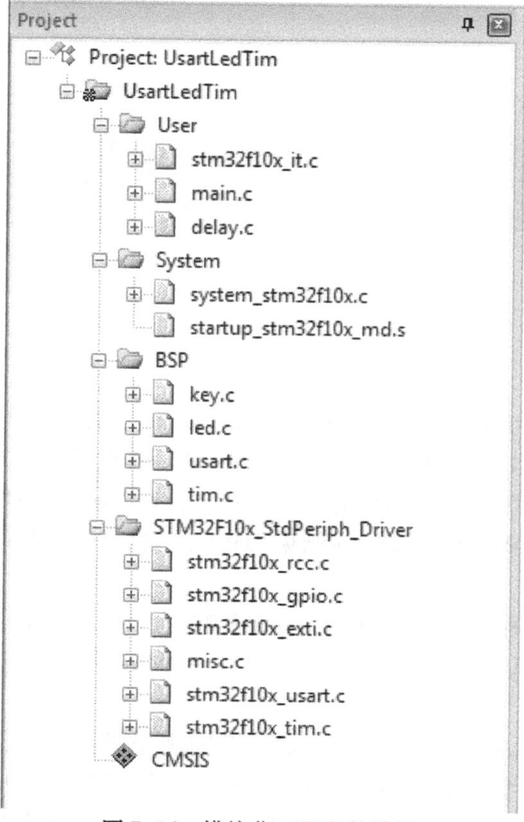

图7-16　模块化工程文件结构

将程序下载到开发板，打开串口调试助手，配置、操作方法及实验现象同第6章应用实例2。不同之处是增加了定时功能，使上位机每1s接收1条信息。

思考与练习

1. STM32实现定时与计数的方法有哪些？各适用什么场合？
2. 简述可编程通用定时/计数器的主要组成部分。
3. STM32最多有多少定时/计数器？STM32F103定时/计数器有哪些？
4. 什么是系统滴答定时器？
5. 通用定时器的时钟源有哪几个？定时/计数器工作于定时和计数方式时有何异同点？
6. STM32时基单元包括什么？各有什么功能？
7. 通用定时器有哪几种计数模式？如何设置？分别描述这几种模式的计数方式。
8. 产生更新事件的条件有哪些？
9. STM32通用定时器何时会产生中断和DMA？
10. 列举几个定时器常用库函数，并说明其功能。
11. 定时器中断配置主要完成哪些配置？描述其流程。
12. 普通定时器模块的时钟为72MHz，预分频值为7199，若想得到1s的定时，计数器的值需要设定为多少？

第 8 章 STM32 直接存储器存取 DMA

8.1 DMA 简介

DMA 用来提供外设与外设之间、外设与存储器之间、存储器与存储器之间的高速数据传输，无须 CPU 干预，数据可以通过 DMA 快速传输，节省 CPU 的资源。在实现 DMA 传输时，DMA 控制器直接掌管总线，因此存在着一个总线控制权转移问题，即 DMA 传输前，CPU 把总线控制权交给 DMA 控制器，在结束 DMA 传输后，DMA 控制器立即把总线控制权交回 CPU。

一个完整的 DMA 过程包括 DMA 请求、DMA 响应、DMA 传输、DMA 结束共 4 个步骤。

（1）DMA 请求：CPU 对 DMA 控制器初始化，并向 IO 接口发出操作命令，IO 接口提出 DMA 请求。

（2）DMA 响应：DMA 控制器对 DMA 请求判别优先级及屏蔽，向总线裁决逻辑提出总线请求。当 CPU 执行完当前总线周期后即可释放总线控制权。此时，总线裁决逻辑输出总线应答，表示 DMA 已经响应，通过 DMA 控制器通知 IO 接口开始 DMA 传输。

（3）DMA 传输：DMA 控制器获得总线控制权后，CPU 即刻挂起或只执行内部操作，由 DMA 控制器输出读写命令，直接控制 RAM 与 IO 接口进行 DMA 传输。在 DMA 控制器的控制下，CPU 只需提供传送数据的起始位置和数据长度，然后存储器和外部设备之间直接进行数据传送，CPU 不参与传送过程。

（4）DMA 结束：当完成规定的成批数据传送后，DMA 控制器释放总线控制权，并向 IO 接口发出结束信号。当 IO 接口收到结束信号后，一方面停止 IO 设备的工作，另一方面向 CPU 提出中断请求，CPU 响应中断，执行一段检查本次 DMA 传输操作正确性的代码。最后，带着本次操作结果及状态继续执行原来的程序。

8.2 STM32 的 DMA 结构

STM32 最多拥有 2 个 DMA 控制器，DMA1 控制器和 DMA2 控制器。DMA1 控制器拥有 7 个独立的可配置通道，DMA2 控制器拥有 5 个独立的可配置通道，每个通道都可用来管理来自一个或多个外设对存储器访问的请求。STM32F103RBT6 只有 DMA1 控制器。用 DMA 传输的外设主要有 SPI、I^2C、USART、通用和高级定时器以及 ADC。它们的主要特性如下：

1）支持存储器与存储器、外设与存储器、存储器与外设、外设与外设之间的数据传输。闪存、SRAM、外设的 SRAM、APB1 和 APB2 外设均可以作为访问的源和目标。

2）每个通道直接连接专用的硬件DMA请求，并且都支持软件触发，可通过软件配置。

3）DMA支持单向的从源端到目的端的数据传输，各通道的优先权可以通过硬件和软件编程实现，如果优先权相等则由硬件决定（请求0优先于请求1，以此类推）。

4）数据传输时内存和外设指针自动增加，传输数据大小可编程。

5）循环模式/非循环模式。

6）每个通道都有3个事件标志（DMA半传输、DMA传输完成和DMA传输出错），这3个事件标志逻辑或为一个单独的中断请求。

7）总线错误自动管理。

8）可编程的数据传输数目最大为65536。

DMA是AHB总线上的设备，它有2个AHB端口：一个是从端口，用于配置DMA；另一个是主端口，用于设备间数据传输。2个AHB/APB桥（桥1和桥2）在AHB总线和2个APB总线间提供同步连接。APB1操作速度限于36MHz，APB2操作速度限于72MHz，STM32F103RBT6的DMA结构框图如图8-1所示。

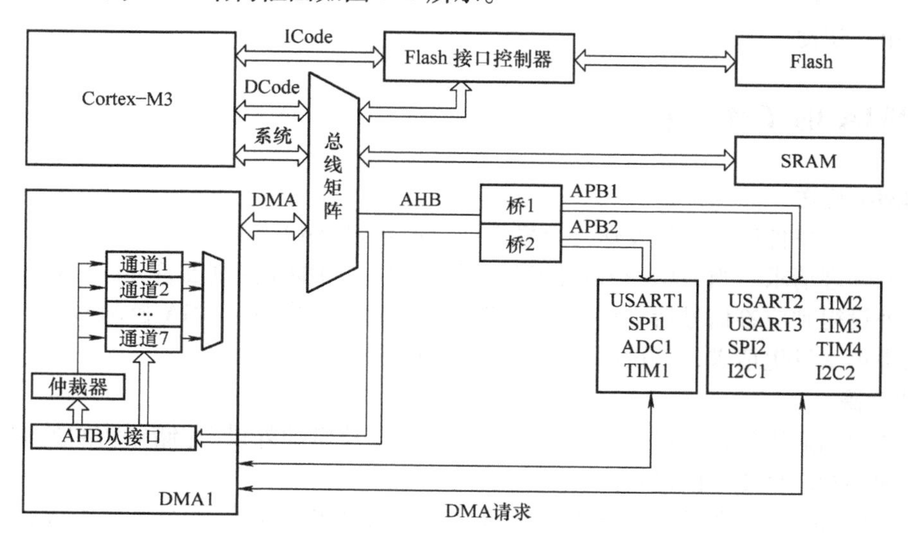

图8-1　STM32F103RBT6的DMA结构框图

STM32的Cortex-M3核心和DMA控制器通过总线矩阵连接到Flash控制总线、SRAM总线和AHB总线，进而通过AHB总线连接到APB总线服务外设。

总线矩阵有2个主要特征：循环优先调度、多层结构和总线挪用。

1. 循环优先调度

NVIC和Cortex-M3处理器实现了高性能、低延时中断调度。所有的Cortex-M3指令既可以在单周期内执行，也可以在总线周期上被中断。循环优先级调度能够确保CPU在必要的时候每两个总线周期就去访问其他总线。

2. 多层结构和总线挪用

多层结构允许两个主要设备并行执行数据传输。使用总线挪用存取机制，CPU访问和DMA通过APB总线存取外设可以并行工作。DMA总线挪用机制使得总线利用效率更高，减少了软件执行时间。在Cortex-M3哈佛架构下提高数据的并行性，减少执行时间，优化

DMA 效率。

DMA 的功能是通过操作两类寄存器实现的：

一类是具有 DMA 功能的相关外设寄存器，主要用来设置外设开启 DMA 功能，例如通用定时器中的 DMA/中断使能寄存器（TIMx_DIER）、DMA 控制寄存器（TIMx_DCR）和连续模式的 DMA 地址寄存器（TIMx_DMAR），以及通用异步/同步收发器 USART 中的控制寄存器 3（USART_CR3）。

另一类是 DMA 相关寄存器，用来设置 DMA 的具体工作方式。DMA 相关寄存器包括 DMA 中断状态寄存器（DMA_ISR）、DMA 中断标志清除寄存器（DMA_IFCR）、DMA 通道 x 配置寄存器（DMA_CCRx）（x = 1，…，7）、DMA 通道 x 传输数量寄存器（DMA_CNDTRx）（x = 1，…，7）、DMA 通道 x 外设地址寄存器（DMA_CPARx）（x = 1，…，7）、DMA 通道 x 存储器地址寄存器（DMA_CMARx）（x = 1，…，7）。

DMA 的相关寄存器功能请参见参考文献 [1]。寄存器的读写可通过编程设置寄存器实现，也可借助标准库的函数实现。标准库提供了几乎所有的寄存器操作函数，基于标准库开发更加简单、快捷。

8.3 DMA 的工作过程

1. DMA 传送

当发生一个事件后，外设发送一个事件请求信号到 DMA 控制器，DMA 控制器根据通道的优先权来处理请求。当 DMA 控制器开始访问外设时，DMA 控制器首先向外设发送一个应答信号；外设得到应答信号后立即撤销请求；外设撤销请求后，DMA 控制器同时撤销应答信号。如果再次发生请求，外设则可以启动下次传送。

2. 仲裁器

仲裁器根据通道的优先级来管理各通道的请求以及启动外设/存储器访问的顺序。优先级管理分硬件和软件 2 个阶段：

1）软件。通过软件可以设置 4 个等级：最高优先级、高优先级、中等优先级、低优先级。

2）硬件。如果 2 个请求有相同的软件优先级，则低编号的通道有较高的优先权，如通道 2 优先于通道 4。

3. DMA 通道

每个通道都可以实现固定地址的外设寄存器和存储器地址之间的 DMA 传输。DMA 传输的数据量可通过库函数设置，最大可达 65536。

4. 指针自增

通过库函数可以设置下一次传输数据的地址。外设和存储器的指针在每次传输后都可以自增。例如，当设置为增量模式时，下一个要传输的地址是前一个地址加增量值，增量值取决于所选的数据宽度，可以为 1、2 或 4。

5. 中断

传输一半数据后，半传输标志（HTIF）置 1，当设置为半传输中断时，将产生中断请求；在数据传输完成后，传输完成标志（TCIF）置 1，当设置为传输完成中断时，将产生中断请求。

6. 循环模式

循环模式用于处理循环缓冲区和连续的数据传输，例如 ADC 的扫描模式。

如果通道配置为非循环模式，传输结束后，即传输数据的数据量变为 0，则不再进行 DMA 操作。

如果启动了循环模式，数据传输数目变为 0 时，将自动恢复为设置的初始值，DMA 操作继续。

7. 存储器到存储器模式

DMA 通道的操作可以在没有外设请求的情况下进行，这种操作是存储器到存储器模式。这种模式不能与循环模式同时使用。

8. 错误管理

在 DMA 读写操作中一旦发生总线错误，硬件会自动地清除发生错误的通道所对应的通道配置寄存器相应的位，该通道操作被停止，此时传输错误中断标志位（FEIF）被置位，如果设置了传输错误中断，则产生中断。

9. DMA 请求映射

从外设（ADC、SPI、USART、TIM1 ~ TIM4）产生的 7 个请求，通过逻辑或输入到 DMA 控制器，这意味着某一时刻只能有一个 DMA 请求有效。每个通道对应不同的外设，映射关系见表 8-1。外设 DMA 请求也可以通过软件设置相应外设寄存器中的控制位，独立开启或关闭。

表 8-1　各个通道 DMA 请求的映射关系

外设	通道 1	通道 2	通道 3	通道 4	通道 5	通道 6	通道 7
ADC	ADC1						
SPI		SPI1_RX	SPI1_TX	SPI2_RX	SPI2_TX		
USART		USART3_TX	USART3_RX	USART1_TX	USART1_RX	USART2_TX	USART2_RX
TIM1		TIM1_CH1	TIM1_CH2	TIM1_TX4 TIM1_TRIG TIM1_COM	TIM1_UP	TIM1_CH3	
TIM2	TIM2_CH3	TIM2_UP			TIM2_CH1		TIM2_CH2 TIM2_CH4
TIM3		TIM3_CH3	TIM3_CH4 TIM3_UP			TIM3_CH1 TIM3_TRIG	
TIM4	TIM4_CH1			TIM4_CH2	TIM4_CH3		TIM4_UP

以上所有操作均可通过库函数实现，此处不再对寄存器的直接操作进行介绍。

8.4　DMA 常用库函数

DMA 固件库支持 10 种库函数，见表 8-2。为了理解这些函数的具体使用方法，本节将对这些函数做详细介绍。

表 8-2　DMA 固件库

函数名称	功　能
DMA_DeInit	将 DMA 的通道 x 寄存器重设为缺省值
DMA_Init	根据 DMA_InitStruct 中指定的参数，初始化 DMA 的通道 x 寄存器
DMA_StructInit	把 DMA_InitStruct 中的每一个参数按缺省值填入
DMA_Cmd	使能或者失能指定通道 x
DMA_ITConfig	使能或者失能指定通道 x 的中断
DMA_GetCurrDataCounte	得到当前 DMA 通道 x 剩余的待传输数据数目
DMA_GetFlagStatus	检查指定的 DMA 通道 x 标志位设置与否
DMA_ClearFlag	清除 DMA 通道 x 待处理标志位
DMA_GetITStatus	检查指定的 DMA 通道 x 中断发生与否
DMA_ClearITPendingBit	清除 DMA 通道 x 中断待处理标志位

1. 函数 DMA_DeInit

函数 DMA_DeInit 的原型为 void DMA_DeInit（DMA_Channel_TypeDef* DMA_Channelx），使用方法如下：

DMA_DeInit（DMA_Channel2）;

2. 函数 DMA_Init

函数 DMA_Init 的原型为 void DMA_Init（DMA_Channel_TypeDef* DMA_Channelx, DMA_Init TypeDef* DMA_InitStruct, DMA_InitTypeDef），定义于文件“stm32f10x_dma. h”中，具体结构如下所示。

```
typedef struct
{
    u32 DMA_PeripheralBaseAddr;
    u32 DMA_MemoryBaseAddr;
    u32 DMA_DIR;
    u32 DMA_BufferSize;
    u32 DMA_PeripheralInc;
    u32 DMA_MemoryInc;
    u32 DMA_PeripheralDataSize;
    u32 DMA_MemoryDataSize;
    u32 DMA_Mode;
    u32 DMA_Priority;
    u32 DMA_M2M;
} DMA_InitTypeDef;
```

（1）成员 DMA_PeripheralBaseAddr 用来定义 DMA 外设基地址。

（2）成员 DMA_MemoryBaseAddr 用来定义 DMA 内存基地址。

（3）成员 DMA_DIR 规定了外设是作为数据传输的目的地还是来源。DMA_DIR 的取值及含义如下：

DMA_DIR_PeripheralDST　/* 外设作为数据传输的目的地 */

DMA_DIR_PeripheralSRC　/* 外设作为数据传输的来源 */

（4）成员 DMA_BufferSize 用来定义指定 DMA 通道的 DMA 缓存的大小，单位为数据单位。根据传输方向，数据单位等于结构中成员 DMA_PeripheralDataSize 或者成员 DMA_MemoryDataSize 的值。

（5）成员 DMA_PeripheralInc 用来设定外设地址寄存器递增与否。DMA_PeripheralInc 的取值及含义如下：

DMA_PeripheralInc_Enable　/* 外设地址寄存器递增 */

DMA_PeripheralInc_Disable　/* 外设地址寄存器不变 */

（6）成员 DMA_MemoryInc 用来设定内存地址寄存器递增与否。DMA_MemoryInc 的取值及含义如下：

DMA_MemoryInc_Enable　/* 内存地址寄存器递增 */

DMA_MemoryInc_Disable　/* 内存地址寄存器不变 */

（7）成员 DMA_PeripheralDataSize 用来设定外设数据宽度。DMA_PeripheralDataSize 的取值及含义如下：

DMA_PeripheralDataSize_Byte　/* 外设数据宽度为 8 位 */

DMA_PeripheralDataSize_HalfWord　/* 外设数据宽度为 16 位 */

DMA_PeripheralDataSize_Word　/* 外设数据宽度为 32 位 */

（8）成员 DMA_MemoryDataSize 用来设定存储器数据宽度。DMA_MemoryDataSize 的取值及含义如下：

DMA_MemoryDataSize_Byte　/*存储器数据宽度为 8 位 */

DMA_MemoryDataSize_HalfWord　/* 存储器数据宽度为 16 位 */

DMA_MemoryDataSize_Word　/* 存储器数据宽度为 32 位 */

（9）成员 DMA_Mode 用来设定 DMA 的工作模式，DMA_Mode 的取值及含义如下：

DMA_Mode_Circular　/* 工作在循环缓存模式 */

DMA_Mode_Normal　/* 工作在正常缓存模式 */

（10）成员 DMA_Priority 用来设定 DMA 通道 x 的软件优先级。DMA_Priority 的取值及含义如下：

DMA_Priority_VeryHigh　/* DMA 通道 x 拥有非常高优先级　*/

DMA_Priority_High　/* DMA 通道 x 拥有高优先级　*/

DMA_Priority_Medium　/* DMA 通道 x 拥有中优先级　*/

（11）成员 DMA_M2M 使能 DMA 通道 x 的内存到内存传输。DMA_M2M 的取值及含义如下：

DMA_M2M_Enable　/* DMA 通道 x 设置为内存到内存传输　*/

DMA_M2M_Disable　/*　DMA 通道 x 未设置为内存到内存传输　*/

本函数的使用方法如下：

```
/* 初始化 DMA 通道1   */
DMA_InitTypeDef DMA_InitStructure;
DMA_InitStructure.DMA_PeripheralBaseAddr = 0x40005400;
DMA_InitStructure.DMA_MemoryBaseAddr = 0x20000100;
DMA_InitStructure.DMA_DIR = DMA_DIR_PeripheralSRC;
DMA_InitStructure.DMA_BufferSize = 256;
DMA_InitStructure.DMA_PeripheralInc = DMA_PeripheralInc_Disable;
DMA_InitStructure.DMA_MemoryInc = DMA_MemoryInc_Enable;
DMA_InitStructure.DMA_PeripheralDataSize = DMA_PeripheralDataSize_HalfWord;
DMA_InitStructure.DMA_MemoryDataSize = DMA_MemoryDataSize_HalfWord;
DMA_InitStructure.DMA_Mode = DMA_Mode_Normal;
DMA_InitStructure.DMA_Priority = DMA_Priority_Medium;
DMA_InitStructure.DMA_M2M = DMA_M2M_Disable;
DMA_Init(DMA_Channel1, &DMA_InitStructure);
```

3. 函数 DMA_StructInit

函数 DMA_StructInit 的原型为 void DMA_StructInit（DMA_InitTypeDef* DMA_InitStruct），使用方法如下：

DMA_StructInit（&DMA_InitStructure）；

4. 函数 DMA_Cmd

函数 DMA_Cmd 的原型为 void DMA_Cmd（DMA_Channel_TypeDef* DMA_Channelx，Functional State NewState），使用方法如下：

```
/*使能 DMA 通道7 */
DMA_Cmd (DMA_Channel7, ENABLE);
```

5. 函数 DMA_ITConfig

函数 DMA_ITConfig 的原型为 void DMA_ITConfig（DMA_Channel_TypeDef* DMA_Channelx，u32 DMA_IT，FunctionalState NewState），DMA_IT 用来使能或者失能 DMA 通道 x 的中断，其取值及含义如下：

DMA_IT_TC　/* 传输完成中断屏蔽 */

DMA_IT_HT　/* 传输过半中断屏蔽 */

DMA_IT_TE　/* 传输错误中断屏蔽 */

使用方法如下：

```
/* 使能 DMA 通道 5 传输完成中断 */
DMA_ITConfig(DMA_Channel5, DMA_IT_TC, ENABLE);
```

6. 函数 DMA_GetCurrDataCounte

函数 DMA_GetCurrDataCounte 的原型为：u16 DMA_GetCurrDataCounter（DMA_Channel_TypeDef* DMA_ Channelx），使用方法如下：

```
/*  得到 DMA 通道 2 剩余的待传输数据数目  */
u16 CurrDataCount;
CurrDataCount = DMA_GetCurrDataCounter(DMA_Channel2);
```

7. 函数 DMA_GetFlagStatus

函数 DMA_GetFlagStatus 的原型为 FlagStatus DMA_GetFlagStatus（u32 DMA_FLAG），参数 DMA_FLAG 定义了待检查的标志位类型。DMA_FLAG 的取值及含义如下：

DMA_FLAG_GLx　　/* 通道 x 全局标志位 */
DMA_FLAG_TCx　　/* 通道 x 传输完成标志位 */
DMA_FLAG_HTx　　/* 通道 x 传输过半标志位 */
DMA_FLAG_TEx　　/* 通道 x 传输错误标志位 */

使用方法如下：

```
/*  检查 DMA 通道 6 标志位设置与否  */
FlagStatus Status;
Status = DMA_GetFlagStatus(DMA_FLAG_HT6);
```

8. 函数 DMA_ClearFlag

函数 DMA_ClearFlag 的原型为 void DMA_ClearFlag（u32 DMA_FLAG），使用方法如下：

```
/* 清除 DMA 通道 3 传输错误标志位  */
DMA_ClearFlag(DMA_FLAG_TE3);
```

9. 函数 DMA_GetITStatus

函数 DMA_GetITStatus 的原型为 ITStatus DMA_GetITStatus（u32 DMA_IT），参数 DMA_IT 用来定义待检查的 DMA 中断，DMA_IT 的取值及含义如下：

DMA_IT_GLx　/* 通道 x 全局中断 */
DMA_IT_TCx　/* 通道 x 传输完成中断 */
DMA_IT_HTx　/* 通道 x 传输过半中断 */
DMA_IT_TEx　/* 通道 x 传输错误中断 */

使用方法如下：

```
/* 检查 DMA 通道 7 是否发生传输完成中断 */
ITStatus Status;
Status = DMA_GetITStatus(DMA_IT_TC7);
```

10. 函数 DMA_ClearITPendingBit

函数 DMA_ClearITPendingBit 的原型为 void DMA_ClearITPendingBit（u32 DMA_IT），使用方法如下：

```
/* 清除 DMA 通道 5 全局中断标志位  */
DMA_ClearITPendingBit(DMA_IT_GL5);
```

8.5 DMA 使用流程

DMA 的应用广泛，可完成外设到外设、外设到内存、内存到外设的传输，以使用中断方式为例，其基本使用流程由 3 部分构成，即 NVIC 设置、DMA 模式及中断配置、DMA 中断服务。

1. NVIC 设置

NVIC 设置用来完成中断分组、中断通道选择、中断优先级设置及使能中断的功能，流程图如图 5-4 所示。其中，值得注意的是中断通道的选择，对于不同的 DMA 请求，根据表 8-1 选择相应的中断通道，中断通道的选择参考第 6 章。

2. DMA 模式及中断配置

DMA 模式及中断配置用来配置 DMA 工作模式及开启 DMA 中断，流程图如图 8-2 所示。

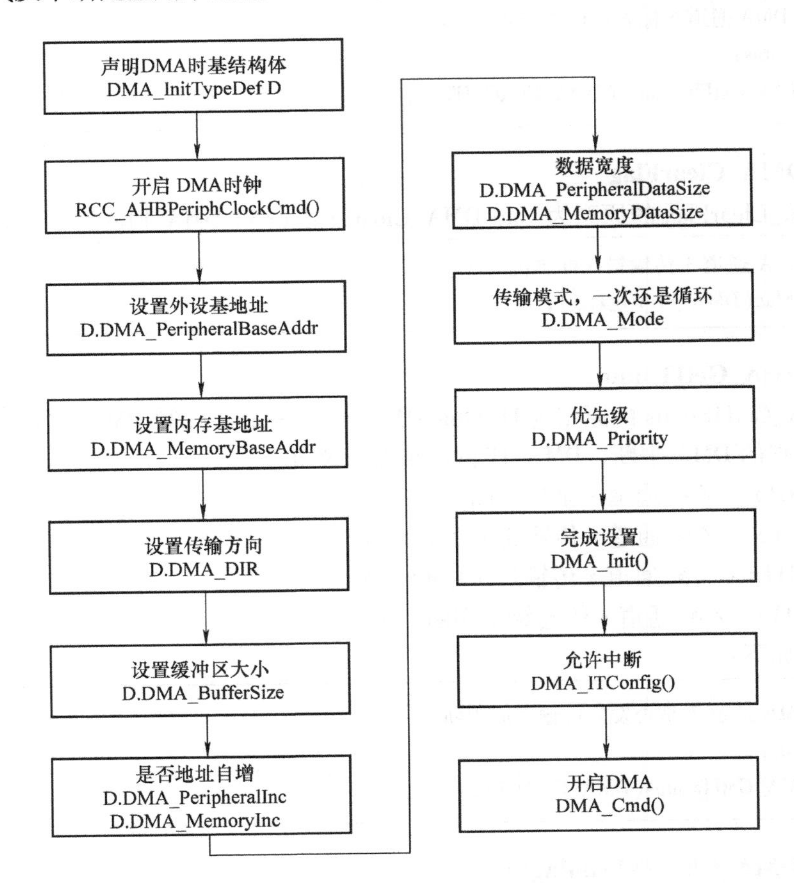

图 8-2　DMA 模式及中断配置流程图

DMA 使用的是 AHB 总线（见图 8-1 总线结构），使用函数RCC_AHBPeriphClockCmd（）开启 DMA 时钟。

某外设的 DMA 通道外设基地址是由该设备的外设基地址加上相应数据寄存器的偏移地址得到的。例如，ADC1 外设基地址（0x4001 2400）加上 ADC 数据寄存器（ADC_DR）的偏移地址（0x4c）得到的 0x4001 244C，即为 ADC1 的 DMA 通道外设基地址。

如果使用内存，则基地址为内存数组地址。

传输方向是针对外设说的，即外设为源或目标。

缓冲区大小可以为 0 ~65536。

对于外设，应禁止地址自增；对于存储器，则需要使用地址自增。

数据宽度都有 3 种选择，即字节、半字和字，应根据外设特点选择响应的宽度。

传输模式可选普通模式（传输一次）或者循环模式，内存到内存传输时，只能选择普通模式。

以上参数在 DMA_Init（）函数中有详细描述，这里不再赘述。

3. DMA 中断服务

进入定时器中断后需根据设计完成响应操作，DMA 中断服务流程图如图 8-3 所示。

启动文件中定义了定时器中断的入口，对于不同的中断请求，要采用相应的中断函数名。进入中断后首先要检测中断请求是否为所需中断，以防误操作。如果是所需中断，则进行中断处理，中断处理完成后清除中断标志位，避免重复处于中断。

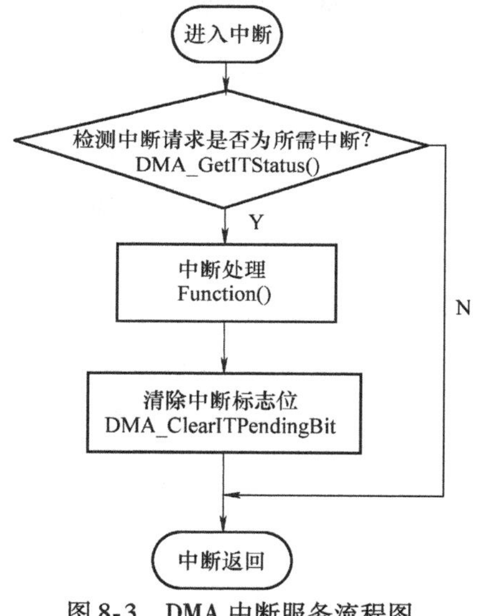

图 8-3　DMA 中断服务流程图

8.6　DMA 应用设计实例：数据传输

利用 DMA 通道 6 将处理器片内 Flash 中的 32 位数据缓冲区的内容传送到 RAM 中所定义的缓冲区内。在传输完成后将产生传输完成中断，最后将源缓冲区中数据（源数据）与目的地缓冲区中数据（目的数据）进行对比来检测所有数据是否传输正确。

由于进行片内存储器到存储器之间的数据传输，所以无须硬件连接。根据设计要求，程序完成以下工作：

1）设置 DMA 通道 6，实现 Flash 到 RAM 的 DMA 传输。

2）通过串口将传输的状态及内容输出。

3）启动 DMA，传输结束后比较源数据与目的数据，检测传输结果。

DMA 数据传输程序流程图如图 8-4 所示。

主程序及子程序均放在 main. c 中，并将初始化写成函数模块，中断服务程序放在 stm32f10x_it. c 中。工程文件结构如图 8-5 所示。

main. c 和 stm32f10x_it. c 程序如下：

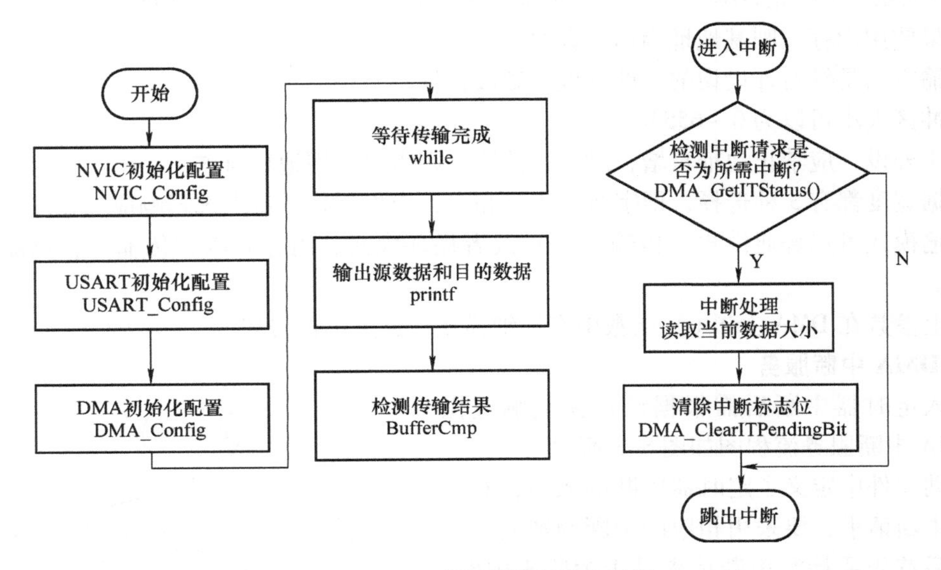

图 8-4　DMA 数据传输程序流程图

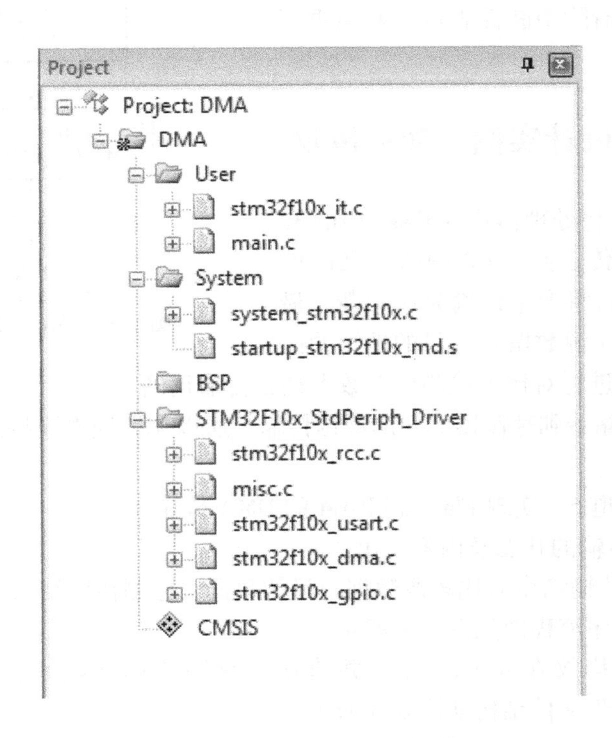

图 8-5　工程文件结构

main. c

```
/**************************************************************
 * @file    main. c
 * @author  YSU Team
 * @version V1. 0
 * @date    2018 - 02 - 24
 * @brief   主程序源文件
**************************************************************/
/* ---------------------头文件包含--------------------- */
#include "stm32f10x. h"
#include <stdio. h>
/* -----------------------宏定义------------------------ */
#define BufferSize 32
/* ------------------全局常量和变量----------------- */
/* --------定义枚举类型,表示传送状态------- */
typedef enum
{
FAILED = 0,
PASSED = ! FAILED
} TestStatus;
__IO uint32_t CurrDataCounterBegin = 0; //开始传输前,通道数据量
__IO uint32_t CurrDataCounterEnd = 0x01; //传输结束后,通道数据量
/* -------全局常量 /* const),位于 Flash,作为 DMA 传送源地址------- */
const uint32_t SRC_Const_Buffer[BufferSize] = {
0x01020304,0x05060708,0x090A0B0C,0x0D0E0F10,
0x11121314,0x15161718,0x191A1B1C,0x1D1E1F20,
0x21222324,0x25262728,0x292A2B2C,0x2D2E2F30,
0x31323334,0x35363738,0x393A3B3C,0x3D3E3F40,
0x41424344,0x45464748,0x494A4B4C,0x4D4E4F50,
0x51525354,0x55565758,0x595A5B5C,0x5D5E5F60,
0x61626364,0x65666768,0x696A6B6C,0x6D6E6F70,
0x71727374,0x75767778,0x797A7B7C,0x7D7E7F80};
/* -----------全局变量,位于 RAM,作为 DMA 传送目的地址----------- */
uint32_t DST_Buffer[BufferSize];//
/* ----------------------函数声明---------------------- */
void NVIC_Configure(void);
void DMA_Configure(void);
void USART_Configure(void);
void USART_GPIO_Configure(void);
TestStatus Buffercmp(const uint32_t * Buffer_SRC, uint32_t * Buffer_DST, uint16_t BufferLength);
void delay_ms(int32_t ms);
```

```
/* ---------------------主程序--------------------*/
int main(void)
{
    uint32_t count;//数据计数
    TestStatus TransferStatus = FAILED;//发送状态标志
    /* ------初始化------- */
    NVIC_Configure();
    USART_Configure();
    DMA_Configure();
    delay_ms(1000);//延时 1s,便于观察串口打印数据
    printf("\n ------------DMA Test----------- \n");
    printf("\n ---Complete Initialization--- \n");
    /* while 循环,等待传送结束,在传输完成中断中读取当前数据量的值 */
    while(CurrDataCounterEnd != 0);
    /* ------传输完毕,串口打印提示字符------- */
    printf("\n ----Complete Transmission---- \n");
    /* ------串口打印源数据内容------- */
    printf("\n ----Contents of SRC_Const_Buffer:");
    for(count=0; count<BufferSize; count++)
    {
        if(count%4 == 0)//每行显示 4 个数据
        {
            printf("\n");
        }
        /* -------十六进制,8 位,左补 0 -------*/
        printf("0x%08x ",SRC_Const_Buffer[count]);
    }
    /* ------串口打印目的数据内容------- */
    printf("\n\n ----Contents of DST_Buffer:");
    for(count=0; count<BufferSize; count++)
    {
        if(count%4 == 0)//每行显示 4 个数据
        {
            printf("\n");
        }
        /* -------十六进制,8 位,左补 0 -------*/
        printf("0x%08x ",DST_Buffer[count]);
    }
    /* ------比较源数据和目的数据内容是否相同------- */
    TransferStatus = Buffercmp(SRC_Const_Buffer, DST_Buffer, BufferSize);
    /* ------串口打印测试结果------- */
    if(TransferStatus == FAILED)
```

```
        printf("\nDMA test fail! \n");
    else
        printf("\n\nDMA test success! \n");
    /* -------主循环,不做任何操作------- */
    while(1);
}
/** @简介:NVIC 初始化
  * @参数: 延时毫秒数
  * @返回值:无   */
void NVIC_Configure(void)
{
    /* 定义 NVIC 初始化结构体 */
    NVIC_InitTypeDef NVIC_InitStructure;
    /* 允许 DMA1 通道 6 中断 */
    NVIC_InitStructure.NVIC_IRQChannel = DMA1_Channel6_IRQn;
    NVIC_InitStructure.NVIC_IRQChannelPreemptionPriority = 0;
    NVIC_InitStructure.NVIC_IRQChannelSubPriority = 0;
    NVIC_InitStructure.NVIC_IRQChannelCmd = ENABLE;
    NVIC_Init(&NVIC_InitStructure);
}
/** @简介:USART 初始化
  * @参数: 无
  * @返回值:无   */
void USART_Configure(void)
{
    /* 定义 USART 初始化结构体 */
    USART_InitTypeDef USART_InitStructure;
    /* 打开 USART1 时钟 */
    RCC_APB2PeriphClockCmd(RCC_APB2Periph_USART1, ENABLE);
    /* 配置 USART1 相关引脚 */
    USART_GPIO_Configure();
    /* 配置 USART 波特率、数据位、停止位、奇偶校验、硬件流控制和模式 */
    USART_InitStructure.USART_BaudRate = 9600;//波特率为 115200bit/s
    USART_InitStructure.USART_WordLength = USART_WordLength_8b;//8 位数据
    USART_InitStructure.USART_StopBits = USART_StopBits_1;//1 个停止位
    USART_InitStructure.USART_Parity = USART_Parity_No;//无奇偶校验
    USART_InitStructure.USART_HardwareFlowControl = USART_HardwareFlowControl_None;//无硬件
流控制
    USART_InitStructure.USART_Mode = USART_Mode_Rx | USART_Mode_Tx;//接收和发送模式
    /* 完成配置 */
    USART_Init(USART1, &USART_InitStructure);
    /* 允许 USART1 接收中断 */
```

```
    USART_ITConfig(USART1, USART_IT_RXNE, ENABLE);
    /* 使能 USART1 */
    USART_Cmd(USART1, ENABLE);
}
/** @简介:USART_GPIO 初始化
  * @参数:无
  * @返回值:无   */
void USART_GPIO_Configure(void)
{
    /* 定义 GPIO 初始化结构体 */
    GPIO_InitTypeDef GPIO_InitStructure;
    /* 打开 GPIOA、AFIO 和 USART1 时钟 */
    RCC_APB2PeriphClockCmd(RCC_APB2Periph_GPIOA | RCC_APB2Periph_AFIO, ENABLE);
    /* 配置 PA9(USART_Tx)为复用推挽输出,IO 速度 50MHz */
    GPIO_InitStructure.GPIO_Pin = GPIO_Pin_9;
    GPIO_InitStructure.GPIO_Speed = GPIO_Speed_50MHz;
    GPIO_InitStructure.GPIO_Mode = GPIO_Mode_AF_PP;
    /* 完成配置 */
    GPIO_Init(GPIOA, &GPIO_InitStructure);
    /* 配置 PA10(USART1_Rx)为浮空输入 */
    GPIO_InitStructure.GPIO_Pin = GPIO_Pin_10;
    GPIO_InitStructure.GPIO_Mode = GPIO_Mode_IN_FLOATING;
    /* 完成配置 */
    GPIO_Init(GPIOA, &GPIO_InitStructure);
}
/** @简介:将 C 库中 printf 重定向到 USART,fputc 函数包含于 stdio.h
  * @参数:ch-待发送字符,f-指定文件
  * @返回值:ch   */
int fputc(int ch, FILE *f)
{
    USART_SendData(USART1, (u8)ch);//串口发送数据
    while(!(USART_GetFlagStatus(USART1, USART_FLAG_TXE) == SET));//等待发送完成
    return ch;
}
/** @简介:USART 初始化
  * @参数:无
  * @返回值:无  */
void DMA_Configure(void)
{
    /* 定义 DMA 初始化结构体 */
    DMA_InitTypeDef  DMA_InitStructure;
    /* 打开 DMA1 时钟 */
```

```
    RCC_AHBPeriphClockCmd(RCC_AHBPeriph_DMA1, ENABLE);
    /* FLASH 外设基地址为 SRC_Const_Buffer    */
    DMA_InitStructure.DMA_PeripheralBaseAddr = (uint32_t)SRC_Const_Buffer;
    /* RAM 基地址为 DST_Buffer   */
    DMA_InitStructure.DMA_MemoryBaseAddr = (uint32_t)DST_Buffer;
    /* 传输方向,外设为源地址,即 FLASH 到 RAM    */
    DMA_InitStructure.DMA_DIR = DMA_DIR_PeripheralSRC;
    /* 缓冲区大小,即一次传输的数据量,范围为 0~65536,此处为 32    */
    DMA_InitStructure.DMA_BufferSize = BufferSize;
    /* 外设和 RAM 地址自增 1    */
    DMA_InitStructure.DMA_PeripheralInc = DMA_PeripheralInc_Enable;
    DMA_InitStructure.DMA_MemoryInc = DMA_MemoryInc_Enable;
    /*外设和 RAM 数据宽度,数据为 32 位(字的长度),因此宽度为字
    */DMA_InitStructure.DMA_PeripheralDataSize = DMA_Peripher alDataSize_Word;
    DMA_InitStructure.DMA_MemoryDataSize = DMA_MemoryDataSize_Word;
    /* 传输模式,一次传输 */
    DMA_InitStructure.DMA_Mode = DMA_Mode_Normal;
    /* 优先级高 */
    DMA_InitStructure.DMA_Priority = DMA_Priority_High;
    /* 内存到内存传输 */
    DMA_InitStructure.DMA_M2M = DMA_M2M_Enable;
    /* 完成配置 */
    DMA_Init(DMA1_Channel6, &DMA_InitStructure);
    /* 允许传输完成中断 */
    DMA_ITConfig(DMA1_Channel6, DMA_IT_TC, ENABLE);
    /* 开始传输前数据量 */
    CurrDataCounterBegin = DMA_GetCurrDataCounter(DMA1_Channel6);
    /* 开启 DMA */
    DMA_Cmd(DMA1_Channel6, ENABLE);
}
/** @简介:比较传输结果
  * @参数:Buffer_SRC:源数据,Buffer_DST:目的数据,BufferLength:数据数组大小
  * @返回值:无 */
TestStatus Buffercmp(const uint32_t * Buffer_SRC, uint32_t * Buffer_DST, uint16_t BufferLength)
{
    /* ------逐位比较,有不同则返回 FAILED------ */
    while(BufferLength--)
    {
        if( *Buffer_SRC != *Buffer_DST)
        {
            return FAILED;
        }
```

```
        Buffer_SRC++;
        Buffer_DST++;
    }
    return PASSED;
}
/** @简介:软件延时函数,单位为 ms
  * @参数: 延时毫秒数
  * @返回值:无   */
void delay_ms(int32_t ms)
{
    int32_t i;
    while(ms--)
    {
        i=7500;//开发板晶振 8MHz 时的经验值
        while(i--);
    }
}
```

```
stm32f10x_it.c
......
/* Private typedef -----------------------------------------*/
/* Private define ------------------------------------------*/
/* Private macro -------------------------------------------*/
/* Private variables ---------------------------------------*/
/* Private function prototypes ------------------------*/
/* Private functions ---------------------------------------*/

/* -------变量外部声明------- */
extern __IO uint16_t CurrDataCounterEnd;
......
/** @brief  This function handles PPP interrupt request.
  * @param   None
  * @retval None  */
/* void PPP_IRQHandler(void)
{
}*/
/** @简介:DMA1 通道 6 中断服务程序
  * @参数: 延时毫秒数
  * @返回值:无   */
void DMA1_Channel6_IRQHandler(void)
{
```

```
    /* 检测 DMA1 Channel6 传输完成中断 */
    if(DMA_GetITStatus(DMA1_IT_TC6))
    {
        /* 传输完成后得到当前计数 */
        CurrDataCounterEnd = DMA_GetCurrDataCounter(DMA1_Channel6);
        /* 清除中断 */
        DMA_ClearITPendingBit(DMA1_IT_GL6);
    }
}
```

编译程序后，将程序下载到开发板，打开串口调试助手，设置串口号、波特率、数据位和停止位，打开串口，可以看到打印结果，如图8-6所示。

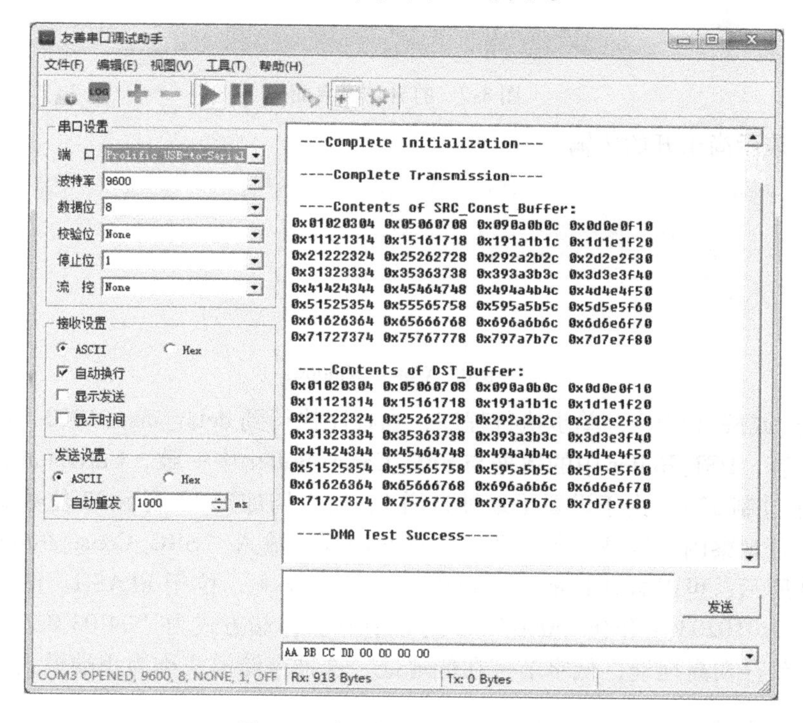

图8-6 串口调试助手打印结果

通过硬件调试可观察数据传输过程，编译好程序，在目标选项中设置好Debug选项，单击工具栏的“调试”按钮，打开仿真界面，如图8-7所示，程序自动定位到主函数的第一条语句。

单击图标打开Watch Windows，输入要观察的内容SRC_Const_Buffer、DST_Buffer和CurrDataCounterBegin，如图8-8所示，可以看到源数据地址为0x08000FE8，目的地址为0x20000020，根据图2-5的STM32F103内存映射可知，源数据位于FLASH中，而目的数据位于RAM中。单击SRC_Const_Buffer前面的加号可以看到里面存储的数据与串口调试助手打印的数据一致。单击DST_Buffer前面的加号可以看到里面的数据全是0。CurrDataCounter-

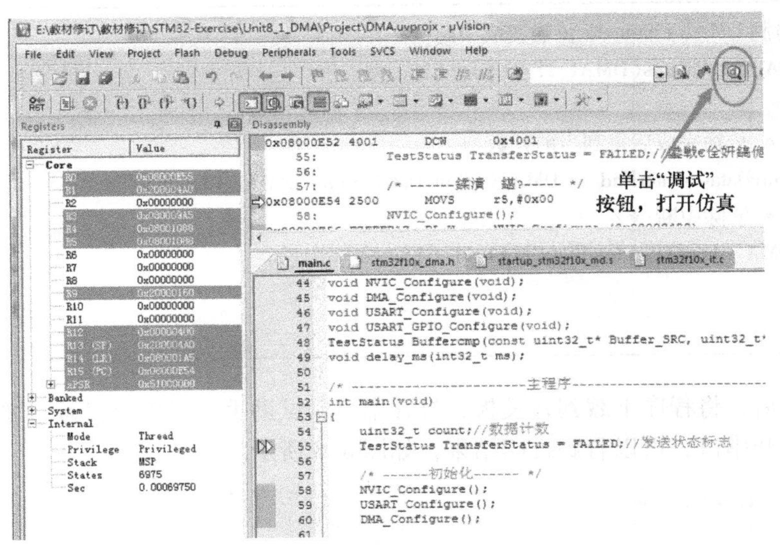

图 8-7　打开仿真界面

Begin 值为 0，表示尚未开始传输。

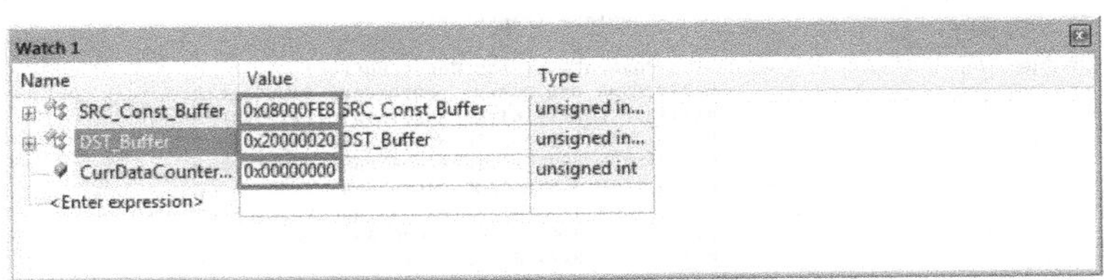

图 8-8　Watch Windows

多次单击或按〈F10〉，单步执行程序，当程序执行到 delay_ms（1000）时，等待片刻再观察上述内容，DST_Buffer 中的数据与 SRC_Const_Buffer 中一致，CurrDataCounterBegin 值变为 0x20（十进制 32），由于设置了地址自增 1，所以增加到 32 表示 32 位数据传输完毕。

此外，还可观察内存区域，单击图标打开内存，输入“SRC_Const_Buffer”查看其内容，如图 8-9 所示，可以看到其地址为 0x08 * * * * * *，位于 FLASH。图中框起来的两组数据分别为 0x01020304 和 0x05060708，可以看到其存储方式为“04 03 02 01”和“08 07 06 05”，高字节存在高地址，低字节存在低地址，这种存储模式称为小端模式。同理，可单

```
Memory 1
Address: SRC_Const_Buffer
0x08000FE8: 04 03 02 01 08 07 06 05 0C 0B 0A 09 10 0F 0E 0D 14 13 12 11 18 17 16 15
0x08001000: 1C 1B 1A 19 20 1F 1E 1D 24 23 22 21 28 27 26 25 2C 2B 2A 29 30 2F 2E 2D
0x08001018: 34 33 32 31 38 37 36 35 3C 3B 3A 39 40 3F 3E 3D 44 43 42 41 48 47 46 45
0x08001030: 4C 4B 4A 49 50 4F 4E 4D 54 53 52 51 58 57 56 55 5C 5B 5A 59 60 5F 5E 5D
0x08001048: 64 63 62 61 68 67 66 65 6C 6B 6A 69 70 6F 6E 6D 74 73 72 71 78 77 76 75
0x08001060: 7C 7B 7A 79 80 7F 7E 7D 88 10 00 08 00 00 00 20 20 00 00 00 94 09 00 08
0x08001078: A8 10 00 08 20 00 00 20 80 04 00 00 A4 09 00 08 00 00 00 00 01 00 00 00
0x08001090: 00 00 00 00 01 02 03 04 01 02 03 04 06 07 08 09 02 04 06 08 00 00 00 00
0x080010A8: FF FF FF FF FF FF FF FF FF FF FF FF FF FF FF FF FF FF FF FF FF FF FF FF
0x080010C0: FF FF FF FF FF FF FF FF FF FF FF FF FF FF FF FF FF FF FF FF FF FF FF FF
0x080010D8: FF FF FF FF FF FF FF FF FF FF FF FF FF FF FF FF FF FF FF FF FF FF FF FF
0x080010F0: FF FF FF FF FF FF FF FF FF FF FF FF FF FF FF FF FF FF FF FF FF FF FF FF
0x08001108: FF FF FF FF FF FF FF FF FF FF FF FF FF FF FF FF FF FF FF FF FF FF FF FF
0x08001120: FF FF FF FF FF FF FF FF FF FF FF FF FF FF FF FF FF FF FF FF FF FF FF FF
0x08001138: FF FF FF FF FF FF FF FF FF FF FF FF FF FF FF FF FF FF FF FF FF FF FF FF
0x08001150: FF FF FF FF FF FF FF FF FF FF FF FF FF FF FF FF FF FF FF FF FF FF FF FF
0x08001168: FF FF FF FF FF FF FF FF FF FF FF FF FF FF FF FF FF FF FF FF FF FF FF FF
0x08001180: FF FF FF FF FF FF FF FF FF FF FF FF FF FF FF FF FF FF FF FF FF FF FF FF
0x08001198: FF FF FF FF FF FF FF FF FF FF FF FF FF FF FF FF FF FF FF FF FF FF FF FF
```

图 8-9　SRC_Const_Buffer 内容

步执行观察 DST_Buffer 中的内容，读者可自行观察。

将驱动程序放在不同文件中实现模块化，模块化工程文件结构如图 8-10 所示。

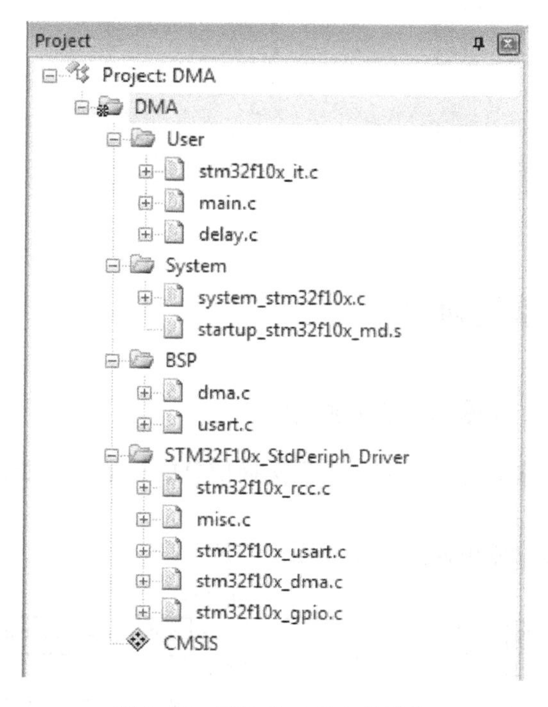

图 8-10　模块化工程文件结构

思考与练习

1. 什么是 DMA？简述完整的 DMA 传输过程。

2. 简述 STM32 的 DMA 的主要结构和特性。

3. STM32F103RBT6 有几个 DMA 控制器？用 DMA 传输的外设主要有哪些？简述总线矩阵的主要特征。

4. STM32F103RBT6 的 DMA 有几个通道？如果通用定时器 TIM2 的通道 1 请求 DMA 传输，对应使用 DMA 的哪个通道？

5. DMA 传送时，优先级管理分为几个阶段？分别是什么？

6. 如何设置 DMA 循环模式？

7. DMA 如何管理各通道请求？简述 DMA 通道配置过程。

8. 列举几个常用的 DMA 函数，并描述其应用。

9. DMA_InitTypeDef 结构的成员有哪些？这些成员的含义是什么？简述 DMA 使用流程。

10. 对第 7 章实例 2 进行改变，采用 DMA 方式进行 USART 通信，完成相应设计。

11. 在进行 DMA 传输时，如果需要查询 DMA 的通道 5 传输是否完成，该如何写程序语句？

12. DMA 传输的数据量最大可达多少？STM32 的外设 USART1 使用 DMA 传输时，操作速度最高是多少？

第9章 STM32的模/数转换器

9.1 STM32应用系统简介

9.1.1 STM32应用系统输入/输出通道

输入/输出通道是计算机与工业生产过程交换信息的桥梁。按照信号输入/输出的方式可分为输入通道和输出通道。

STM32应用系统输入/输出通道结构如图9-1所示。

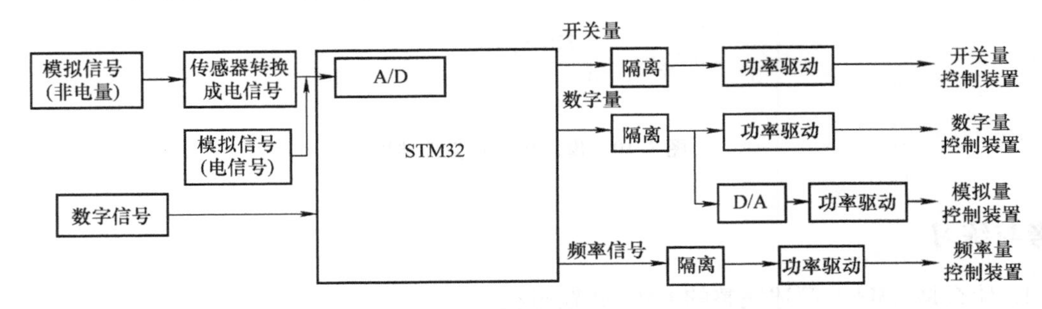

图9-1 STM32应用系统输入/输出通道结构

1. 输入通道

在单片机的实时控制和智能仪表等应用系统中，控制或测量对象的有关变量，除了数字信号外，往往还包括一些连续变化的模拟信号。

数字信号可以直接由单片机IO口线输入，注意，如果是小信号，还要加接放大器，以满足单片机TTL或者CMOS电平要求。

模拟信号必须转换成数字量后才能输入到单片机中进行处理。若输入非电的模拟信号，如温度、压力、流量、速度等物理量，还需通过传感器转换成模拟电信号（如果是小信号，还要加接放大器），然后再转换成数字量输入到单片机中。实现模拟量转换成数字量的器件称为模/数转换器（Analog to Digital Converter，ADC）。

2. 输出通道

输出通道的作用如下：

（1）数/模转换

单片机输出的控制信号是数字信号，需要通过D/A转换器把数字量转换成控制对象所需的模拟电压或电流。

(2) 功率放大驱动

经数/模转换得到的模拟电压或电流控制信号，不能满足控制对象的功率要求，必须经功率放大，驱动外部系统。

(3) 干扰信号防治

后向输出通道接近控制对象，工作环境相对恶劣，驱动系统会通过信号通道、电源以及空间电磁场对单片机应用系统造成电磁干扰，另外还会出现机械干扰，因此通常采用信号隔离、电源隔离和大功率开关实现过零切换等方法进行干扰信号防治。

处理的结果可以以开关量、数字量和频率量输出。

9.1.2 ADC的性能指标

无论是分析或设计ADC的接口电路，还是选购ADC芯片，都会涉及有关性能指标的术语。因此，弄清ADC的基本概念以及一些经常出现的性能指标术语的确切含义是十分必要的。

1. 分辨率 (Resolution)

对于ADC来说，分辨率表示输出数字量变化一个相邻数据码所需输入模拟电压的变化量，反映了ADC对输入模拟信号最小变化的分辨能力。

ADC的分辨率定义为满刻度电压与 2^n 的比值，其中 n 为ADC的位数。例如，12位ADC能够分辨出满刻度 $1/2^{12}$ (或满刻度0.024%) 的输入电压的变化。一个10V满刻度的12位ADC能够分辨输入电压变化的最小值为2.4mV。表9-1列出了不同位数 n 与分辨率的关系。

表9-1 ADC的分辨率与位数的关系

位数	分辨率	
n	分数	满刻度百分数 (近似)
8	1/256	0.4
10	1/1024	0.1
11	1/2048	0.05
12	1/4096	0.024
14	1/16384	0.006
15	1/32768	0.003
16	1/65536	0.0015

2. 量化误差 (Quantizing Error)

量化误差是由ADC的有限分辨率而引起的误差。在不计其他误差的情况下，一个有限分辨率ADC的阶梯状转移特性曲线与无限分辨率ADC转移特性曲线（直线）之间的最大偏差，称之为量化误差。如果在零刻度处适当偏移 $\frac{1}{2}$LSB，则量化误差为 $\pm\frac{1}{2}$LSB。如果没有加入偏移量，则量化误差为 -1LSB。

3. 偏移误差 (Offset Error)

偏移误差是指输入信号为零时，输出信号不为零的值，所以有时又称之为零值误差。对于 ADC 而言，假设它没有非线性误差，则其转移特性曲线各阶梯中点的连线必定是直线，这条直线与横轴的相交点所对应的输入电压值就是偏移误差。

偏移误差通常是由放大器或比较器输入的偏移电压或电流引起的。一般在 ADC 外部加一个作调节用的电位器便可将偏移误差调至最小。偏移误差也可用满刻度的百分数表示。

4. 满刻度误差（Full Scale Error）

满刻度误差又称为增益误差（Cain Error），ADC 的满刻度误差是指满刻度输出数码所对应的实际输入电压与理想输入电压之差。

满刻度误差可能由参考电压、T 形电阻网络的阻值或放大器的误差引起，误差的调节在偏移误差调整后进行。

5. 线性度（Linearity）

线性度有时又称为非线性度（Non – Linearity），它是指转换器实际的转移函数与理想直线的最大偏移。理想直线可以通过理想转移函数的所有点来画，为了方便起见，也可以由两个端点连接而成。线性度也可以用满刻度的百分数来定义。注意，线性度不包括量化误差、偏移误差与满刻度误差。

6. 绝对精度（Absolute Accuracy）

在一个转换器中，任何数码所对应的实际模拟电压与其理想的电压值之差并非是一个常数，把这个差的最大值定义为绝对精度。

7. 相对精度（Relative Accuracy）

它与绝对精度相似，所不同的是把这个最大偏差表示为满刻度模拟电压的百分数，或者用二进制分数来表示相对应的数字量。它通常不包括能被用户消除的满刻度误差。

8. 转换速率（Conversion Rate）

ADC 的转换速率就是能够重复进行数据转换的速度，即每秒转换的次数。完成一次转换所需的时间（包括稳定时间）是指转换速率的倒数。

ADC 的主要性能指标有：①分辨率；②转换时间；③精度；④输入电压范围；⑤输入电阻阻值；⑥供电电源；⑦数字输出特性；⑧工作环境（使用的环境温度、湿度等）；⑨保存环境（保存温度、湿度等）等。

9.2　STM32 的 ADC 结构

按照转换过程的不同，ADC 可以分为逐次逼近型、双积分型和电压 – 频率变换型 3 种。双积分型 ADC，一般精度高；对周期变化的干扰信号积分为零，因此抗干扰性好；价格便宜，但转换速度慢。逐次逼近型 ADC，在转换速度上同双积分型 ADC 相比要快得多；精度较高（12 位及 12 位以上的），价格较高。电压 – 频率变换型 ADC 的突出优点是高精度，其分辨率可达 16 位以上；价格低廉，但转换速度不高。

STM32 的 12 位 ADC 是一种逐次逼近型数/模转换器。它有多达 18 个通道，可测量 16 个外部和 2 个内部信号源。各通道的 A/D 转换可以单次、连续、扫描或间断模式执行。ADC 的结果可以左对齐或右对齐的方式存储在 16 位数据寄存器中。

STM32 的 ADC 主要特性如下：

1）12 位分辨率。

2）转换结束、注入转换结束和发生模拟看门狗事件时产生中断。

3）单次转换模式和连续转换模式。

4）从通道 0 到通道 n 的自动扫描模式。

5）自校准。

6）带内嵌数据一致性的数据对齐。

7）采样间隔可以按通道分别编程。

8）规则转换和注入转换均有外部触发选项。

9）间断模式。

10）双重模式（带 2 个或 2 个以上 ADC 的器件）。

11）ADC 转换时间与型号有关，如 STM32F103xx 增强型产品：时钟为 56MHz 时的转换时间为 1μs；时钟为 72MHz 时的转换时间为 1.17μs。

12）ADC 供电要求：2.4～3.6V。

13）ADC 输入范围：$V_{REF-} \leqslant V_{IN} \leqslant V_{REF+}$。

14）在规则通道转换期间有 DMA 请求产生。

STM32 的 ADC 结构如图 9-2 所示。

STM32 的 ADC 主要组成部分包括模拟电源（VDDA、VSSA）、16 个外部信号源（ADCx_IN0～ADCx_IN15，在大容量产品中 x=1，2，3，其他产品中 x=1，2）和 2 个外部触发（EXTI_15、EXTI_11），此外有些型号的芯片还具有模拟参考电源（VREF+、VREF-），这些都有相应的引脚与电源或外部设备相连。

其内部包括中断使能位、模拟看门狗、GPIO 端口、温度传感器、V_{REFINT}、A/D 转换器、注入通道数据寄存器、规则通道数据寄存器、触发控制、ADC CLK 和地址/数据总线。

STM32F103RBT6 有 2 个 ADC，即 ADC1 和 ADC2，这里统称为 ADCx，$2.4V \leqslant V_{DDA} \leqslant V_{DD}$（3.6V），接电源正，VSSA 接模拟电源地。16 个外部信号源引脚对应情况如下：ADCx_IN0～ADCx_IN7（PA0～PA7）、ADCx_IN8（PB0）、ADCx_IN9（PB1）、ADCx_IN10～ADCx_IN15（PC0～PC5）。外部触发 EXTI_11 和 EXTI_15 分别对应 GPIO 端口的 11 和 15 位。

ADC 的功能是通过操作相应寄存器来实现的，包括状态寄存器（ADC_SR）、控制寄存器 1（ADC_CR1）、控制寄存器 2（ADC_CR2）、采样时间寄存器 1（ADC_SMPR1）、采样时间寄存器 2（ADC_SMPR2）、注入通道数据偏移寄存器 x（ADC_JOFRx，x=1，2，3，4）、看门狗高阈值寄存器（ADC_HTR）、看门狗低阈值寄存器（ADC_LRT）、规则序列寄存器 1（ADC_SQR1）、规则序列寄存器 2（ADC_SQR2）、规则序列寄存器 3（ADC_SQR3）、注入序列寄存器（ADC_JSQR）、注入数据寄存器 x（ADC_JDRx，x=1，2，3，4）和规则数据寄存器（ADC_DR）。

ADC 的相关寄存器功能请参考文献［1］。寄存器的读写可通过编程设置来实现，也可借助标准外设库（又称标准库）的函数实现。标准库提供了几乎所有寄存器操作函数，基于标准库开发更加简单、快捷。

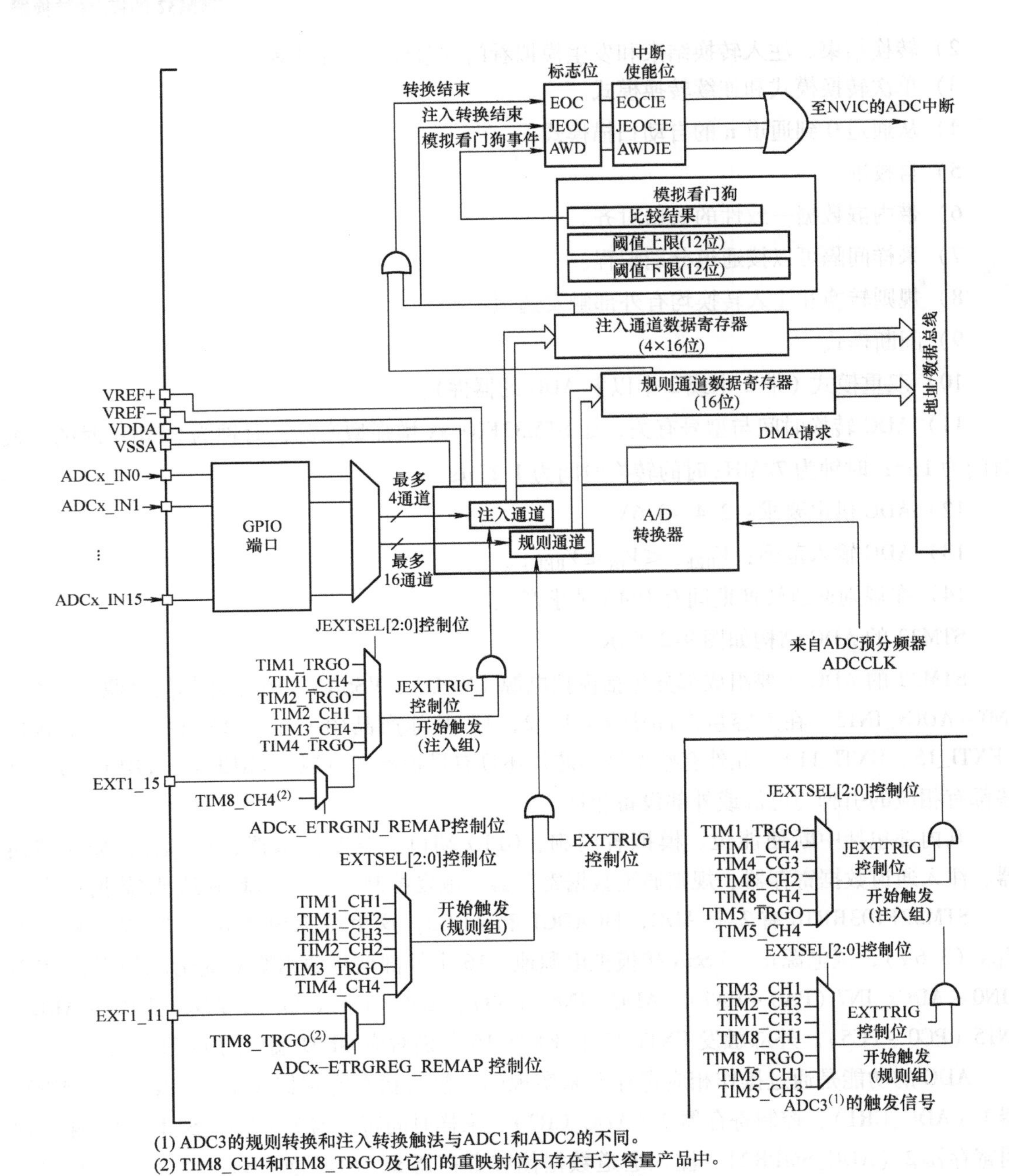

(1) ADC3的规则转换和注入转换触法与ADC1和ADC2的不同。
(2) TIM8_CH4和TIM8_TRGO及它们的重映射位只存在于大容量产品中。

图 9-2 STM32 的 ADC 结构

9.3 ADC 的工作模式

9.3.1 开关、时钟及通道

1. ADC 开关控制

通过设置 ADC_CR2 寄存器的 ADON 位可给 ADC 上电。当第 1 次设置 ADON 时，它将

ADC从断电状态下唤醒。ADC上电延迟一段时间后，再次设置ADON位时开始进行转换。通过清除ADON位可以停止转换，并将ADC置于断电模式。在这个模式下，ADC几乎不耗电。

2. ADC时钟

由时钟控制器提供的ADCCLK时钟和PCLK2（APB2时钟）同步。RCC控制器为ADC时钟提供一个专用的可编程预分频器。

3. 通道选择

ADC有16个多路通道。可以把转换组织分成两组：规则组和注入组。在任意多个通道上，以任意顺序进行的一系列转换构成组转换。规则组由多达16个转换组成，注入组由多达4个转换组成。通道的选择和它们的转换顺序，可以通过寄存器设置，也可以由库函数实现。

4. 注入通道管理

（1）触发注入。如果在规则通道转换期间产生一个外部触发注入，当前转换被复位，注入通道序列被以单次扫描方式进行转换。然后，恢复上次被中断的规则组通道转换。

如果在注入通道转换期间产生一个规则事件，注入转换不会被中断，但是规则序列将在注入序列结束后被执行。

（2）自动注入。在此模式下，必须禁止注入通道的外部触发。如果设置了自动注入和连续模式，规则通道至注入通道的转换序列被连续执行。对于ADC时钟预分频系数为4～8时，当从规则转换切换到注入序列或从注入转换切换到规则序列时，会自动插入1个ADC时钟间隔；当ADC时钟预分频系数为2时，则有2个ADC时钟间隔的延迟。

9.3.2 模式控制

1. 单次转换模式和连续转换模式

单次转换模式下，ADC只执行一次转换。连续转换模式下，当前ADC转换结束后立即启动下一次转换。

每次转换完成后，如果是规则通道被转换，转换数据被存储在16位的ADC规则数据寄存器ADC_DR中，EOC（转换结束）标志被设置，如果设置了EOCIE，则产生中断；如果是注入通道被转换，转换数据被存储在16位的ADC注入数据寄存器ADC_JDR中，JEOC（注入转换结束）标志被设置，如果设置了JEOCIE位，则产生中断。

2. 扫描模式

此模式用来扫描一组模拟通道。ADC扫描被选中的所有通道。每个组的每个通道执行单次转换，在每个转换结束后，同一组的下一个通道被自动转换。

如果设置了连续模式位，转换不会在选择组的最后一个通道上停止，而是再次从选择组的第一个通道继续转换。

如果设置了DMA位，则在每次转换结束（EOC）后，DMA控制器会把规则组通道的转换数据传输到SRAM中。而注入通道转换的数据总是存储在ADC注入数据寄存器ADC_JDRx中。

3. 间断模式

（1）规则组间断模式。它可以用来执行一个短序列的n次转换（$n \leqslant 8$），例如，$n=3$，

被转换的通道 =0、1、2、3、6、7、9、10，则

1）第1次触发，转换的序列为0、1、2。

2）第2次触发，转换的序列为3、6、7。

3）第3次触发，转换的序列为9、10，并产生EOC事件。

4）第4次触发，转换的序列0、1、2。

（2）注入组间断模式。例如，$n=1$，被转换的通道 =1、2、3，则

1）第1次触发，通道1被转换。

2）第2次触发，通道2被转换。

3）第3次触发，通道3被转换，并且产生EOC和JEOC事件。

4）第4次触发，通道1被转换。

4. 双ADC模式

有2个或2个以上ADC模块的产品中，可以使用双ADC模式。在双ADC模式下，根据ADC1_CR1寄存器中DUALMOD［2:0］位所选的模式，转换的启动可以由ADC1主和ADC2从交替触发或同步触发。当所有ADC1/ADC2注入通道都被转换时，产生JEOC中断。

9.3.3 中断和DMA请求

1. ADC中断

规则组和注入组转换结束时能产生中断，当模拟看门狗状态位被设置为1时，也能产生中断。它们都有独立的中断使能位。

2. DMA请求

因为规则通道转换的值存储在一个仅有的数据寄存器中，所以当转换多个规则通道时需要使用DMA，这可以避免丢失已经存储在ADC_DR寄存器中的数据。只有在规则通道转换结束时才产生DMA请求，并将转换的数据从ADC_DR寄存器传输到用户指定的目的地址。

9.3.4 其他功能

1. 模拟看门狗

如果被ADC转换的模拟电压低于低阈值或高于高阈值，则AWD模拟看门狗状态位被置1。阈值位于ADC_HTR和ADC_LTR寄存器的最低12个有效位中。通过设置ADC_CR1寄存器的AWDIE位，以允许产生相应中断。阈值独立于由ADC_CR2寄存器上的ALIGN位选择的数据对齐模式。比较是在对齐之前完成的。通过配置ADC_CR1寄存器，模拟看门狗可以作用于1个或多个通道。

2. 校准

ADC有一个内置自校准模式。校准可大幅度减小因内部电容器组的变化而造成的准精度误差。在校准期间，每个电容器上都会计算出一个误差修正码，这个码用于消除在随后的转换中每个电容器上产生的误差。通过设置ADC_CR2寄存器的CAL位启动校准。校准结束，CAL位被硬件复位，可以开始正常转换。

3. 数据对齐

ADC_CR2寄存器中的ALIGN位选择转换后数据存储的对齐方式。数据可以右对齐或左对齐，如图9-3和图9-4所示。注入组通道转换的数据值已经减去了在ADC_JOFRx寄存器

中定义的偏移量，因此结果可以是一个负值。SEXT 位是扩展的符号值。对于规则组通道，不需要减去偏移值，因此只有 12 个位有效。

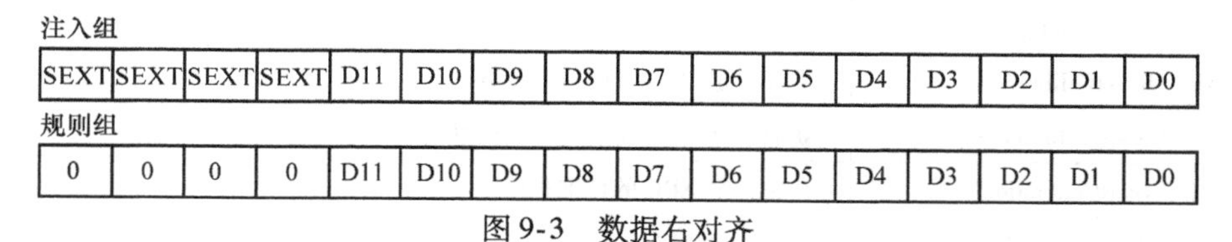

图 9-3　数据右对齐

注入组

SEXT	D11	D10	D9	D8	D7	D6	D5	D4	D3	D2	D1	D0	0	0	0

规则组

D11	D10	D9	D8	D7	D6	D5	D4	D3	D2	D1	D0	0	0	0	0

图 9-4　数据左对齐

4. 可编程的通道采样时间

ADC 使用若干个 ADC_CLK 周期对输入电压采样，采样周期数目可以通过 ADC_SMPR1 和 ADC_SMPR2 寄存器中的 SMP［2:0］位更改。每个通道可以分别用不同的时间采样。总转换时间计算如下：

TCONV = 采样时间 + 12.5 个周期。

5. 外部触发转换

转换可以由外部事件触发（如定时器捕获、EXTI 线），如果设置了 EXTTRIG 控制位，则外部事件就能够触发转换。EXTSEL［2:0］和 JEXTSEL［2:0］控制位允许应用程序选择 8 个可能事件中的某一个，触发规则和注入组的采样。

6. 温度传感器

温度传感器用来测量器件周围的温度，适合检测温度的变化，而不是测量绝对的温度，如果需要测量精确的温度，应该使用一个外置的温度传感器。温度传感器输出电压随温度线性变化，由于生产过程的变化，温度变化曲线的偏移在不同芯片上会有不同。

9.4　ADC 常用库函数

STM32 标准库中提供了几乎覆盖所有 ADC 操作的函数，见表 9-2，所有 ADC 相关函数均在 stm32f10x_adc.c 和 stm32f10x_adc.h 中进行定义和声明。为了理解这些函数的具体使用方法，本节对标准库中部分函数做详细介绍。

表 9-2　ADC 函数库

函数名称	功　能
ADC_DeInit	将外设 ADCx 的全部寄存器重设为缺省值
ADC_Init	根据 ADC_InitStruct 中指定的参数初始化外设 ADCx 的寄存器
ADC_StructInit	把 ADC_InitStruct 中的每一个参数按缺省值填入
ADC_Cmd	使能或者失能指定的 ADC
ADC_DMACmd	使能或者失能指定的 ADC 的 DMA 请求

（续）

函数名称	功　能
ADC_ITConfig	使能或者失能指定的 ADC 的中断
ADC_ResetCalibration	重置指定的 ADC 的校准寄存器
ADC_GetResetCalibrationStatus	获取 ADC 重置校准寄存器的状态
ADC_StartCalibration	开始指定 ADC 的校准程序
ADC_GetCalibrationStatus	获取指定 ADC 的校准状态
ADC_SoftwareStartConvCmd	使能或者失能指定的 ADC 的软件转换启动功能
ADC_GetSoftwareStartConvStatus	获取 ADC 软件转换启动状态
ADC_DiscModeChannelCountConfig	对 ADC 规则组通道配置间断模式
ADC_DiscModeCmd	使能或者失能指定的 ADC 规则组通道的间断模式
ADC_RegularChannelConfig	设置指定 ADC 的规则组通道，设置它们的转化顺序和采样时间
ADC_ExternalTrigConvConfig	使能或者失能 ADCx 的经外部触发启动转换功能
ADC_GetConversionValue	得到最近一次 ADCx 规则组的转换结果
ADC_GetDuelModeConversionValue	得到最近一次双 ADC 模式下的转换结果
ADC_AutoInjectedConvCmd	使能或者失能指定 ADC 在规则组转化后自动开始注入组转换
ADC_InjectedDiscModeCmd	使能或者失能指定 ADC 的注入组间断模式
ADC_ExternalTrigInjectedConvConfig	配置 ADCx 的外部触发启动注入组转换功能
ADC_ExternalTrigInjectedConvCmd	使能或者失能 ADCx 的经外部触发启动注入组转换功能
ADC_SoftwareStartinjectedConvCmd	使能或者失能 ADCx 软件启动注入组转换功能
ADC_GetsoftwareStartinjectedConvStatus	获取指定 ADC 的软件启动注入组转换状态
ADC_InjectedChannelConfig	设置指定 ADC 的注入组通道，设置它们的转化顺序和采样时间
ADC_InjectedSequencerLengthConfig	设置注入组通道的转换序列长度
ADC_SetinjectedOffset	设置注入组通道的转换偏移值
ADC_GetInjectedConversionValue	返回 ADC 指定注入通道的转换结果
ADC_AnalogWatchdogCmd	使能或者失能指定单个/全体，规则/注入组通道上的模拟看门狗
ADC_AnalogWatchdongThresholdsConfig	设置模拟看门狗的高/低阈值
ADC_AnalogWatchdongSingleChannelConfig	对单个 ADC 通道设置模拟看门狗
ADC_AnalogWatchdongThresholdsConfig	设置模拟看门狗的高/低阈值
ADC_TampSensorVrefintCmd	使能或者失能温度传感器和内部参考电压通道
ADC_GetFlagStatus	检查制定 ADC 标志位置 1 与否
ADC_ClearFlag	清除 ADCx 的待处理标志位
ADC_GetITStatus	检查指定的 ADC 中断是否发生
ADC_ClearITPendingBit	清除 ADCx 的中断待处理位

1. 函数 ADC_DeInit

函数 ADC_DeInit 的原型为 void ADC_DeInit（ADC_TypeDef* ADCx），使用方法如下：

```
/*将 ADC2 的全部寄存器重设为缺省值*/
ADC_DeInit（ADC2）;
```

2. 函数 ADC_Init

函数 ADC_Init 的原型为 void ADC_Init（ADC_TypeDef* ADCx，ADC_InitTypeDef* ADC_InitStruct），包含了指定外设 ADC 的配置信息，ADC_InitTypeDef 定义于文件“stm32f10x_adc.h”中，具体结构如下所示。

```
typedef struct
{
u32 ADC_Mode;
FunctionalState ADC_ScanConvMode;
FunctionalState ADC_ContinuousConvMode;
u32 ADC_ExternalTrigConv;
u32 ADC_DataAlign;
u8 ADC_NbrOfChannel;
} ADC_InitTypeDef
```

（1）成员 ADC_Mode 用来设置 ADC 工作在独立或者双 ADC 模式。ADC_Mode 的取值及含义如下：

ADC_Mode_Independent /* ADC1 和 ADC2 工作在独立模式 */

ADC_Mode_RegInjecSimult /* ADC1 和 ADC2 工作在同步规则模式和同步注入模式 */

ADC_Mode_RegSimult_AlterTrig /* ADC1 和 ADC2 工作在同步规则模式和交替触发模式 */

ADC_Mode_InjecSimult_FastInterl /* ADC1 和 ADC2 工作在同步规则模式和快速交替模式 */

ADC_Mode_InjecSimult_SlowInterl /* ADC1 和 ADC2 工作在同步注入模式和慢速交替模式 */

ADC_Mode_InjecSimult /* ADC1 和 ADC2 工作在同步注入模式 */

ADC_Mode_RegSimult /* ADC1 和 ADC2 工作在同步规则模式 */

ADC_Mode_FastInterl /* ADC1 和 ADC2 工作在快速交替模式 */

ADC_Mode_SlowInterl /* ADC1 和 ADC2 工作在慢速交替模式 */

ADC_Mode_AlterTrig /* ADC1 和 ADC2 工作在交替触发模式 */

（2）成员 ADC_ScanConvMode 规定了模/数转换工作在扫描模式还是单通道模式。可以设置这个参数为 ENABLE 或者 DISABLE。

（3）成员 ADC_ContinuousConvMode 规定了模/数转换工作在连续转换模式还是单次转换模式。可以设置这个参数为 ENABLE 或者 DISABLE。

（4）成员 ADC_ExternalTrigConv 定义了使用外部触发来启动规则通道的模/数转换，ADC_ExternalTrigConv 的取值及含义如下：

ADC_ExternalTrigConv_T1_CC1 /* 选择定时器 1 的捕获比较 1 作为转换外部触发 */

ADC_ExternalTrigConv_T1_CC2 /* 选择定时器 1 的捕获比较 2 作为转换外部触发 */

ADC_ExternalTrigConv_T1_CC3 /* 选择定时器 1 的捕获比较 3 作为转换外部触发 */

ADC_ExternalTrigConv_T2_CC2　/＊ 选择定时器 2 的捕获比较 2 作为转换外部触发 ＊/
ADC_ExternalTrigConv_T3_TRGO　/＊选择定时器 3 的 TRGO 作为转换外部触发 ＊/
ADC_ExternalTrigConv_T4_CC4　/＊ 选择定时器 4 的捕获比较 4 作为转换外部触发 ＊/
ADC_ExternalTrigConv_Ext_IT11　/＊ 选择外部中断线 11 事件作为转换外部触发 ＊/
ADC_ExternalTrigConv_None　/＊ 转换由软件而不是外部触发启动 ＊/

（5）成员 ADC_DataAlign 规定了 ADC 数据左边对齐还是右边对齐。ADC_DataAlign 的取值及含义如下：

ADC_DataAlign_Right　/＊ ADC 数据右对齐 ＊/
ADC_DataAlign_Left　/＊ ADC 数据左对齐 ＊/

（6）成员 ADC_NbrOfChannel 规定了顺序进行规则转换的 ADC 通道的数目，这个数目的取值范围是 1～16。

该函数使用方法如下：

```
/＊ 初始化 ADC1 ＊/
ADC_InitTypeDef ADC_InitStructure;
ADC_InitStructure. ADC_Mode = ADC_Mode_Independent;
ADC_InitStructure. ADC_ScanConvMode = ENABLE;
ADC_InitStructure. ADC_ContinuousConvMode = DISABLE;
ADC_InitStructure. ADC_ExternalTrigConv =ADC_ExternalTrigConv_Ext_IT11;
ADC_InitStructure. ADC_DataAlign = ADC_DataAlign_Right;
ADC_InitStructure. ADC_NbrOfChannel = 16;
ADC_Init(ADC1, &ADC_InitStructure);
```

3. 函数 ADC_ StructInit

函数 ADC_StructInit 的原型为 void ADC_StructInit（ADC_InitTypeDef* ADC_InitStruct），使用方法如下：

```
/＊ 初始化一个 ADC_InitStructure ＊/
ADC_InitTypeDef ADC_InitStructure;
ADC_StructInit (&ADC_InitStructure);
```

4. 函数 ADC_Cmd

函数 ADC_Cmd 的原型为 void ADC_Cmd（ADC_TypeDef* ADCx，FunctionalState NewState），使用方法如下：

```
/＊ 使能 ADC1 ＊/
ADC_Cmd(ADC1, ENABLE);
```

5. 函数 ADC_DMACmd

函数 ADC_DMACmd 的原型为 ADC_DMACmd（ADC_TypeDef* ADCx，FunctionalState NewState），使用方法如下：

```
/* 使能 ADC2 的 DMA 接收发送请求 */
ADC_DMACmd(ADC2, ADC_DMAReq_Rx | ADC_DMAReq_Tx, ENABLE);
```

6. 函数 ADC_ITConfig

函数 ADC_ITConfig 的原型为 void ADC_ITConfig (ADC_TypeDef* ADCx, u16 ADC_IT, FunctionalState NewState)，使能或者失能 ADC 的中断。ADC_IT 可以取一个或者多个的组合作为该参数的值，取值及含义如下：

ADC_IT_EOC /* EOC 中断 */

ADC_IT_AWD /* AWDOG 中断 */

ADC_IT_JEOC /* JEOC 中断 */

使用方法如下：

```
/* 使能 ADC2 的 EOC 和 AWDOG 中断 */
ADC_ITConfig(ADC2, ADC_IT_EOC | ADC_IT_AWD, ENABLE);
```

7. 函数 ADC_DiscModeChannelCountConfig

函数 ADC_DiscModeChannelCountConfig 的原型为 void ADC_DiscModeChannelCountConfig (ADC_TypeDef* ADCx, u8 Number)，使用方法如下：

```
/* 设置 ADC1 间断模式规则组通道计数器的值为 2 */
ADC_DiscModeChannelCountConfig(ADC1, 2);
```

8. 函数 ADC_ DiscModeCmd

函数 ADC_ DiscModeCmd 的原型为 void ADC_ DiscModeCmd (ADC_ TypeDef* ADCx, FunctionalState NewState)，使用方法如下：

```
/* 使能 ADC1 规则通道的间断模式 */
ADC_DiscModeCmd(ADC1, ENABLE);
```

9. 函数 ADC_RegularChannelConfig

函数 ADC_RegularChannelConfig 的原型为 void ADC_RegularChannelConfig (ADC_TypeDef * ADCx, u8 ADC_Channel, u8 Rank, u8 ADC_SampleTime)，ADC_Channel 指定了通过调用函数 ADC_RegularChannelConfig 来设置的 ADC 通道。ADC_Channel 的取值：ADC_Channel_X，X 取 0～17 时，分别表示选择 ADC 通道 0～17。ADC_SampleTime 设定了选中通道的 ADC 采样时间。ADC_SampleTime 的取值及含义如下：

```
ADC_SampleTime_1Cycles5     /* 采样时间为 1.5 周期 */
ADC_SampleTime_7Cycles5     /* 采样时间为 7.5 周期 */
ADC_SampleTime_13Cycles5    /* 采样时间为 13.5 周期 */
ADC_SampleTime_28Cycles5    /* 采样时间为 28.5 周期 */
ADC_SampleTime_41Cycles5    /* 采样时间为 41.5 周期 */
ADC_SampleTime_55Cycles5    /* 采样时间为 55.5 周期 */
```

ADC_SampleTime_71Cycles5　　/* 采样时间为71.5周期 */
ADC_SampleTime_239Cycles5　/* 采样时间为239.5周期 */
该函数使用方法如下：

```
/* 配置 ADC1 的通道 2 为第一个转换通道,采样时间为 7.5 周期 */
ADC_RegularChannelConfig(ADC1, ADC_Channel_2, 1, ADC_SampleTime_7Cycles5);
/* 配置 ADC1 的通道 8 为第二个转换通道,采样时间为 1.5 周期 */
ADC_RegularChannelConfig(ADC1, ADC_Channel_8, 2, ADC_SampleTime_1Cycles5);
```

10. 函数 ADC_GetConversionValue

函数 ADC_GetConversionValue 的原型为 u16 ADC_GetConversionValue（ADC_TypeDef* ADCx），使用方法如下：

```
/*  得到 ADC1 的转换结果 */
u16 DataValue;
DataValue = ADC_GetConversionValue(ADC1);
```

11. 函数 ADC_InjectedChannelConfig

函数 ADC_InjectedChannelConfig 的原型为 void ADC_InjectedChannelConfig（ADC_TypeDef* ADCx，u8ADC_Channel，u8Rank，u8 ADC_SampleTime），使用方法如下：

```
/* 配置 ADC1 的通道 2 为第二个转换通道,采样时间为 28.5 周期 */
ADC_InjectedChannelConfig(ADC1, ADC_Channel_2, 2, ADC_SampleTime_28Cycles5);
/* 配置 ADC2 的通道 4 为第 11 个转换通道,采样时间为 71.5 周期 */
ADC_InjectedChannelConfig(ADC2, ADC_Channel_4, 11, ADC_SampleTime_71Cycles5);
```

12. 函数 ADC_InjectedSequencerLengthConfig

函数 ADC_InjectedSequencerLengthConfig 的原型为 void ADC_InjectedSequencerLengthConfig（ADC_TypeDef* ADCx，u8 Length），使用方法如下：

```
/* 设置 ADC1 注入组通道的转换序列长度为 4 */
ADC_InjectedSequencerLengthConfig(ADC1, 4);
```

13. 函数 ADC_GetFlagStatus

函数 ADC_GetFlagStatus 的原型为 FlagStatus ADC_GetFlagStatus（ADC_TypeDef* ADCx，u8 ADC_FLAG），ADC_FLAG 的取值及含义如下：

ADC_FLAG_AWD　　/* 模拟看门狗标志位 */
ADC_FLAG_EOC　　/* 转换结束标志位 */
ADC_FLAG_JEOC　　/* 注入组转换结束标志位 */
ADC_FLAG_JSTRT　/* 注入组转换开始标志位 */

ADC_FLAG_STRT　　/* 规则组转换开始标志位 */

该函数使用方法如下：

```
/* 检测 ADC1 EOC 是否为 1 */
FlagStatus Status;
Status = ADC_GetFlagStatus(ADC1, ADC_FLAG_EOC);
```

14. 函数 ADC_ClearFlag

函数 ADC_ClearFlag 的原型为 void ADC_ClearFlag (ADC_TypeDef* ADCx, u8 ADC_FLAG)，使用方法如下：

```
/* 清除 ADC2 STRT 标志 */
ADC_ClearFlag(ADC2, ADC_FLAG_STRT);
```

15. 函数 ADC_GetITStatus

函数 ADC_GetITStatus 的原型为 ITStatus ADC_GetITStatus (ADC_TypeDef* ADCx, u16 ADC_IT)，使用方法如下：

```
/* 检测 ADC1 AWD 中断是否发生 */
ITStatus Status;
Status = ADC_GetITStatus(ADC1, ADC_IT_AWD);
```

16. 函数 ADC_ClearITPendingBit

函数 ADC_ClearITPendingBit 的原型为 void ADC_ClearITPendingBit (ADC_TypeDef* ADCx, u16 ADC_IT)，使用方法如下：

```
/* 清除 ADC2 JEOC 中断 */
ADC_ClearITPendingBit(ADC2, ADC_IT_JEOC);
```

9.5 ADC 使用流程

STM32 的 ADC 功能较多，可以 DMA、中断等方式进行数据的传输，结合标准库并根据实际需要，按步骤进行配置，可以大大提高 ADC 的使用效率，ADC 配置流程如图 9-5 所示。

如果使用中断功能，还需要进行中断配置；如果使用 DMA 功能，需要进行 DMA 配置。值得注意的是 DMA 通道外设基地址的计算，对于 ADC1，其 DMA 通道外设基地址为 ADC1 外设基地址（0x4001 2400）加上 ADC 数据寄存器（ADC_DR）的偏移地址（0x4C），即 0x4001 244C。

ADC 设置完成后，根据触发方式，当满足触发条件时 ADC 进行转换。如不使用 DMA 传输，通过函数 ADC_GetConversionValue 可得到转换后的值。

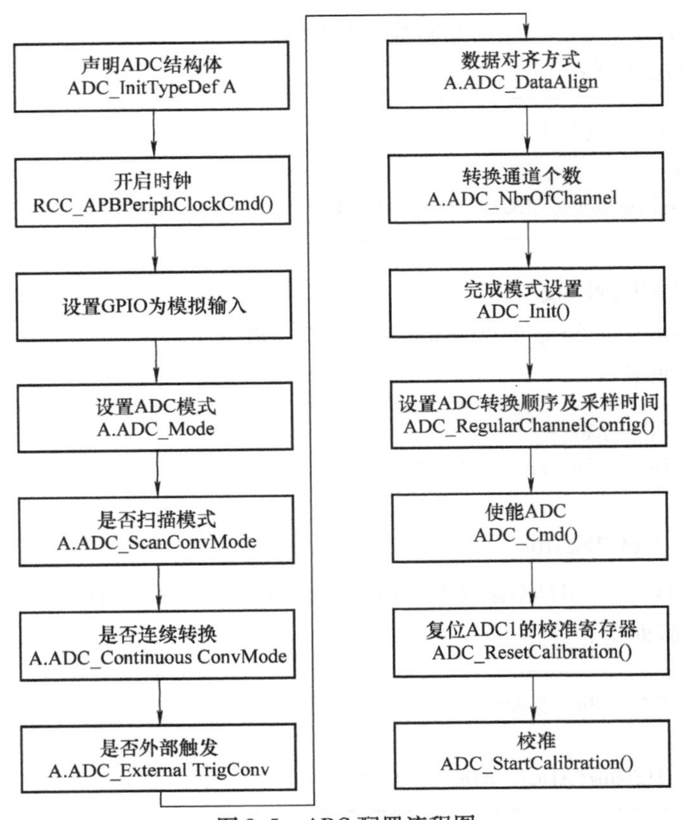

图 9-5　ADC 配置流程图

9.6　ADC 应用设计

9.6.1　ADC 应用实例 1：电压采集及传输

利用 STM32 的 ADC 采集电压信号，电路原理如图 9-6 所示，PB0 经 2kΩ 限流电阻（防止电位器电阻为零时，输入大电流烧毁单片机）接电位器滑动触头，当滑动触头位于最上端时，输入电压为 3.3V，当滑动触头位于最下端时，输入电压为 0V，即该电路电压采集范围为 0～3.3V。

根据表 2－2 引脚第二功能，PB0 对应 ADC 的输入通道 8，因此采用 ADC 通道 8 进行电压采集。要求 ADC 通过 DMA 方式连续采样电压，并每隔约 1s 时间通过 USART 上传电压值至上位机，通过串口调试助手观察采集结果。

ADC 电压采集传输程序流程图如图 9-7 所示。

根据要求，程序完成以下工作：

1）配置 USART，实现 USART 发送功能，发送 ADC 转换结果和实际电压值。

2）配置 DMA 通道 1 用于 ADC 传输转换结果。

3）配置 ADC，完成 A/D 转换，实现电压采集。

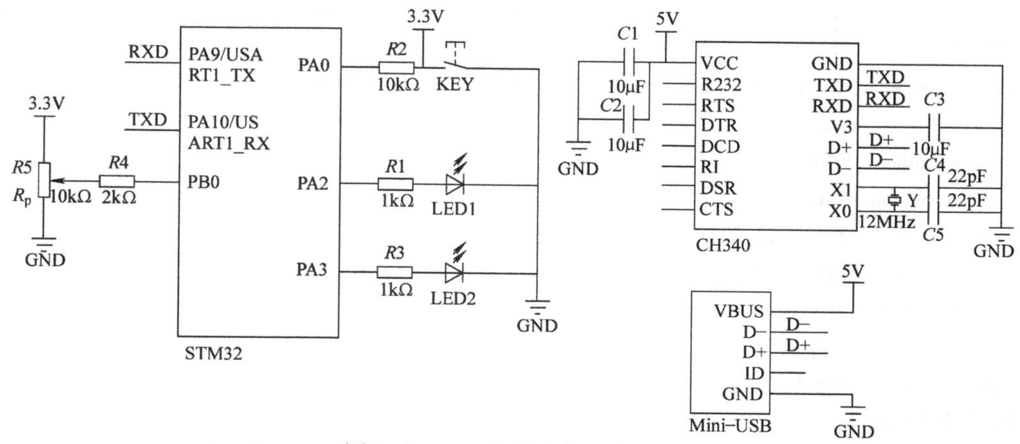

图 9-6　ADC 电压采集电路原理

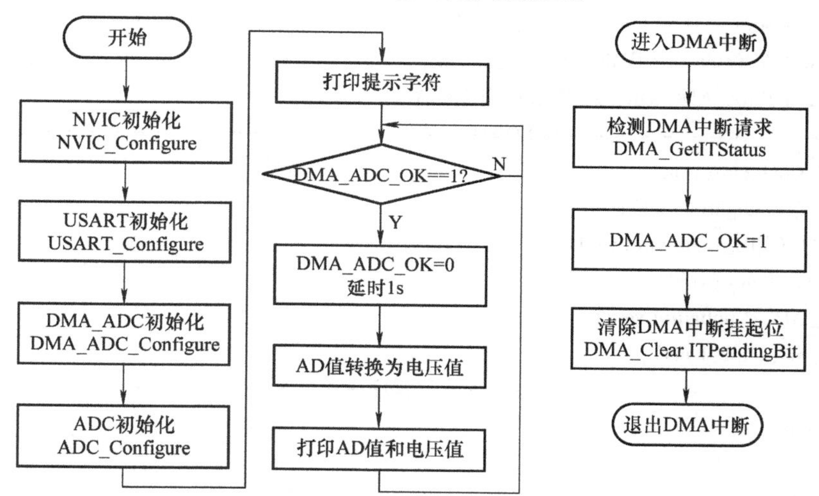

图 9-7　ADC 电压采集传输程序流程图

基于 MDK 和函数库方法创建工程并根据流程图编写程序，本例将主程序及驱动程序均放在 main. c 中，并将初始化写成函数模块，中断服务程序放在 stm32f10x_it. c 中。工程文件结构如图 9-8 所示。

main. c 和 stm32f10x _ it. c 程序如下：

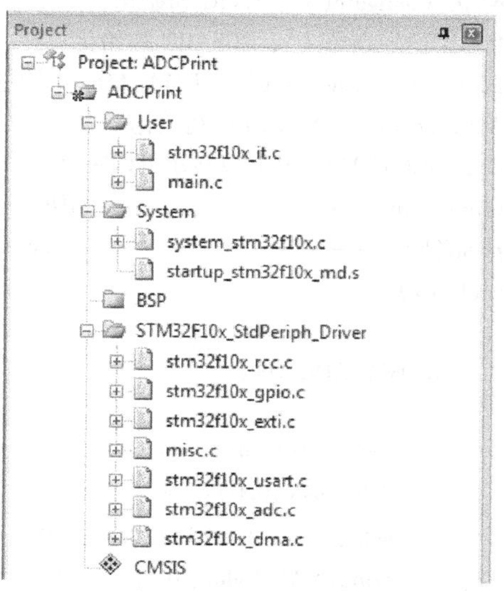

图 9-8　工程文件结构

main. c

```
/*   ****************************************
  * @file      main. c
  * @author    YSU Team
  * @version V1. 0
  * @date      2018 - 02 - 24
  * @brief     主程序源文件
  ****************************************/
/* ---------------头文件包含---------------------- */
#include " stm32f10x. h"
#include " stdio. h"
#define ADC1_DR_Address ((uint32_t)0x40012400 +0x4C)//ADC 数据外设基地址
/* ---------------全局变量-------------------- */
__IO uint16_t ADCConvertedValue;//AD 值
__IO uint32_t DMA_ADC_OK;//AD 采集完成标志
/* ---------------函数声明-------------------- */
void NVIC_Configure(void);
void USART_Configure(void);
void USART_GPIO_Configure(void);
void ADC_Configure(void);
void DMA_ADC_Configure(void);
void delay_ms(int32_t ms);
/* ------------------------主程序-------------------- */
int main(void)
{
    float voltage;//电压值
    NVIC_Configure();//NVIC 初始化
    USART_Configure();//USART 初始化
    DMA_ADC_Configure();//DMA_ADC 初始化
    ADC_Configure();//ADC 初始化
    delay_ms(100);//延时以显示打印字符
    printf(" \n ------------ADC Voltage Acquisition----------- \n");
    printf(" \n ------------Complete Initialization---------- \n");
    while (1)
    {
        if(DMA_ADC_OK)
        {
            DMA_ADC_OK = 0;
            delay_ms(1000);//延时 1s
            voltage = (float)ADCConvertedValue * (3.3/4096);//AD 值转换为电压值
            printf(" AD Value: 0x%04x\n", ADCConvertedValue);//打印 AD 值
            printf(" Voltage: %.2f V\n", voltage);//打印电压值,两位小数
```

```
        }
      }
  }
/* * @简介:NVIC 初始化
  * @参数: 无
  * @返回值:无   */
void NVIC_Configure(void)
{
    /* 定义 NVIC 结构体 */
    NVIC_InitTypeDef NVIC_InitStructure;
    /* DMA 通道 1 中断配置 */
    NVIC_PriorityGroupConfig(NVIC_PriorityGroup_1);
    NVIC_InitStructure.NVIC_IRQChannel = DMA1_Channel1_IRQn;
    NVIC_InitStructure.NVIC_IRQChannelPreemptionPriority = 0;
    NVIC_InitStructure.NVIC_IRQChannelSubPriority = 0;
    NVIC_InitStructure.NVIC_IRQChannelCmd = ENABLE;
    NVIC_Init(&NVIC_InitStructure);
}
/* * @简介:USART 初始化
  * @参数: 无
  * @返回值:无   */
void USART_Configure(void)
{
    /* 定义 USART 初始化结构体 */
    USART_InitTypeDef USART_InitStructure;
    /* 打开 USART1 时钟 */
    RCC_APB2PeriphClockCmd(RCC_APB2Periph_USART1, ENABLE);
    /* 配置 USART1 相关引脚 */
    USART_GPIO_Configure();
    /* 配置 USART 波特率、数据位、停止位、奇偶校验、硬件流控制和模式 */
    USART_InitStructure.USART_BaudRate = 9600;//波特率为 9600bit/s
    USART_InitStructure.USART_WordLength = USART_WordLength_8b;//8 位数据
    USART_InitStructure.USART_StopBits = USART_StopBits_1;//1 个停止位
    USART_InitStructure.USART_Parity = USART_Parity_No;//无奇偶校验
    USART_InitStructure.USART_HardwareFlowControl = USART_HardwareFlowControl_None;//无硬件
流控制
    USART_InitStructure.USART_Mode = USART_Mode_Rx | USART_Mode_Tx;//接收和发送模式
    /* 完成配置 */
    USART_Init(USART1, &USART_InitStructure);
    /* 使能 USART1 */
    USART_Cmd(USART1, ENABLE);
}
```

```
/ * * @简介:USART_GPIO 初始化
  * @参数: 无
  * @返回值:无   */
void USART_GPIO_Configure(void)
{
    /* 定义 GPIO 初始化结构体 */
    GPIO_InitTypeDef GPIO_InitStructure;
    /* 打开 GPIOA、AFIO 和 USART1 时钟 */
    RCC_APB2PeriphClockCmd(RCC_APB2Periph_GPIOA | RCC_APB2Periph_AFIO | RCC_APB2Periph_
USART1, ENABLE);
    /* 配置 PA9(USART_Tx)为复用推挽输出,IO 速度 50MHz */
    GPIO_InitStructure.GPIO_Pin = GPIO_Pin_9;
    GPIO_InitStructure.GPIO_Speed = GPIO_Speed_50MHz;
    GPIO_InitStructure.GPIO_Mode = GPIO_Mode_AF_PP;
    /* 完成配置 */
    GPIO_Init(GPIOA, &GPIO_InitStructure);
    /* 配置 PA10(USART1_Rx)为浮空输入 */
    GPIO_InitStructure.GPIO_Pin = GPIO_Pin_10;
    GPIO_InitStructure.GPIO_Mode = GPIO_Mode_IN_FLOATING;
    /* 完成配置 */
    GPIO_Init(GPIOA, &GPIO_InitStructure);
}
/ * * @简介:将 C 库中 printf 重定向到 USART
  * @参数: ch - 待发送字符,f - 指定文件
  * @返回值:ch   */
int fputc(int ch, FILE *f)
{
    USART_SendData(USART1, (u8)ch);
    while(!(USART_GetFlagStatus(USART1, USART_FLAG_TXE) == SET));
    return ch;
}
/ * * @简介:ADC 初始化
  * @参数: 无
  * @返回值:无   */
void ADC_Configure(void)
{
    /* 定义 GPIO 和 ADC 初始化结构体 */
    GPIO_InitTypeDef GPIO_InitStructure;
    ADC_InitTypeDef ADC_InitStructure;
    /* 使能时钟,并配置 PB0 为模拟输入 */
    RCC_APB2PeriphClockCmd(RCC_APB2Periph_GPIOB | RCC_APB2Periph_ADC1, ENABLE);
```

```
    GPIO_InitStructure.GPIO_Pin = GPIO_Pin_0;
    GPIO_InitStructure.GPIO_Mode = GPIO_Mode_AIN;
    GPIO_Init(GPIOB, &GPIO_InitStructure);
    /* 设置 ADC 工作模式:独立、扫描、连续、无外部触发、数据右对齐、1 个转换 */
    ADC_InitStructure.ADC_Mode = ADC_Mode_Independent;//独立
    ADC_InitStructure.ADC_ScanConvMode = ENABLE;//扫描
    ADC_InitStructure.ADC_ContinuousConvMode = ENABLE;//连续
    ADC_InitStructure.ADC_ExternalTrigConv = ADC_ExternalTrigConv_None;//无外部触发
    ADC_InitStructure.ADC_DataAlign = ADC_DataAlign_Right;//数据右对齐
    ADC_InitStructure.ADC_NbrOfChannel = 1;//1 个转换
    /* 完成配置 */
    ADC_Init(ADC1, &ADC_InitStructure);
    /* 配置 ADC1 转换通道,PB0 对应通道 8 */
    ADC_RegularChannelConfig(ADC1, ADC_Channel_8, 1, ADC_SampleTime_55Cycles5);
    /* 使能 ADC1 对应的 DMA */
    ADC_DMACmd(ADC1, ENABLE);
    /* 使能 ADC1 */
    ADC_Cmd(ADC1, ENABLE);
    /* 复位 ADC1 的校准寄存器 */
    ADC_ResetCalibration(ADC1);
    /* 等待 ADC 校准寄存器复位完成 */
        while(ADC_GetResetCalibrationStatus(ADC1));
    /* 开始校准 ADC */
    ADC_StartCalibration(ADC1);
    /* 等待校准完成 */
    while(ADC_GetCalibrationStatus(ADC1));
    /* 软件方式触发 ADC */
    ADC_SoftwareStartConvCmd(ADC1, ENABLE);
}
/** @简介:DMA_ADC 初始化
  * @参数: 无
  * @返回值:无 */
void DMA_ADC_Configure(void)
{
    /* 定义 DMA 初始化结构体 */
    DMA_InitTypeDef DMA_InitStructure;
    /* 打开 DMA 时钟 */
    RCC_AHBPeriphClockCmd(RCC_AHBPeriph_DMA1, ENABLE);
    /* 外设基地址 */
    DMA_InitStructure.DMA_PeripheralBaseAddr = ADC1_DR_Address;
    /* RAM 基地址 */
```

```
    DMA_InitStructure.DMA_MemoryBaseAddr = (uint32_t)&ADCConvertedValue;
    /* 传输方向,外设为源地址 */
    DMA_InitStructure.DMA_DIR = DMA_DIR_PeripheralSRC;
    /* 缓冲区大小,即一次传输的数据量,范围为 0~65536,此处为 1 */
    DMA_InitStructure.DMA_BufferSize = 1;
    /* 外设和 RAM 地址不自增 */
    DMA_InitStructure.DMA_PeripheralInc = DMA_PeripheralInc_Disable;
    DMA_InitStructure.DMA_MemoryInc = DMA_MemoryInc_Disable;
    /* 外设和 RAM 数据宽度,AD 为 12 位,因此宽度为半字(16 位) */
    DMA_InitStructure.DMA_PeripheralDataSize = DMA_PeripheralDataSize_HalfWord;
    DMA_InitStructure.DMA_MemoryDataSize = DMA_MemoryDataSize_HalfWord;
    /* 传输模式,循环传送 */
    DMA_InitStructure.DMA_Mode = DMA_Mode_Circular;
    /* 优先级高 */
    DMA_InitStructure.DMA_Priority = DMA_Priority_High;
    /* 非内存到内存传输 */
    DMA_InitStructure.DMA_M2M = DMA_M2M_Disable;
    /* 完成配置 */
    DMA_Init(DMA1_Channel1, &DMA_InitStructure);
    /* 允许传输完成中断 */
    DMA_ITConfig(DMA1_Channel1, DMA_IT_TC, ENABLE);
    /* 开启 DMA */
    DMA_Cmd(DMA1_Channel1, ENABLE);
}
/** @简介:软件延时函数,单位 ms
  * @参数: 延时毫秒数
  * @返回值:无   */
void delay_ms(int32_t ms)
{
    int32_t i;
    while(ms--)
    {
        i=7500;//开发板晶振 8MHz 时的经验值
        while(i--);
    }
}
```

```
stm32f10x_it.c
......
/* Private typedef -----------------------------------------------------------*/
/* Private define ------------------------------------------------------------*/
```

```
/* Private macro ---------------------------------------*/
/* Private variables ------------------------------------*/
/* Private function prototypes ----------------------------------*/
/* Private functions ----------------------------------------*/

/*--------声明外部变量-----------------*/
extern __IO uint32_t DMA_ADC_OK;
……
/** @brief  This function handles PPP interrupt request.
  * @param  None
  * @retval None   */
/*void PPP_IRQHandler(void)
{
}*/
/** @简介:DMA1 通道 1 中断服务程序
  * @参数: 延时毫秒数
  * @返回值:无   */
void DMA1_Channel1_IRQHandler(void)
{
    /* 检测 DMA1 Channel1 传输完成中断 */
    if(DMA_GetITStatus(DMA1_IT_TC1))
    {
        /* 传输完成标志置 1 */
        DMA_ADC_OK = 1;
        /* 清除中断 */
        DMA_ClearITPendingBit(DMA1_IT_GL1);
    }
}
```

编译程序后，将程序下载到开发板。打开串口调试助手，设置串口号、波特率、数据位和停止位，打开串口，可以看到电压采集结果，如图9-9所示，改变电位器阻值，可采集相应电压。

将驱动程序放在不同文件中实现模块化，方法见第4章应用实例2，模块化工程文件结构如图9-10所示。

9.6.2 ADC应用实例2：模拟数字量综合测控系统

本例将设计一个模拟数字量综合测控系统（又称1120－1测控系统）：1路开关量输入，1路模拟量输入，2路开关量输出，0路模拟量输出，1路串口输出。电路原理如图9-6所示，要求如下：

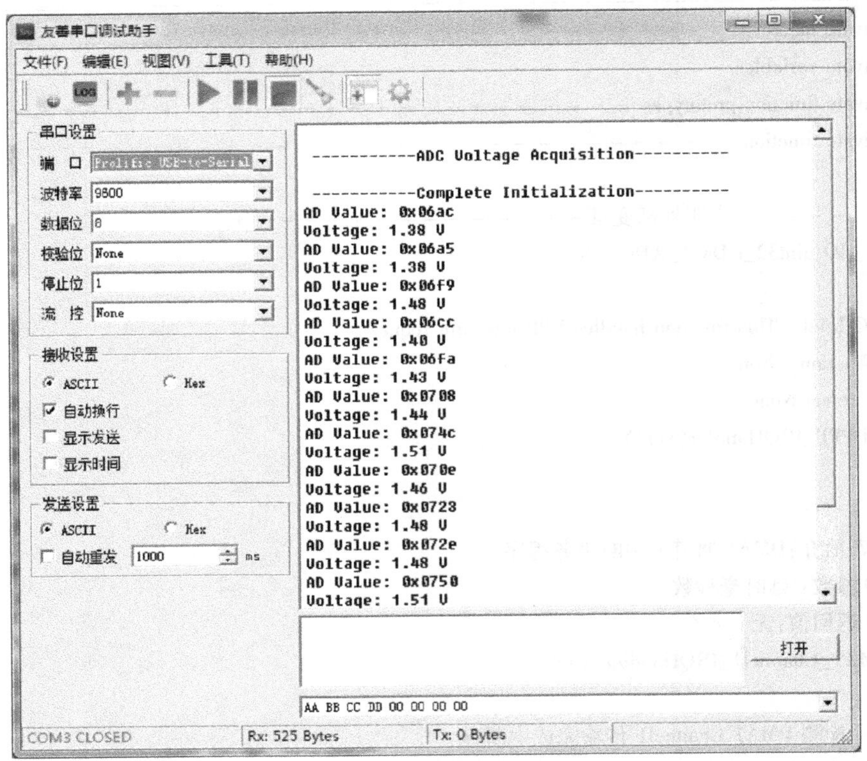

图 9-9 电压采集结果

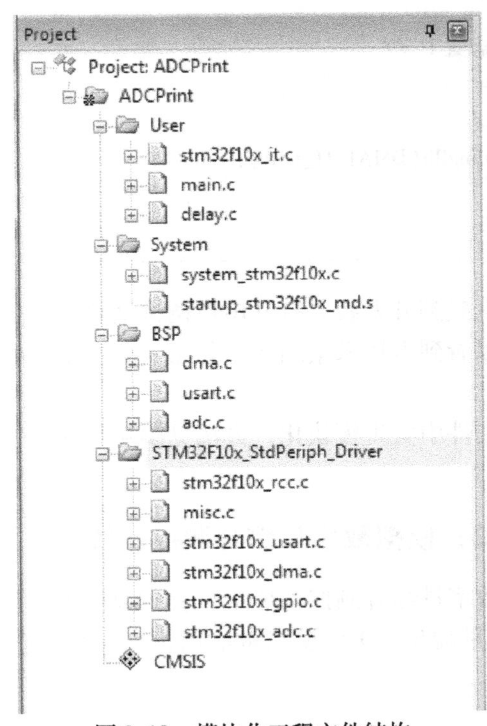

图 9-10 模块化工程文件结构

1）通过按键模拟开关量输入，通过LED1和LED2模拟开关量输出。当按键按下时LED2亮，按键松开时LED2灭。

2）电位器电压为模拟量输入，电压正常时LED1灭，电压超限时LED1亮。

3）下位机间隔1s向上位机上传LED1、LED2状态信息和电压值，通信协议见表9-3，采用十六进制表示。

表9-3 下位机上传信息通信协议

协议头（4字节）	数据来源（1字节）	LED1状态（1字节）	LED2状态（1字节）	电压（2字节）	保留（1字节）
03D1D2AD	01：下位机	00：灭 01：亮	00：灭 01：亮	高位：整数 低位：小数	00

根据要求，主程序流程图如图9-11所示，中断服务程序流程图如图9-12所示。

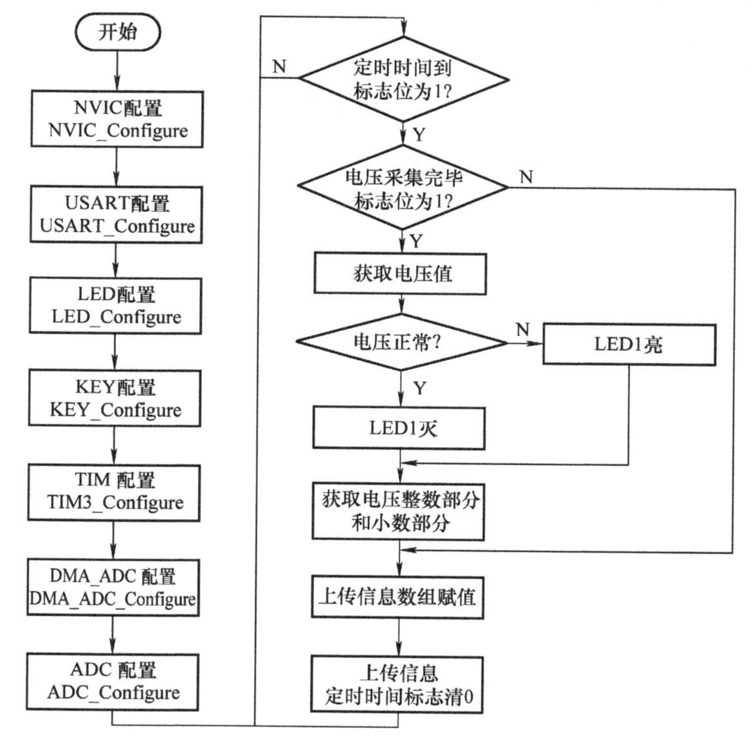

图9-11 主程序流程图

本例采用模块化编程，模块化工程文件结构如图9-13所示。

将编译好的程序下载到开发板，打开并配置好串口调试助手，按下按键可以看到LED2亮，松开后LED2灭，对照表9-3的通信协议，上传的信息如图9-14所示。

每次上传的信息包含表9-3中的内容：协议头（4字节）、数据来源（1字节）、LED1状态（1字节）、LED2状态（1字节）、电压（2字节）、保留（1字节）。该程序按照这个协议将检测到的信息传输到上位机，上位机可以进一步处理。实现了嵌入式采集数据，PC的批量处理功能对工程设计具有参考价值。

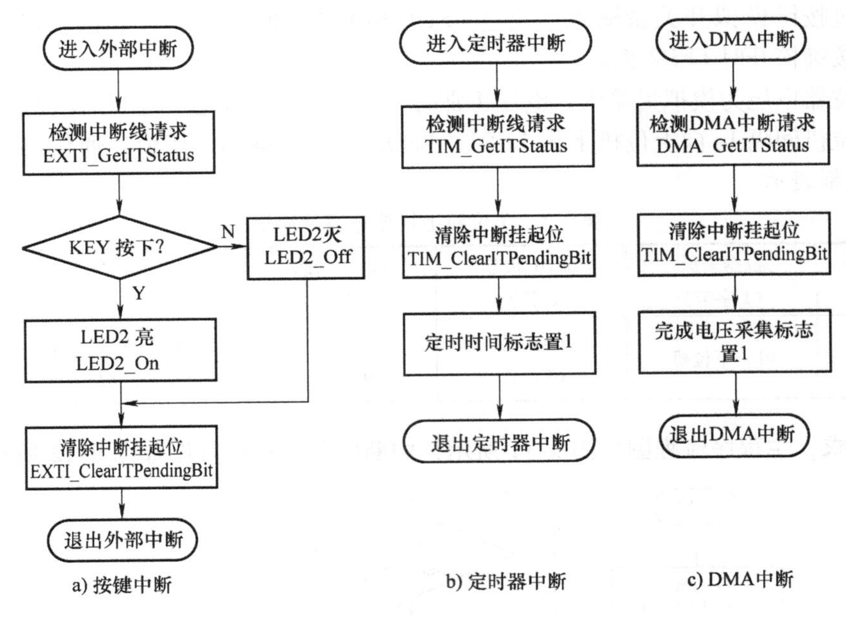

图 9-12　中断服务程序流程图

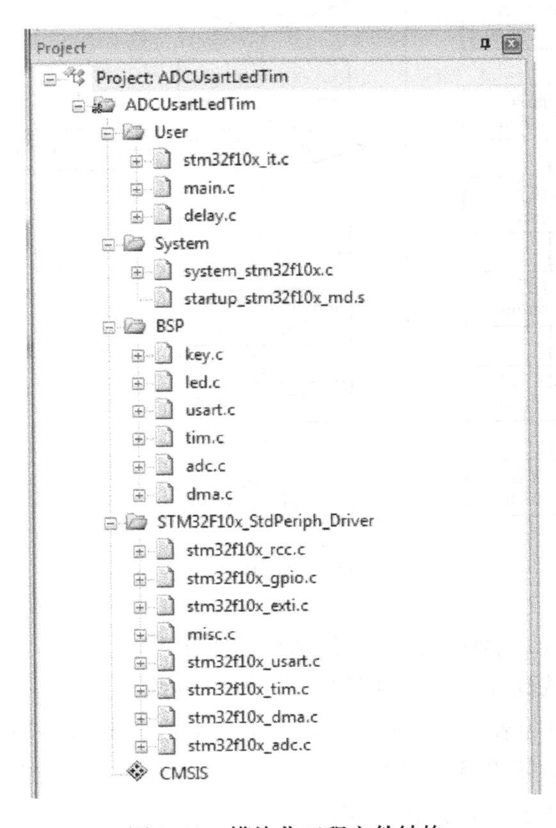

图 9-13　模块化工程文件结构

图 9-14　串口调试助手显示的按照协议上传的信息

思考系统需求及程序设计流程，设计具有 2 路开关量输入、2 路模拟量输入、4 路开关量输出、1 路串口输出的测控系统。

思考与练习

1. ADC 有哪些主要参数？其含义是什么？ADC 最重要的两个指标是什么？
2. 按照转换过程的不同，ADC 可以分为哪几种？
3. STM32 的 ADC 的位数是多少？可测量多少信号源？
4. STM32 的 ADC 的测量范围是多少？如果测量 7.2V 电压，需要如何处理电路？
5. STM32 的 ADC 可测量的正弦模拟信号的频率最高为多少？
6. STM32 的 ADC 规则组和注入组有什么区别？
7. STM32 的 ADC 单次转换模式和连续转换模式的区别是什么？
8. 举例说明 STM32 的 ADC 的扫描模式及 STM32 的 ADC 间断模式。
9. 列举几个 ADC 常用函数，并描述其功能。
10. 简述 ADC_InitTypeDef 结构的 ADC_ExternalTrigConv 成员的作用。
11. 解释配置语句“ADC_RegularChannelConfig（ADC1，ADC_Channel_2，1，ADC_SampleTime_7Cycles5）;”的含义。
12. 简述 ADC 的配置流程。

第10章 STM32的集成电路总线 I^2C

为了满足特殊应用，嵌入式系统通常需要扩展一些外设，例如EEPROM、Flash、LCD、ADC、DAC等。常采用微控制器的内存映射并通过并行总线来扩展这些外设。

然而，有些外设不需要很高的速度，如EEPROM存储器，写一次数据要数毫秒，并不需要高速的并行总线。这种情况下，由于并行总线数量较多，有时需要译码器电路进行地址分配，使整个系统逻辑结构变得复杂。大量的地址、数据总线也降低了系统的可靠性，增加了PCB成本，也容易产生电磁干扰。

I^2C（Inter－integrated Circuit）总线协议是飞利浦半导体（恩智浦半导体的前身）提出的用于集成电路（Integrated Circuit，IC）器件互联的两线制互联总线规范，有些文献也称作IIC总线。该总线主要用于电路板内部集成电路之间的连接通信，它是一种多主机通信总线结构，采用双向2线制数据传输方式，支持任何一种IC制造工艺，简化了通信连接，目前I^2C总线已经成为事实上的世界总线标准。I^2C总线已经被大多数的芯片厂家所采用，在快速传输模式下的速度可以达到1Mbit/s，通信长度不变。I^2C总线始终和先进技术保持同步，但仍保持向下兼容。随着技术进一步成熟，I^2C总线必将会得到更广泛的应用。

10.1 I^2C总线通信简介

10.1.1 I^2C总线特点

I^2C总线通过串行数据线SDA和串行时钟线SCL两根线来完成数据的传输和外围器件的扩展，器件地址采用软件寻址方式。满足I^2C标准的器件以及不同工艺和电平范围的器件均可连接到同一条总线上，这大大简化了系统设计。由于I^2C总线是一种多主机总线系统，当不同单元同时发送数据时，可以通过仲裁方式解决数据冲突，不会造成总线数据丢失。

I^2C总线的特点如下：

1）在硬件上，I^2C总线只需要1根数据线和1根时钟线，总线接口已经集成在芯片内部，不需要特殊的接口电路，而且片上接口电路的滤波器可以滤去总线上的数据毛刺，因此I^2C总线可以简化硬件电路PCB布线，降低系统成本，提高系统可靠性。I^2C芯片除了这两根线和少量中断线，与系统不再有连接的线，用户用I^2C总线可以很容易地形成标准化和模块化，便于重复利用。

2）I^2C总线是一个真正的多主机总线，如果2个或多个主机同时初始化数据传输，可以通过冲突检测和仲裁防止数据被破坏，每个连接到总线上的器件都有唯一的地址，任何器件既可以作为主机也可以作为从机，但同一时刻只允许有一个主机。数据传输和地址设定由软件设定，非常灵活。总线上的器件增加和删除不影响其他器件的正常工作。

3）I^2C 总线可以通过外部连线进行在线检测，便于系统故障诊断和调试，故障可以立即被寻址，软件也利于标准化和模块化，缩短开发时间。

4）连接到相同总线上的 IC 数量只受总线最大电容的限制，串行的 8 位双向数据传输位速率在标准模式下可达 100kbit/s，快速模式下可达 400kbit/s，高速模式下可达 3.4Mbit/s。

5）I^2C 总线具有极低的电流消耗，抗噪声干扰能力强，增加总线驱动器可以使总线电容扩大 10 倍，传输距离达到 15 倍；可兼容不同电压等级的器件，工作温度范围宽。

10.1.2 I^2C 总线术语

I^2C 总线常用术语见表 10-1。

表 10-1 I^2C 总线常用术语

术语	含义
发送器	发送数据到总线的器件，既可以是主机，也可以是从机，由通信过程确定
接收器	从总线接收数据的器件，既可以是主机，也可以是从机，由通信过程确定
主机	初始化发送，产生时钟信号和终止发送的器件
从机	被主机寻址的器件
多主机	同时有多于一个主机尝试控制总线，但不破坏信息
仲裁	是一个在有多个主机同时尝试控制总线，但只允许其中一个控制总线并使信息不被破坏的过程
同步	两个或多个器件同步时钟信号的过程
地址	主机用于区分不同从机而分配的地址
SDA	I^2C 通信时用于数据传输的信号线
SCL	I^2C 通信时用于时钟传输的信号线

10.1.3 I^2C 硬件构成

I^2C 总线由串行数据线 SDA 和串行时钟线 SCL 构成，总线上的每个器件都有一个唯一的地址。一个典型的 I^2C 总线拓扑结构如图 10-1 所示。

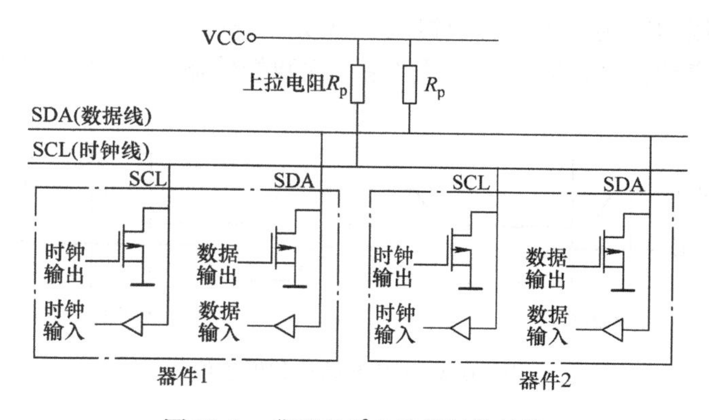

图 10-1 典型的 I^2C 总线拓扑结构

I²C 总线规范要求 SDA 和 SCL 可双向通信，即一个器件既可以接收数据和时钟，又可以发送数据或时钟，因此 I²C 信号线 SDA 和 SCL 采用开集电极输出方式或开漏极输出方式。I²C总线必须通过上拉电阻或电流源才能正确收发数据。

I²C 总线接口的内部等效电路包括输入缓冲电路与开集电极输出晶体管或开漏极 MOS 管。当总线处于空闲状态时，由于上拉电阻的作用，总线呈高电平，如果某个芯片需要输出数据，可以通过输出驱动实现数据传输。开集电极输出电路有一个缺点：随着总线长度的增加，输出等效电容也随之增加。上拉电阻将严重影响总线的通信速度，原因是信号变化要通过 RC 充放电回路，从而降低了信号的转换速率。为了克服 I²C 总线这个缺点，NXP 公司开发了有源 I²C 总线终端，它采用两个互联的充电泵来等效上拉电阻，当信号变化瞬间有源器件可以提供相当大的充放电电流，加快信号转换速率，降低寄生电容的影响。

10.1.4　位传输

1. 数据有效性

I²C 总线以串行方式传输数据，数据传输是按照时钟节拍进行的。时钟线每产生一个时钟脉冲，数据线就传输一位数据。I²C 总线协议标准规定，数据线 SDA 上的数据必须在时钟线为高电平时保持稳定，数据线的电平状态只能在时钟线为低电平时才可改变，在标准模式下，高低电平宽度必须不小于 4.7μs，I²C 数据有效示意图如图 10-2 所示。

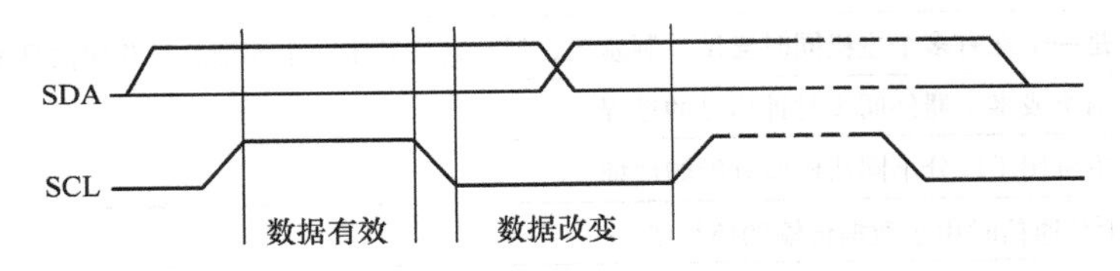

图 10-2　I²C 数据有效示意图

2. 起始（Start）信号和停止（Stop）信号

当时钟线为高电平时，如果数据线为逻辑高电平，则代表数字 1；如果数据线为低电平，则代表数字 0。除此以外，在时钟线 SCL 为高电平时，还会有数据线 SDA 出现上升沿和下降沿等两种状态。I²C 总线协议规定：时钟线 SCL 为高电平且数据线 SDA 为下降沿，表示起始信号；时钟线 SCL 为高电平且数据线 SDA 为上升沿，表示停止信号。I²C 总线数据传输必须以起始信号启动传输，以停止信号结束一次数据传输，I²C 起始位和停止位如图 10-3 所示。

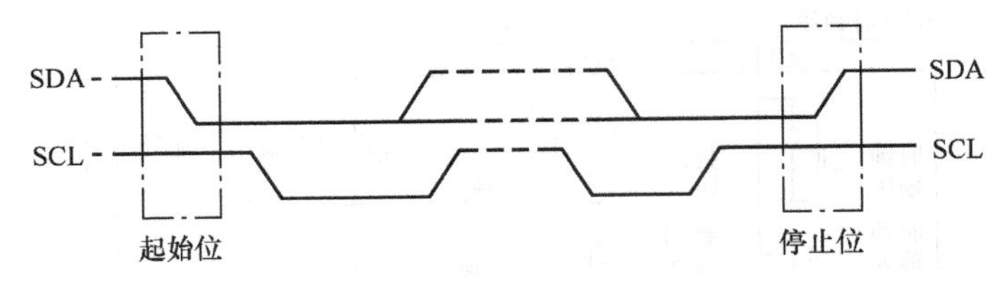

图 10-3　I²C 起始位和停止位

3. 重复开始（Repeat Start）信号

在 I²C 总线上，由主机发送一个起始位，启动一次数据传输后，在发送停止位前，主机可以再发送一次起始位，这个信号称为重复起始位。它可以帮助主机在不丧失总线控制权的前提下改变数据传输方向或切换到与其他从机通信，它的实现方法是在时钟线为高电平时，数据线由高电平向低电平跳变，产生一个重复起始位，它本质上就是一个起始位。

4. 应答信号（ACK）与非应答信号（NACK）

I²C 总线协议规定，发送器每发送 1 个字节（8bit）数据，接收器必须产生 1 个应答信号或非应答信号。实现方法是，发送器发送完 8 位数据后，第 9 个时钟信号将数据线置高电平，接收器根据通信状态可以将数据线拉低，产生一个应答信号，或保持数据线为高电平，产生一个非应答信号。

10.1.5 数据传输格式

一般情况下，一个标准的 I²C 通信由 4 部分组成：起始信号、从机地址传输、数据传输、停止信号。I²C 通信由主机发送一个起始信号来启动，然后由主机对从机寻址并决定数据传输方向。I²C 总线上传输数据的最小单位是 1 个字节（8bit），首先发送的数据位为最高位，每传送完 1 个字节，接收器必须发送 1 个应答位，如果数据接收器来不及处理数据，可以通过拉低时钟线 SCL 来通知数据发送器暂停传输。每次通信的数据字节数是没有限制的，全部数据传送结束后，由主机发送停止信号，结束通信。I²C 通信时序如图 10-4 所示。

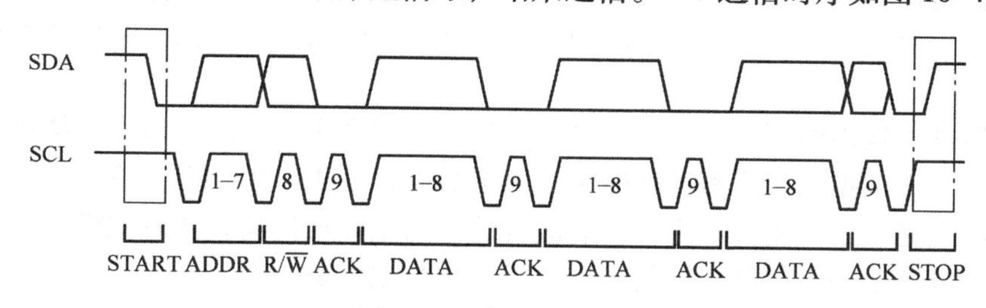

图 10-4　I²C 通信时序

1. I²C 总线寻址约定

I²C 总线采用软件方法实现从机寻址来简化总线连接，I²C 总线采用了独特的寻址约定，规定了起始信号后的第一个字节为寻址字节，用来寻址被控器件，并规定数据的传输方向。目前，I²C 总线支持 7 位寻址模式和 10 位寻址模式，为了使读者更容易理解 I²C 总线的操作方式，重点解释 7 位寻址模式，在掌握 7 位寻址模式后，可以通过阅读 I²C 标准协议很容易地理解 10 位寻址模式。

在 7 位寻址模式中，寻址字节由从机的 7 位地址位（D7 ~ D1）和 1 位读写位（D0）组成。

读写位 D0 = 1 时，表示从下一字节开始主机从从机读取数据；读写位 D0 = 0 时，表示从下一字节开始主机将数据传送给从机。主机发送起始信号后立即传送寻址字节，总线上的所有器件都将寻址字节中的 7 位地址与自己的地址比较，如果两者相同，则该器件认为被主机寻址，并发送应答信号，寻址字节中的读写位决定了主机和从机是发送器还是接收器。

主机作为被控器时，其 7 位地址在 I²C 总线地址寄存器中给出，为软件地址，而非单片机类型的外围器件地址，完全由器件类型与引脚电平给定。在 I²C 总线系统中，不允许有两个地址相同的器件，否则就会造成传输出错。

I^2C 总线委员会协调 I^2C 总线通信地址的分配，并保留了部分地址，见表 10-2。

表 10-2　I^2C 总线通信地址分配情况

从机地址	读/写位	描　　述
0000000	0	广播呼叫地址
0000000	1	起始字节
0000001	×	CBUS 地址
0000010	×	保留给不同的总线格式
0000011	×	保留到将来使用
00001xx	×	高速模式主机码
11111xx	×	保留到将来使用
11110xx	×	10 位从机寻址

2. 数据传输模式

（1）主机从从机读取 N 个字节

主机首先产生起始（START）信号，然后发送寻址字节，寻址字节 D7 ~ D1 位为数据传送目标的从机地址，寻址字节最低位 D0 为 1 表示数据传输方向由从机到主机；寻址字节传输完毕后，主机释放数据线（数据线拉高），并产生一位时钟信号，等待被寻址器件应答信号。

被寻址器件一旦检测到寻址地址与自己地址相同则产生一个应答信号，从机发送完应答信号后，开始发送数据。从机每发送完 1 个字节数据，主机产生 1 个应答信号。

当数据传送完毕后，主机产生一个非应答信号结束数据传输，然后主机产生一个停止信号结束通信，或产生一个重复起始信号进入下一次数据传输。

在数据传输过程中，主机随时可以产生非应答信号来提前结束本次数据传输，主机从从机读取 N 个字节的示意图如图 10-5 所示。

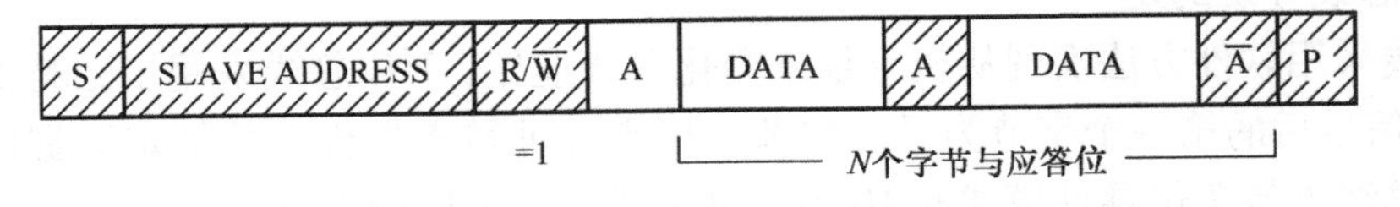

图 10-5　主机从从机读取 N 个字节的示意图

（2）主机向从机写 N 个字节

主机首先产生起始（START）信号，然后发送寻址字节，寻址字节 D7 ~ D1 位为数据传送目标的从机地址，寻址字节最低位 D0 为 0，表示数据传输方向由主机到从机；寻址字节传输完毕后，主机释放数据线（数据线拉高），并产生一位时钟信号，等待被寻址器件应答信号。

被寻址器件一旦检测到寻址地址与自己地址相同则产生一个应答信号，主机收到应答信号后，开始发送数据。主机每发送完 1 个字节数据，从机产生 1 个应答信号。

当数据传送完毕后，主机产生一个停止信号结束数据传输，或产生一个重复起始信号进入下一次数据传输。如果在传输过程中，从机产生的不是应答信号，而是非应答信号，则主机会提前结束本次数据传输，主机向从机写 N 个字节的示意图如图 10-6 所示。

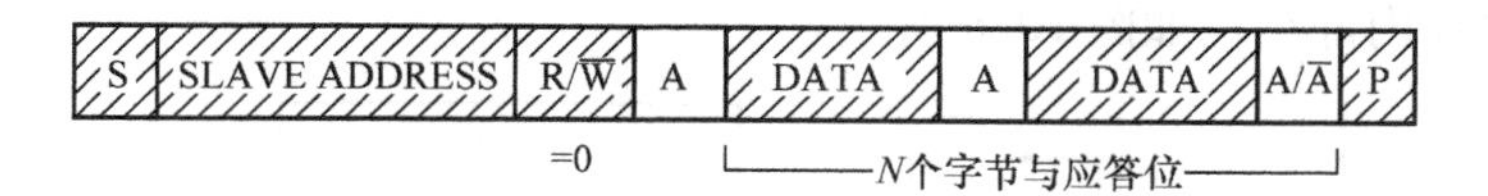

图10-6　主机向从机写N个字节的示意图

（3）重复起始位

当主机在访问类似存储器器件时，主机除了发送寻址字节来确定从机外，还要发送存储单元地址内容；如果需要读取存储单元数据，存在着先写后读的情况，为了解决这个问题，可以利用重复起始信号来实现这个过程：

首先，主机向从机写多个字节数据，将存储单元地址写入从机，数据传输结束后并不产生停止信号而是产生一个重复起始位，然后发送寻址字节。寻址字节中，读写位D0=1，等待从机应答，从机发完应答位后，开始将数据传送给主机，然后执行过程和（1）中所述相同。

重复起始位还可以让主机在不丧失总线控制权的情况下，寻址下一个器件，与另外一个从机进行通信，重复起始位示意图如图10-7所示。

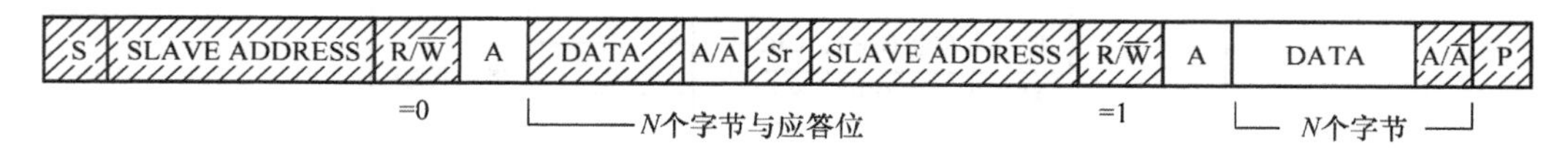

图10-7　重复起始位示意图

（4）仲裁与同步

所有主机在时钟线SCL上产生自己的时钟来传输，I²C总线上的数据只在时钟的高电平周期有效，因此需要一个确定的时钟进行逐位仲裁。

10.2　STM32的I²C模块的功能及结构

STM32的I²C模块具有4种工作模式：主发送器模式、主接收器模式、从发送器模式和从接收器模式。其主要特性如下：

1）丰富的通信功能。该模块即可以作为主设备也可以作为从设备，支持标准和快速两种模式，可编程的I²C地址检测，可响应2个从地址的双地址能力，产生和检测7位/10位地址和广播呼叫，可选的拉长时钟功能；可配置信息包错误检测（PEC）的产生或校验，发送模式中PEC值可以作为最后一个字节传输，用于最后一个接收字节的PEC错误校验。

2）支持不同的通信速度。标准速度高达100kHz，快速高达400kHz。

3）完善的错误监测。主模式时的仲裁丢失，地址/数据传输后的应答（ACK）错误，检测到错位的起始或停止条件，禁止拉长时钟功能时的上溢或下溢。

4）具有2个中断向量，一个中断用于地址/数据通信中断，另一个中断用于通信出错中断。

5）具有单字节缓冲器的DMA。

6）兼容系统管理总线（System Management Bus，SMBus），25ms时钟低超时延时，带ACK控制的硬件PEC产生/校验，支持地址解析协议（ARP）。

STM32 的 I^2C 内部结构如图 10-8 所示。

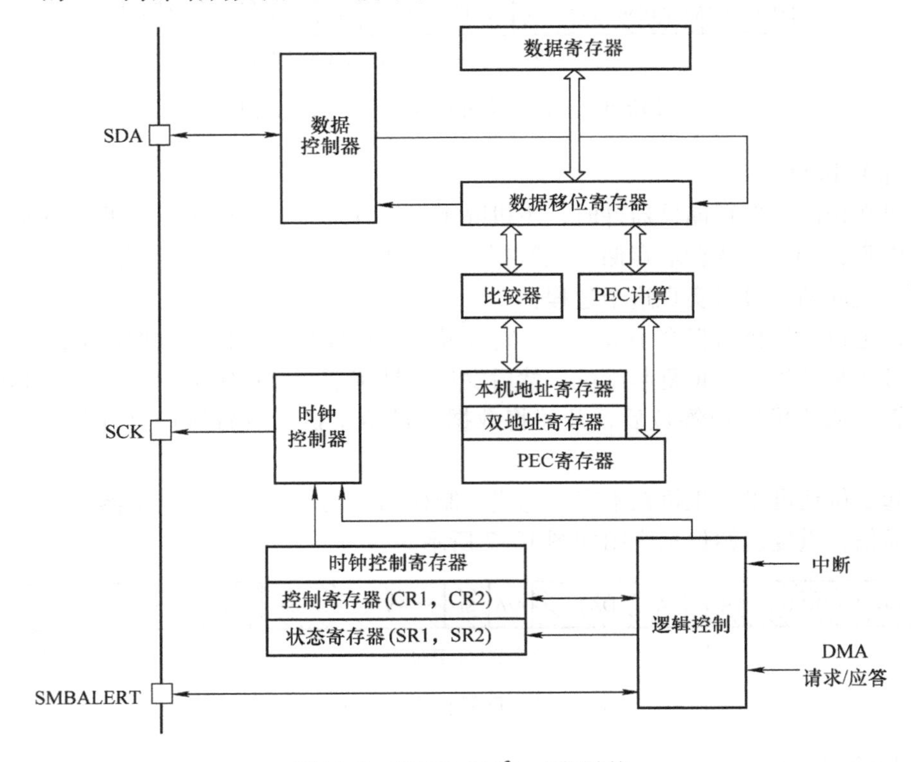

图 10-8　STM32 的 I^2C 内部结构

STM32 的 I^2C 的主要组成部分包括数据线 SDA、时钟线 SCK 和系统管理总线 SMBALERT，这些都有相应的引脚与外部设备相连。

其内部包括数据收发模块、时钟逻辑模块和逻辑控制模块三个模块。数据收发模块由数据控制器、数据寄存器、数据移位寄存器、比较器和本机地址寄存器等组成，时钟逻辑模块由时钟控制器、时钟控制寄存器和状态寄存器等组成，逻辑控制模块由逻辑控制、中断和 DMA 请求/应答等组成。

STM32F103RBT6 有 2 个 I^2C，即 I^2C1 和 I^2C2，其引脚对应如下：I^2C1_SMBALERT（PB5）、I^2C1_SCL（PB6）、I^2C1_SDA（PB7），I^2C2_SCL（PB10）、I^2C2_SDA（PB11）。

10.3　I^2C 的通信方式

10.3.1　I^2C 主模式

在 I^2C 主模式中，I^2C 接口启动数据传输并产生时钟信号。串行数据传输总是以起始信号开始并以停止信号结束。当通过 START 位在总线上产生了起始信号时，设备就进入了 I^2C 主模式。为了使用 I^2C 模块，需要编程 I^2C_CR1 寄存器使能外设模块。I^2C 模式作为主模式，必须提供通信时钟，在 I^2C_CR2 寄存器中设定该模块的输入时钟以产生正确的时序，标准模式下为 1kHz，快速模式下为 4kHz，同时还需要配置时钟控制寄存器和上升时间寄存器。

1. I²C 主模式发送

I²C 主模式发送示意图如图 10-9 所示。

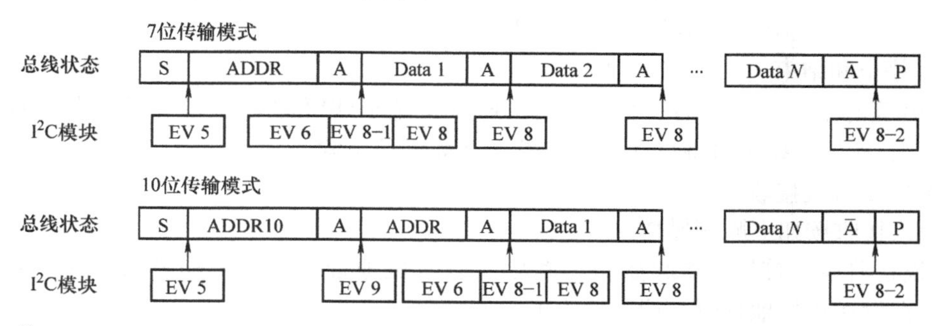

注：
S为起始条件，P为停止条件，EVx为事件(当ITEVTEN设置为1时产生中断)。
EV5：SB=1，读取SR1寄存器，然后将地址写入DR寄存器，可清除该事件。
EV6：ADDR=1，读取SR1寄存器，然后读取SR2，可清除该事件。在10位主受控模式下，该事件后应设置CR2的START=1。
EV8-1：TXE=1，移位寄存器非空，数据寄存器空，写DR寄存器。
EV8：TXE=1，移位寄存器空，数据寄存器空，写DR寄存器可清除该事件。
EV8-2：TXE=1，BTF=1，请求设置停止位，TXE和BTF由硬件在产生停止条件时清除。
EV9：ADDR10=1，读SR1寄存器，然后写入DR寄存器，可清除该事件。

图 10-9　I²C 主模式发送示意图

（1）发送起始条件

当总线空闲（BUSY＝0）时，发送起始信号（START＝1），I²C 接口将产生一个起始信号并切换至主模式。在主模式下，设置 START 位将在当前字节传输完后由硬件产生一个重开始条件。起始信号一旦发出，SB 位被硬件置位，如果中断未屏蔽，则会产生一个中断。然后，主设备等待读状态寄存器 SR1，接着将从地址写入 DR 寄存器。

（2）从地址的发送

从地址通过内部移位寄存器被送到 SDA 上。

在图 10-9 中，在 10 位地址模式下，ADDR10 位被硬件置位，如果允许中断，则产生一个中断。然后，主设备等待读 SR1 寄存器，再将第二个地址字节写入 DR 寄存器。数据发送完后，ADDR 位被硬件置位，如果允许中断，则产生一个中断。然后主设备等待一次读 SR1 寄存器，接着读 SR2 寄存器。

图 10-9 中，在 7 位地址模式时，只需送出一个地址字节。一旦该地址字节被送出，ADDR 位被硬件置位，如果中断允许，则产生一个中断。然后主设备等待一次读 SR1 寄存器，读 SR2 寄存器。

根据送出从地址的最低位，主设备决定进入发送器模式还是接收器模式，TRA 位指示主设备是在接收器模式还是发送器模式。

（3）发送数据

在发送地址和清除 ADDR 位后，将待发送的数据写入数据寄存器 DR，I²C 模块通过内部移位寄存器将数据字节从 DR 寄存器发送到 SDA 上。主设备等待数据发送完毕，即 TXE 位被清除，如图 10-9 的 EV8。

当收到应答脉冲时，TXE 位被硬件置位，如果允许中断（设置了 INEVFEN 位和 ITBUFEN 位），则产生一个中断。如果 TXE 位被置位并且在上一次数据发送结束之前没有写新的数据字节到 DR 寄存器，则 BTF 被置位，I^2C 模块拉长时钟线等待数据写入 DR 寄存器，数据写入后将 BTF 清除，I^2C 继续发送数据。

（4）停止和结束

在 DR 寄存器中写入最后一个字节后，通过设置 STOP 位产生一个停止条件，如图 10-9 的 EV8－2，然后 I^2C 接口将自动回到从模式（M/S 位清除）。

2. I^2C 主模式接收

主模式接收按如下顺序操作：

1）发送阶段。首先发送起始位，然后发送从机地址，发送操作方法与主发送模式相同，只是在发送从机地址时，读写位为 1。

2）接收阶段。在发送地址和清除 ADDR 位之后，I^2C 接口进入主接收器模式，I^2C 主模式接收时序图如图 10-10 所示。在此模式下，I^2C 接口从 SDA 接收数据字节，并通过内部移位寄存器送至 DR 寄存器。在每个字节后，I^2C 接口依次执行以下操作：通过 ACK 位置位，发出一个应答脉冲；硬件设置 RXNE＝1，如果设置了 INEVFEN 位和 ITBUFEN 位，则会产生一个中断，如图 10-10 的 EV7。如果 RXNE 位被置位，并且在接收新数据结束前，DR 寄存器中的数据没有被读走，硬件将设置 BTF＝1，I^2C 接口等待读 DR 寄存器。

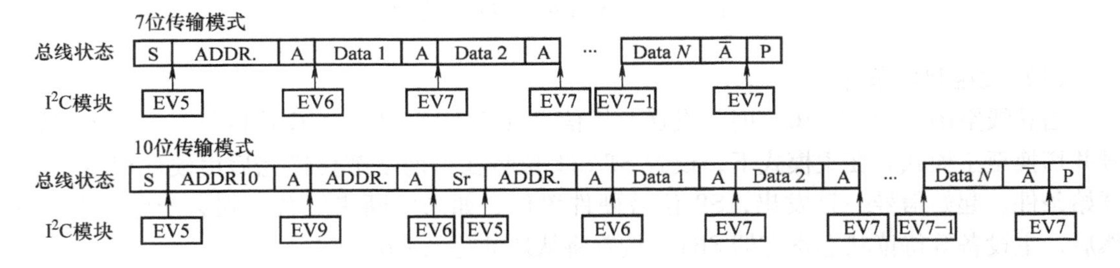

注:
EV5：SB=1，读取SR1寄存器，然后将地址写入DR寄存器，可清除该事件。
EV6：ADDR=1，读取SR1，然后读取SR2，可清除该事件。在10位主受控模式下，该事件产生后，应设置CR2的START=1。
EV7：RXNE=1，读SR1寄存器可清除该事件。
EV7–1：RXNE=1，读DR寄存器可清除该事件，设置ACK=0和STOP请求。
EV9：ADDR10=1，读SR1寄存器，然后写入DR寄存器，可清除该事件。

图 10-10　I^2C 主模式接收时序图

3）结束数据接收。为了在收到最后一个字节后产生一个 NACK 脉冲，在读倒数第二个数据字节之后（在倒数第二个 RXNE 事件之后）必须清除 ACK 位。为了产生一个停止/重起始信号，软件必须在读倒数第二个数据字节之后设置 STOP/START 位；只接收一个字节时，将在 EV6 时进行关闭应答和停止条件生成操作。

在产生了停止信号后，I^2C 接口自动回到从模式（M/SL 位被清除）。

主设备从从设备接收到最后一个字节后发送一个 NACK，从设备接收到 NACK 后，释放对 SCL 和 SDA 的控制，主设备就可以发送一个停止/重起始信号。

10.3.2 I^2C从模式

默认情况下，I^2C接口总是工作在从模式。I^2C如果工作在从模式，其工作时序如下：

1. 检测起始位和从机地址，启动通信

一旦检测到起始信号，在SDA上接收到的地址被送到移位寄存器，然后与芯片自己的地址OAR1和OAR2（如果ENDUAL=1）或者广播呼叫地址（如果ENGC=1）相比较。比较后，若头段或地址不匹配，I^2C接口将其忽略并等待另一个起始条件；若头段匹配（仅10位模式），且ACK位被置1，则I^2C接口产生一个应答脉冲并等待8位从地址，若地址匹配，则I^2C接口产生以下时序：

1）如果ACK位被置1，则产生一个应答脉冲。

2）当硬件设置ADDR位时，如果设置了ITEVFEN位，则产生一个中断。

3）如果ENDUAL=1，软件必须读DUALF位，以确认响应了哪个从地址。

在10位模式时，接收到地址序列后，从设备总是处于接收器模式。在收到与地址匹配的头序列并且最低位为1（即11110xx1）后，当接收到重复的起始信号时，将进入发送器模式。在从模式下，TRA位指示当前处于接收器模式或发送器模式。

2. 发送数据

I^2C处于从发送状态时的时序图如图10-11所示，从发送器在接收到地址和清除ADDR位后，将字节从DR寄存器经由内部移位寄存器发送到SDA上。从设备保持SCL为低电平，直到ADDR位被清除并且待发送数据已写入DR寄存器，如图10-11中的EV1和EV3。

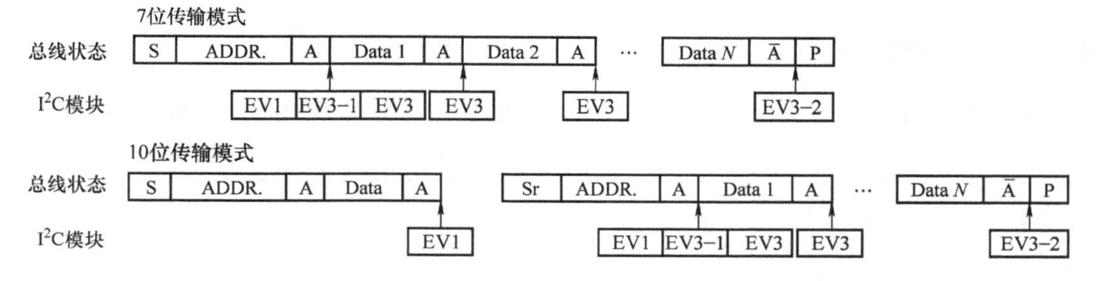

注：
EV1：ADDR=1，读取SR1寄存器，然后读取SR2寄存器，可清除该事件。
EV3−1：TXE=1，移位寄存器空，数据寄存器空。
EV3：TXE=1，移位寄存器非空，数据寄存器空，写DR寄存器将清除该事件。
EV3−2：AF=1，在SR1寄存器的AF位写0后可清除AF位。

图10-11　I^2C处于从发送状态时的时序图

3. 应答脉冲

当收到应答脉冲时，TXE位被硬件置位，如果设置了ITEVFEN位和ITBUFEN位，则产生一个中断。如果TXE位被置位，但在上一次数据发送结束之前没有新数据写入DR寄存器，则BTF位被置位，I^2C接口将保持SCL为低电平，等待写入DR寄存器。

从接收模式下在接收到地址并清除ADDR后，从接收器将通过内部移位寄存器从SDA上接收到的字节存进DR寄存器。I^2C接口接收到每个字节后都执行下列操作：如果设置了ACK位，则产生一个应答脉冲，硬件设置RXNE=1；如果设置了ITEVFEN位和ITBUFEN位，则产生一个中断。

如果 RxNE 被置位，并且在接收新的数据结束之前 DR 寄存器未被读出，则 BTF 位被置位，I²C 接口保持 SCL 为低电平，等待读 DR 寄存器。I²C 处于从接收状态时的时序图如图 10-12 所示。

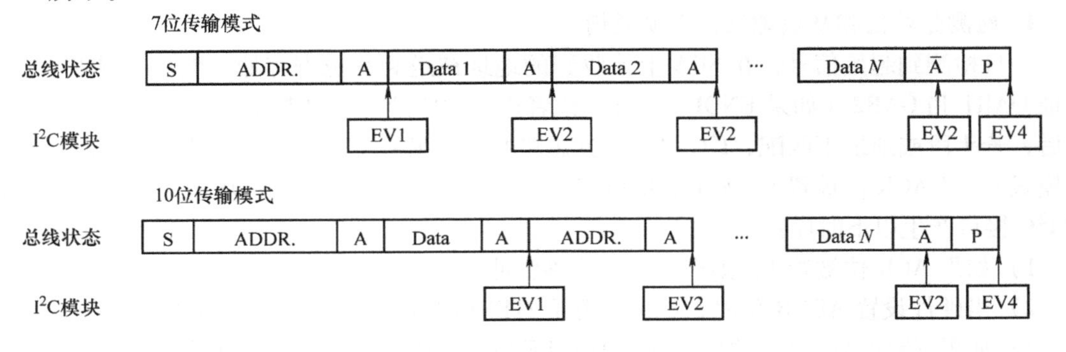

注：
EV1：ADDR=1，读取SR1寄存器，然后读取SR2寄存器，可清除该事件。
EV2：RXNE=1，读取DR寄存器将清除该事件。
EV4：STOPF=1，读取SR1寄存器，然后写CR1寄存器，可清除该事件。

图 10-12　I²C 处于从接收状态时的时序图

4. 关闭从机通信

在传输完最后一个数据字节后，主设备会产生一个停止信号，I²C 接口检测到这一信号后，设置 STOPF = 1，如果设置了 ITEVFEN 位，则产生一个中断。然后，I²C 接口等待读 SR1 寄存器，再写 CR1 寄存器，如图 10-12 的 EV4。

10.3.3　传输错误处理

I²C 中断事件（见表 10-3）可能会造成通信失败，I²C 中断逻辑结构如图 10-13 所示。

表 10-3　I²C 中断事件

序　号	中断事件	事件标志	开启控制位
1	起始位已发送（主）	SB	ITEVFEN
2	地址已发送（主）或地址匹配（从）	ADDR	
3	10 位头段已发送（主）	ADD10	
4	已收到停止（从）	STOPF	
5	数据字节传输完成	BTF	
6	接收缓冲区非空	RXNE	ITEVFEN 和 ITBUFEN
7	发送缓冲区空	TXE	
8	总线错误	BERR	ITBUFEN
9	仲裁丢失（主）	ARLO	
10	应答错误（响应失败）	AF	
11	过载/欠载错误	OVR	
12	PEC 错误	PECERR	
13	超时/T1OW 错误	TIMEOUT	
14	SMBus 提醒	SMBALERT	

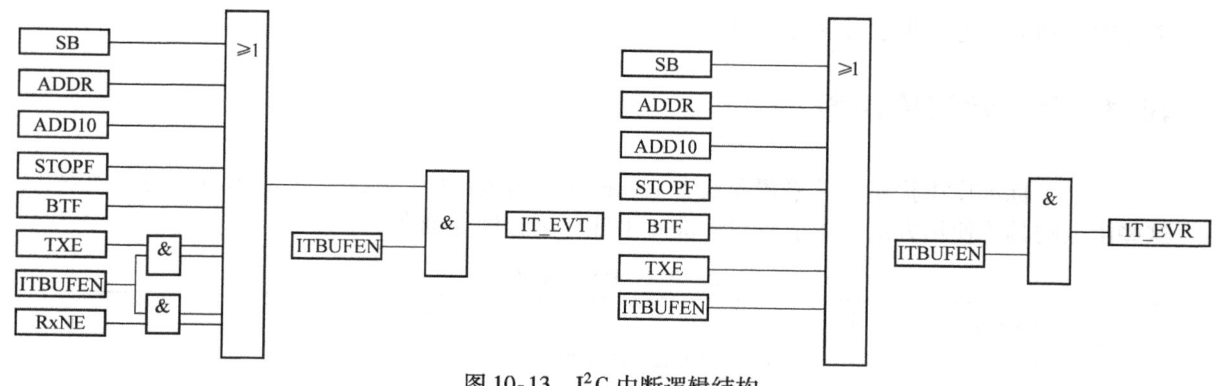

图 10-13　I²C 中断逻辑结构

几类典型的错误如下：

(1) 总线错误（BERR）

在一个字节传输期间，当 I²C 接口检测到一个停止或起始条件时，则产生总线错误。此时：

1）BERR 位被置位，如果设置了 ITERREN 位，则产生一个中断。

2）在从模式情况下，数据被丢弃，硬件释放总线。如果是错误的开始条件，从设备认为是一个重启动，并等待地址或停止条件；如果是错误的停止条件，从设备按正常的停止条件操作，同时硬件释放总线。

(2) 应答错误（AF）

当接口检测到一个无应答位时，产生应答错误。此时：

1）AF 位被置位，如果设置了 ITERREN 位，则产生一个中断。

2）当发送器接收到一个 NACK 时，必须复位通信。如果处于从模式，硬件释放总线；如果处于主模式，软件必须生成一个停止条件。

(3) 仲裁丢失（ARLO）

当 I²C 接口检测到仲裁丢失时，产生仲裁丢失错误，此时 ARLO 位被硬件置位，如果设置了 ITERREN 位，则产生一个中断；I²C 接口自动回到从模式（M/SL 位被清除）；硬件释放总线。

(4) 过载/欠载错误（OVR）

在从模式下，如果禁止时钟延长，当 I²C 接口正在接收数据时，若它已经接收到一个字节（RXNE =1），但在 DR 寄存器中前一个字节数据还没有被读出，则发生过载错误。此时，最后接收的数据被丢弃；在过载错误时，软件应清除 RXNE 位，发送器应该重新发送最后一次发送的字节。

在从模式下，如果禁止时钟延长，当 I²C 接口正在发送数据时，若在下一个字节的时钟到达之前，新的数据还未写入 DR 寄存器（TXE =1），则发生欠载错误。此时，DR 寄存器中的前一个字节将被重复发出；用户应该确定在发生欠载错时，接收端应丢弃重复接收到的数据，发送端应按 I²C 总线标准在规定的时间内更新 DR 寄存器。

I²C 的相关寄存器功能请参见参考文献 [1]，也可借助标准外设库的函数实现。标准库提供了几乎所有寄存器的操作函数，基于标准库开发更加简单、快捷。

STM32 的 I²C 模块还支持 DMA 操作，并且 I²C 总线兼容 SMBus 总线，读者可以在前面学习的基础上，进一步学习这些模块。

10.4 I²C 常用库函数

STM32 标准库中提供了几乎覆盖所有 I²C 操作的函数，I²C 函数库见表 10-4。为了理解这些函数的具体使用方法，本节将对标准库中部分函数做详细介绍。

表 10-4 I²C 函数库

函数名称	功　能
I2C_DeInit	将外设 I²Cx 寄存器重设为缺省值
I2C_Init	根据 I²C_InitStruct 中指定的参数初始化外设 I²Cx 寄存器
I2C_StructInit	把 I²C_InitStruct 中的每一个参数按缺省值填入
I2C_Cmd	使能或者失能 I²C 外设
I2C_DMACmd	使能或者失能指定 I²C 的 DMA 请求
I2C_DMALastTransferCmd	使下一次 DMA 传输为最后一次传输
I2C_GenerateSTART	产生 I²Cx 传输 START 条件
I2C_GenerateSTOP	产生 I²Cx 传输 STOP 条件
I2C_AcknowledgeConfig	使能或者失能指定 I²C 的应答功能
I2C_OwnAddress2Config	设置指定 I²C 的自身地址 2
I2C_DualAddressCmd	使能或者失能指定 I²C 的双地址模式
I2C_GeneralCallCmd	使能或者失能指定 I²C 的广播呼叫功能
I2C_ITConfig	使能或者失能指定的 I²C 中断
I2C_SendData	通过外设 I²Cx 发送一个数据
I2C_ReceiveData	读取I²Cx 最近接收的数据
I2C_Send7bitAddress	向指定的从 I²C 设备传送地址字
I2C_ReadRegister	读取指定的 I²C 寄存器并返回其值
I2C_SoftwareResetCmd	使能或者失能指定 I²C 的软件复位
I2C_SMBusAlertConfig	驱动指定 I²Cx 的 SMBusAlert 引脚电平为高或低
I2C_TransmitPEC	使能或者失能指定 I²C 的 PEC 传输
I2C_PECPositionConfig	选择指定 I²C 的 PEC 位置
I2C_CalculatePEC	使能或者失能指定 I²C 的传输字 PEC 值计算
I2C_GetPEC	返回指定 I²C 的 PEC 值
I2C_ARPCmd	使能或者失能指定 I²C 的 ARP
I2C_StretchClockCmd	使能或者失能指定 I²C 的时钟延展
I2C_FastModeDutyCycleConfig	选择指定 I²C 的快速模式占空比
I2C_GetLastEvent	返回最近一次 I²C 事件
I2C_CheckEvent	检查最近一次 I²C 事件是否是输入的事件
I2C_GetFlagStatus	检查指定的 I²C 标志位设置与否
I2C_ClearFlag	清除 I²Cx 的待处理标志位
I2C_GetITStatus	检查指定的 I²C 中断发生与否
I2C_ClearITPendingBit	清除 I²Cx 的中断待处理位

1. 函数I2C_DeInit

函数I2C_DeInit的原型为void I2C_DeInit(I2C_TypeDef * I2Cx)，使用方法如下：

```
/* 将I²C2寄存器重设为缺省值 */
I2C_DeInit(I2C2);
```

2. 函数I2C_Init

函数I2C_Init的原型为void I2C_Init(I2C_TypeDef * I2Cx, I2C_InitTypeDef * I2C_InitStruct)，I2C_InitTypeDef定义于文件“stm32f10x_I2C.h”中，具体结构如下：

```
typedef struct
{
u16 I2C_Mode;
u16 I2C_DutyCycle;
u16 I2C_OwnAddress1;
u16 I2C_Ack;
u16 I2C_AcknowledgedAddress;
u32 I2C_ClockSpeed;
} I2C_InitTypeDef;
```

(1) 成员I2C_ Mode用以设置I²C的模式，I2C_ Mode的取值及含义如下：

I2C_Mode_I2C　　/* 设置I²C为I²C模式 */

I2C_Mode_SMBusDevice　　/* 设置I²C为SMBus设备模式 */

I2C_Mode_SMBusHost　　/* 设置I²C为SMBus主控模式 */

(2) 成员I2C_DutyCycle用以设置I²C的占空比，I2C_DutyCycle的取值及含义如下：

I2C_DutyCycle_16_9　　/* I²C快速模式Tlow/Thigh=16/9 */

I2C_DutyCycle_2　　/* I²C快速模式Tlow/Thigh=2 */

(3) 成员I2C_OwnAddress1用来设置第一个设备自身地址，它可以是一个7位地址或者一个10位地址。

(4) 成员I2C_Ack用来使能或者失能应答（ACK），I2C_ Ack的取值及含义如下：

I2C_Ack_Enable　　/* 使能应答（ACK） */

I2C_Ack_Disable　　/* 失能应答（ACK） */

(5) 成员I2C_AcknowledgedAddress用来定义应答7位地址或10位地址，I2C_AcknowledgedAddress的取值及含义如下：

I2C_AcknowledgeAddress_7bit　　/* 应答7位地址 */

I2C_AcknowledgeAddress_10bit　　/* 应答10位地址 */

(6) 成员I2C_ClockSpeed用来设置时钟频率，这个值不能高于400kHz。

该函数使用方法如下：

```
/* 初始化I²C2 */
I2C_InitTypeDef I2C_InitStructure;
I2C_InitStructure.I2C_Mode = I2C_Mode_SMBusHost;
I2C_InitStructure.I2C_DutyCycle = I2C_DutyCycle_2;
I2C_InitStructure.I2C_OwnAddress1 = 0x03A2;
```

```
I2C_InitStructure.I2C_Ack = I2C_Ack_Enable;
I2C_InitStructure.I2C_AcknowledgedAddress = I2C_AcknowledgedAddress_7bit;
I2C_InitStructure.I2C_ClockSpeed = 200000;
I2C_Init(I2C1, &I2C_InitStructure);
```

3. 函数 I2C_StructInit

函数 I2C_StructInit 的原型为 void I2C_StructInit（I2C_InitTypeDef * I2C_InitStruct），使用方法如下：

```
I2C_InitTypeDef I2C_InitStructure;
I2C_StructInit(&I2C_InitStructure);
```

4. 函数 I2C_Cmd

函数 I2C_Cmd 的原型为 void I2C_Cmd（I2C_TypeDef * I2Cx，FunctionalState NewState），使用方法如下：

```
/* 使能 I²C1 */
I2C_Cmd(I2C1, ENABLE);
```

5. 函数 I2C_DMACmd

函数 I2C_DMACmd 的原型为 I2C_DMACmd（I2C_TypeDef * I2Cx，FunctionalState NewState），使用方法如下：

```
/* 使能 I²C2 DMA 传输 */
I2C_DMACmd(I2C2, ENABLE);
```

6. 函数 I2C_DualAddressCmd

函数 I2C_DualAddressCmd 的原型为 void I2C_DualAddressCmd（I2C_TypeDef * I2Cx，FunctionalState NewState），使用方法如下：

```
/* 使能 I²C2 双地址模式 */
I2C_DualAdressCmd(I2C2, ENABLE);
```

7. 函数 I2C_ITConfig

函数 I2C_ITConfig 的原型为 void I2C_ITConfig（I2C_TypeDef * I2Cx，u16 I2C_IT，FunctionalState NewState）。参数 I2C_ IT 使能或者失能 I2C 的中断。I2C_ IT 值如下：可以取一个或者多个的组合作为该参数的值。

I2C_IT_BUF;　　　// 缓存中断屏蔽
I2C_IT_EVT;　　　// 事件中断屏蔽
I2C_IT_ERR;　　　// 错误中断屏蔽

使用方法如下：

```
/* 使能 I²C2 事件和缓冲中断 */
I2C_ITConfig(I2C2, I2C_IT_BUF | I2C_IT_EVT, ENABLE);
```

8. 函数 I2C_SendData

函数 I2C_SendData 的原型为 void I2C_SendData（I2C_TypeDef * I2Cx，u8 Data），使用方法如下：

```
/* 通过外设I²C2发送0x5D */
I2C_SendData(I2C2, 0x5D);
```

9. 函数I2C_ReceiveData

函数I2C_ReceiveData的原型为u8 I2C_ReceiveData (I2C_TypeDef* I2Cx)，使用方法如下：

```
/* 读取I²C1最近接收的数据 */
u8 ReceivedData;
ReceivedData = I2C_ReceiveData(I2C1);
```

10. 函数I2C_GetFlagStatus

函数I2C_GetFlagStatus的原型为FlagStatus I2C_GetFlagStatus (I2C_TypeDef* I2Cx, u32 I2C_FLAG)。所有可以被函数I2C_GetFlagStatus得到的标志位I2C_FLAG参见参考文献[1]，常用的标志位如下：

```
I2C_FLAG_TRA;        // 发送/接收标志位
I2C_FLAG_BUSY;       // 总线忙标志位
I2C_FLAG_MSL;        // 主/从标志位
I2C_FLAG_PECERR;     // 接收PEC错误标志位
I2C_FLAG_AF;         // 应答错误标志位
I2C_FLAG_BERR;       // 总线错误标志位
I2C_FLAG_TXE;        // 数据寄存器空标志位（发送端）
I2C_FLAG_RXNE;       // 数据寄存器非空标志位（接收端）
I2C_FLAG_BTF;        // 字传输完成标志位
```

使用方法如下：

```
/* 检查I²C2的应答错误标志位 */
Flagstatus Status;
Status = I2C_GetFlagStatus(I2C2, I2C_FLAG_AF);
```

11. 函数I2C_ClearFlag

函数I2C_ClearFlag的原型为void I2C_ClearFlag (I2C_TypeDef* I2Cx, u32 I2C_FLAG)，使用方法如下：

```
/* 清除I²C2停止探测标志位 */
I2C_ClearFlag(I2C2, I2C_FLAG_STOPF);
```

10.5 I²C使用流程

虽然不同器件实现的功能不同，但是只要遵守I²C协议，其通信方式都是一样的，配置流程也基本相同。对于STM32，首先要对I²C进行配置，使其能够正常工作，再结合不同器件的驱动程序，完成STM32与不同器件的数据传输。STM32的I²C配置流程如图10-14所示。

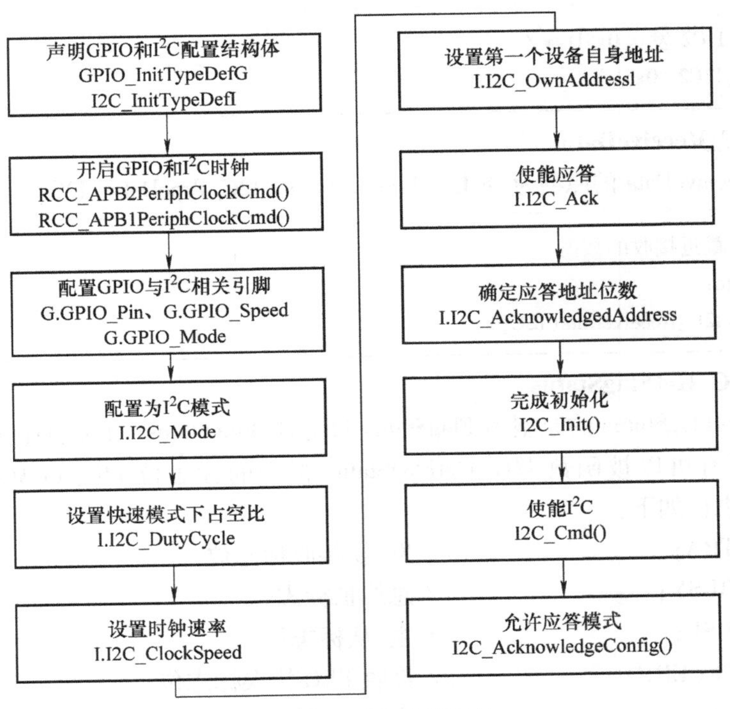

图 10-14　I²C 配置流程

10.6　I²C 应用设计实例

10.6.1　I²C 应用实例 1：AT24C02 数据存取

1. I²C 芯片——AT24C02 简介

带电可擦可编程存储器（Electrically Erasable Programmable Read Only Memory，EEPROM）是一种掉电后数据不丢失的存储芯片。EEPROM 因其简单、方便的操作，可靠的性能和低廉的价格在嵌入式设备中得到了广泛应用。24 系列 EEPROM 是一种 I²C 总线接口的串行存储器，许多厂商均提供相关产品，如 Atmel、Microchip、ST 等。下面以 AT24XX 系列为例介绍其应用。

AT24XX 系列 EEPROM 是 Atmel 公司生产的一种兼容 I²C 协议的串行存储器。采用 8 引脚封装，结构紧凑。XX 一般表示存储大小，存储范围从 1KB 到 1MB，根据需求选择相应型号的芯片，AT24XX 系列 EEPROM 型号如及储存大小如下：

AT24C01C(1KB)　AT24C01D（1KB）　AT24C02C(2KB)　AT24C02D(2KB)　AT24C04C(4KB)　AT24C04D(4KB)　AT24C08C(8KB)　AT24C16C(16KB)　AT24C32D(32KB)　AT24C64D(64KB)　AT24C128C(128KB)　AT24C256C(256KB)　AT24C512C(512KB)　AT24CM01(1MB)

（1）封装及引脚说明

AT24XX 提供标准的 8 引脚 DIP 封装和 8 引脚表面安装的 SOIC 封装，引脚排列如图 10-15 所示。

各引脚功能如下：

VCC：电源。

VSS：地。

A0、A1、A2：器件地址。需要连接多个 EEPROM 芯片时，用地址区分，悬空时为 0。

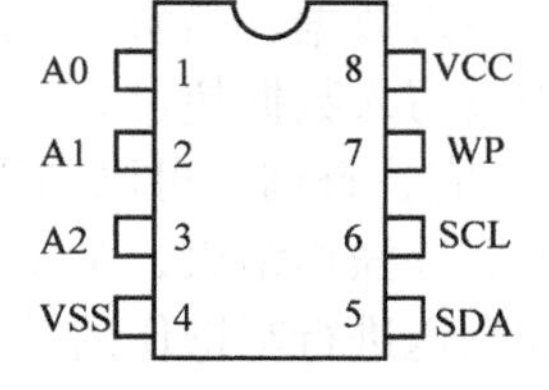

图 10-15　AT24XX 引脚排列

SDA：I^2C 串行数据。

SCL：I^2C 串行时钟。一般在上升沿将 SDA 数据写入存储器，下降沿从存储器中读数据并送到 SDA。

WP：写保护。低电平时允许写操作，高电平时禁止写操作，悬空为低电平。

（2）与处理器通信

一般 A0、A1、A2、WP 接 VCC 或 GND，SCL、SDA 接处理器的 I^2C 接口的相应引脚即可实现与处理器通信。

（3）设备地址

对 I^2C 芯片进行操作时，首先要发送 1 个字节的地址以选择芯片。AT24XX 高 4 位为固定值 1010；A2、A1、A0 用于对多个芯片进行区分；R/W 为读写操作，1 表示读操作，0 表示写操作。如果 A0、A1、A2 接 GND，则芯片地址为 0xA0。

（4）写操作

AT24XX 的写操作有字节写和页写两种方式。

1）字节写。AT24C64 字节写时序图如图 10-16 所示，在字节写模式下，主器件发送起始命令和从器件地址信息（R/W 位为 0）给从器件，主器件在收到从器件产生的应答信号后，主器件发送两个 8 位地址字写入 AT24C64 的地址指针。主器件在收到从器件的另一个应答信号后，再发送数据到被寻址的存储单元。AT24C64 再次应答，并在主器件产生停止信号后开始内部数据的擦写，在内部擦写过程中，AT24C64 不再应答主器件的任何请求。典型操作时间为 5ms。

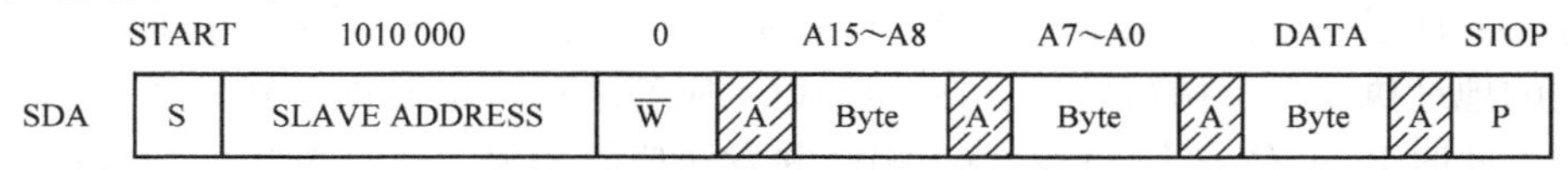

图 10-16　AT24C64 字节写时序图

2）页写。AT24C64 页写时序图如图 10-17 所示，在页写模式下，AT24C64 可一次写入 32 个字节的数据。页写操作的启动和字节写一样，不同之处在于传送了 1 个字节数据后并不产生停止信号。主器件被允许发送 31 个额外的字节。每发送 1 个字节数据后，AT24C64 产生 1 个应答位，且内部低 5 位地址加 1，高位保持不变。如果在发送停止信号之前主器件已发送超过 32 个字节，则地址计数器将自动翻转，先前写入的数据被覆盖。当接收到 32 字节数据和主器件发送的停止信号后，AT24C64 启动内部写周期将数据写到数据区。所有接收的数据在一个写周期内写入 AT24C64，典型操作时间为 5ms。

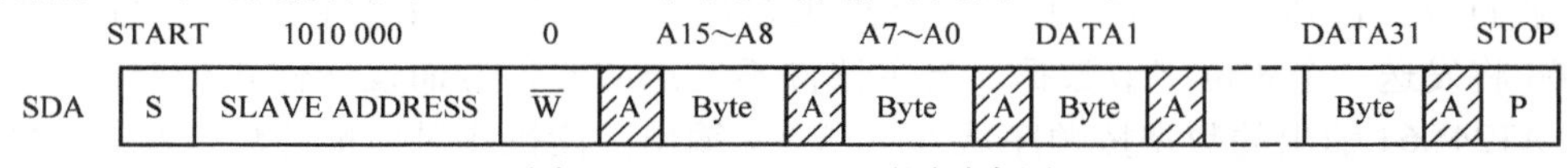

图 10-17　AT24C64 页写时序图

页写时应该注意器件的页翻转现象，如 AT24C64 的页写字节数为 32，从 0 页首址 00H

处开始写入数据，当页写入数据超过 32 个字节时，会使页翻转；若从 03H 处开始写入数据，当页写入数据超过 28 个字节时，会使页翻转，其他情况依此类推。

3）应答查询。可以利用内部写周期时禁止数据输入这一特性。一旦主器件发送停止位指示主器件操作结束，AT24C64 启动内部写周期，应答查询立即启动，包括发送一个起始信号和发送进行写操作的从器件地址。如果 AT24C64 正在进行内部写操作，则不会发送应答信号；如果 AT24C64 已经完成了内部自写周期，将发送一个应答信号，主器件可以继续进行下一次读写操作。

4）写保护。写保护操作特性可使用户避免由于操作不当而造成对存储区域内部数据的改写，当 WP 引脚接高电平时，整个寄存器区全部被保护起来而变为只可读取。AT24C64 可以接收从器件地址和字节地址，但是装置在接收到第一个数据字节后不发送应答信号，从而避免寄存器区域被编程改写。

（5）读操作

AT24C64 读操作的初始化方式和写操作时一样，仅把 R/W 位置 1，有 3 种不同的读操作方式：立即地址读取、随机地址读取和顺序地址读取。

1）立即地址读取。AT24C64 立即地址读时序图如图 10-18 所示，AT24C64 的地址计数器内容为最后操作字节的地址加 1。也就是说，如果上次读/写的操作地址为 N，则立即读的地址从地址 $N+1$ 开始。如果地址指针已经是器件的最大地址，则计数器将翻转到 0 且继续输出数据。AT24C64 接收到从器件地址信号后（R/W 位置 1），它首先发送一个应答信号，然后发送一个 8 位字节数据。主器件不需发送应答信号，但要产生一个停止信号。

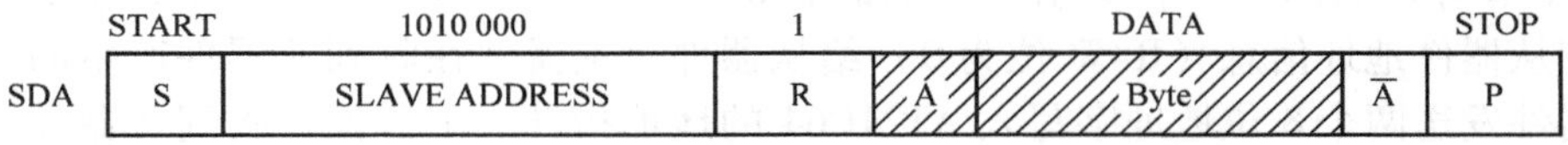

	START	1010 000	1		DATA		STOP
SDA	S	SLAVE ADDRESS	R	A	Byte	$\overline{A}$	P

图 10-18　AT24C64 立即地址读时序图

2）随机地址读取。AT24C64 随机地址读时序图如图 10-19 所示，随机读操作允许主器件对寄存器的任意字进行读操作，主器件首先通过发送起始信号、从器件地址和它想读取的字节数据的地址执行一个伪写操作。在 AT24C64 应答之后，主器件重新发送起始信号和从器件地址，此时 R/W 位置 1，AT24C64 响应并发送应答信号，然后输出所要求的一个 8 位字节数据，主器件不发送应答信号但产生一个停止信号。

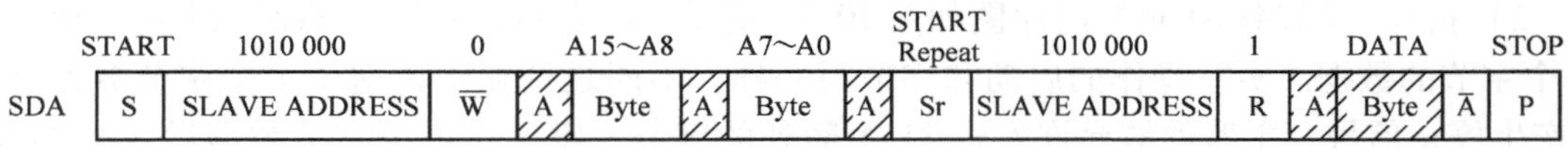

	START	1010 000	0		A15～A8		A7～A0		START Repeat	1010 000	1		DATA		STOP
SDA	S	SLAVE ADDRESS	$\overline{W}$	A	Byte	A	Byte	A	Sr	SLAVE ADDRESS	R	A	Byte	$\overline{A}$	P

图 10-19　AT24C64 随机地址读时序图

3）顺序地址读取。AT24C64 顺序地址读时序图如图 10-20 所示，顺序读操作可通过立即读或随机地址读操作启动。在 AT24C64 发送完一个 8 位字节数据后，主器件产生一个应答信号来响应，告知 AT24C64 主器件要求更多的数据，对应每个主机产生的应答信号，AT24C64 将发送一个 8 位字节数据。当主器件不发送应答信号而发送停止位时，结束此操作。从 AT24C64 输出的数据按顺序从 N 到 $N+1$ 输出。读操作时地址计数器在 AT24C64 整个地址内增加，这样整个寄存器区域可在一个读操作内全部读出。当读取的字节超过器件最大地址时，计数器将翻转到零并继续输出数据字节。

	START	1010 000	1		DATA1			DATAx		STOP
SDA	S	SLAVE ADDRESS	R	A	Byte	A		Byte	$\overline{A}$	P

图 10-20　AT24C64 顺序地址读时序图

2. I²C 实现 AT24C02 数据存取

STM32 通过 I²C 接口完成 AT24C02 读写，通过 USART 将读写信息发送到上位机的串口调试助手，显示数据和读写结果。

STM32 扩展 AT24C02 电路原理图如图 10-21 所示，由于 I²C 总线采用开集电极输出，总线必须接上拉电阻，上拉电阻大小由通信速率确定（一般标准速度在 100kbit/s 以下时，上拉电阻为 5kΩ 左右）。AT24C02 的电源电压工作范围为 1.8 ~ 3.6V，结合 STM32，统一选用 3.3V 电压供电。AT24C02 硬件地址（A2A1A0）设为 000，即地址 0，则 AT24C02 的芯片地址为 1010000，其中前 4 位 1010 由芯片厂商从 I²C 委员会获得。为了提高系统可靠性，芯片电源加去耦电容。STM32 其他部分参见第 2 章有关最小系统的介绍。

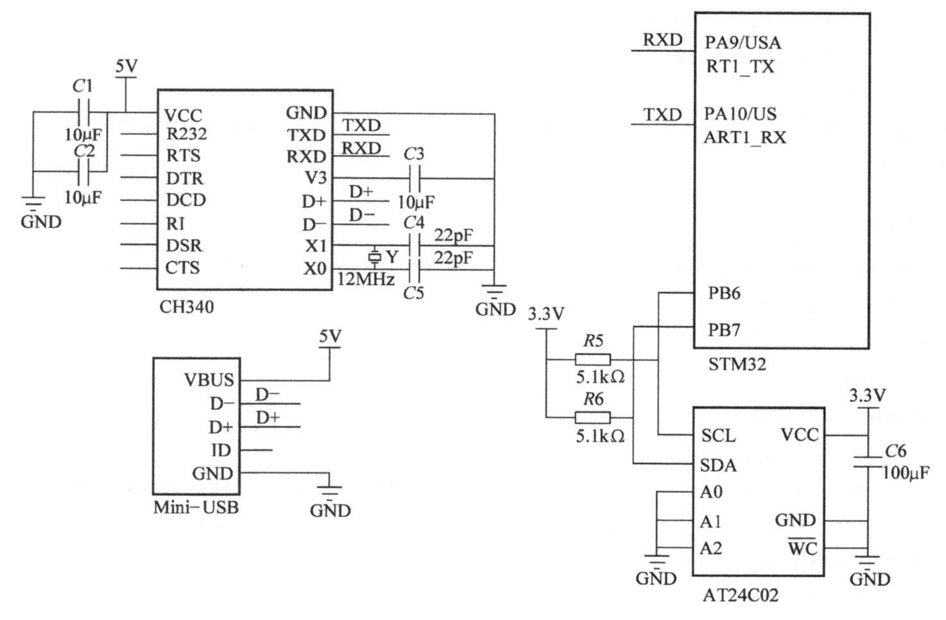

图 10-21　STM32 扩展 AT24C02 电路原理图

根据要求，首先将字符串写入 AT24C02，然后读出，比较写入和读出字符串是否相同，相同则通过串口输出 right，不同则输出 error，程序完成以下工作：

1）初始化 USART，实现 USART 发送功能，将读写结果发送到上位机。

2）初始化 I²C 完成读写功能。

3）写数据。

4）读数据。

5）比较读写结果，发送 USART 显示。

STM32 读写 AT24C02 程序流程图如图 10-22 所示。

主程序及驱动程序均放在“main. c”中，并将初始化、AT24C02 读写配置等功能写成函数模块，工程文件结构如图 10-23 所示。

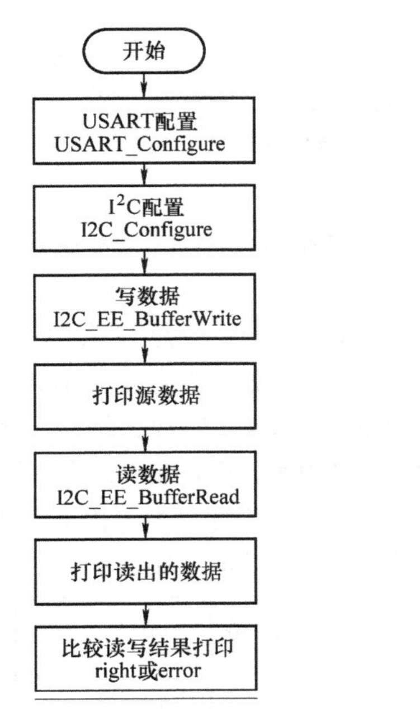

图 10-22　STM32 读写 AT24C02 程序流程图

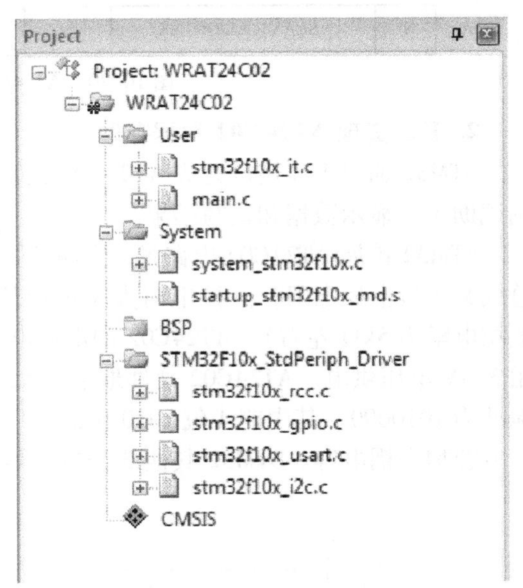

图 10-23　工程文件结构

main. c 程序如下

main. c

```
/ ***********************************************************************
  * @ file      main. c
  * @ author    YSU Team
  * @ version V1. 0
  * @ date      2018 - 02 - 24
  * @ brief     主程序源文件
  ***********************************************************************/
/ * ----------------------头文件包含 ----------------------------------- * /
#include " stm32f10x. h"
#include " stdio. h"
#include  < string. h >
/ *  ----------------------宏定义 -------------------------------------- * /
#define I2C_Speed                100000
#define I2C1_SLAVE_ADDRESS7        0xA0
#define I2C_PageSize             8          / *  AT24C02 每页有 8 个字节  * /
#define EEP_Firstpage         0x00
/ *  ----------------------函数声明 ------------------------------------- * /
void USART_Configure( void) ;
void USART_GPIO_Configure( void) ;
void delay_ms( int32_t ms) ;
void IIC_Configure( void) ;
void I2C_EE_BufferWrite( uint8_t * pBuffer, uint8_t WriteAddr, uint16_t NumByteToWrite) ;
```

```
void I2C_EE_ByteWrite(uint8_t * pBuffer, uint8_t WriteAddr);
void I2C_EE_PageWrite(uint8_t * pBuffer, uint8_t WriteAddr, uint8_t NumByteToWrite);
void I2C_EE_BufferRead(uint8_t * pBuffer, uint8_t ReadAddr, uint16_t NumByteToRead);
void I2C_EE_WaitEepromStandbyState(void);
/* ----------------------全局变量---------------------------------------*/
uint8_t  I2C_Buf_Write[256] = "This is Yanshan University !";//写缓存
uint8_t  I2C_Buf_Read[256];//读缓存
uint16_t EEPROM_ADDRESS;//EEPROM 读写地址
/* ----------------------主程序-----------------------------------------*/
int main(void)
{
    int i;//循环计数标志
    USART_Configure();//USART 配置
    I2C_Configure();//I²C 配置
    delay_ms(1000);//延时以显示打印字符
    printf("\nThis is IIC test ! \n");
    I2C_EE_BufferWrite(I2C_Buf_Write, EEP_Firstpage, 256);//写数据
    printf("\nThe input is:%s\n",I2C_Buf_Write);//打印源数据
    delay_ms(1000);
    I2C_EE_BufferRead(I2C_Buf_Read, EEP_Firstpage, 256);//读数据
    printf("\nHave done ! \n"); //打印读取完毕提示
    printf("\nThe output is:%s\n",I2C_Buf_Read);//打印读出的数据
    if(strcmp(I2C_Buf_Read,I2C_Buf_Write) = =0)
    {
        printf("\nThe write and read is right ! \n");
    }
    else
    {
        printf("\nThe write and read is error ! \n");
    }
    while (1)
    {
    }
}
/** @简介:USART 初始化
  * @参数: 无
  * @返回值:无  */
void USART_Configure(void)
{
    /* 定义 USART 初始化结构体 */
    USART_InitTypeDef USART_InitStructure;
    /* 打开 USART1 时钟 */
```

```
        RCC_APB2PeriphClockCmd(RCC_APB2Periph_USART1, ENABLE);
        /* 配置 USART1 相关引脚 */
        USART_GPIO_Configure();
        /* 配置 USART 波特率、数据位、停止位、奇偶校验、硬件流控制和模式 */
        USART_InitStructure.USART_BaudRate = 115200;//波特率为 115200Baud
        USART_InitStructure.USART_WordLength = USART_WordLength_8b;//8 位数据
        USART_InitStructure.USART_StopBits = USART_StopBits_1;//1 个停止位
        USART_InitStructure.USART_Parity = USART_Parity_No;//无奇偶校验
        USART_InitStructure.USART_HardwareFlowControl = USART_HardwareFlowControl_None;//无硬件流
控制
        USART_InitStructure.USART_Mode = USART_Mode_Rx | USART_Mode_Tx;//接收和发送模式
        /* 完成配置 */
        USART_Init(USART1, &USART_InitStructure);
        /* 使能 USART1 */
        USART_Cmd(USART1, ENABLE);
    }
    /** @简介:USART_GPIO 初始化
      * @参数:无
      * @返回值:无 */
    void USART_GPIO_Configure(void)
    {
        /* 定义 GPIO 初始化结构体 */
        GPIO_InitTypeDef GPIO_InitStructure;
        /* 打开 GPIOA、AFIO 和 USART1 时钟 */
        RCC_APB2PeriphClockCmd(RCC_APB2Periph_GPIOA | RCC_APB2Periph_AFIO | RCC_APB2Periph_
USART1, ENABLE);
        /* 配置 PA9(USART_Tx)为复用推挽输出,IO 速度 50MHz */
        GPIO_InitStructure.GPIO_Pin = GPIO_Pin_9;
        GPIO_InitStructure.GPIO_Speed = GPIO_Speed_50MHz;
        GPIO_InitStructure.GPIO_Mode = GPIO_Mode_AF_PP;
        /* 完成配置 */
        GPIO_Init(GPIOA, &GPIO_InitStructure);
        /* 配置 PA10(USART1_Rx)为浮空输入 */
        GPIO_InitStructure.GPIO_Pin = GPIO_Pin_10;
        GPIO_InitStructure.GPIO_Mode = GPIO_Mode_IN_FLOATING;
        /* 完成配置 */
        GPIO_Init(GPIOA, &GPIO_InitStructure);
    }
    /** @简介:将 C 库中 printf 重定向到 USART
      * @参数:ch - 待发送字符,f - 指定文件
      * @返回值:ch */
    int fputc(int ch, FILE *f)
```

```
{
    USART_SendData(USART1, (u8) ch);
  while(! (USART_GetFlagStatus(USART1, USART_FLAG_TXE) == SET))
  {
  }
  return ch;
}
/** @简介:软件延时函数,单位为ms
  * @参数: 延时毫秒数
  * @返回值:无   */
void delay_ms(int32_t ms)
{
    int32_t i;
    while(ms--)
    {
        i=7500;//开发板晶振8MHz时的经验值
        while(i--);
    }
}
/** @简介:I2C初始化
  * @参数: 延时毫秒数
  * @返回值:无   */
void IIC_Configure(void)
{
    /* 定义GPIO和I2C初始化结构体 */
    GPIO_InitTypeDef GPIO_InitStructure;
    I2C_InitTypeDef  I2C_InitStructure;
    /* 打开GPIOB和I2C时钟 */
    RCC_APB2PeriphClockCmd(RCC_APB2Periph_GPIOB,ENABLE);
    RCC_APB1PeriphClockCmd(RCC_APB1Periph_I2C1,ENABLE);
    /* I2C引脚配置 */
    GPIO_InitStructure.GPIO_Pin = GPIO_Pin_6|GPIO_Pin_7;
    GPIO_InitStructure.GPIO_Speed = GPIO_Speed_2MHz;
    GPIO_InitStructure.GPIO_Mode = GPIO_Mode_AF_OD;
    GPIO_Init(GPIOB, &GPIO_InitStructure);
    /* I2C配置:I2C模式,100kHz,允许应答 */
    I2C_InitStructure.I2C_Mode = I2C_Mode_I2C;
    I2C_InitStructure.I2C_DutyCycle = I2C_DutyCycle_2;
    I2C_InitStructure.I2C_ClockSpeed = I2C_Speed;
    I2C_InitStructure.I2C_OwnAddress1 = I2C1_SLAVE_ADDRESS7;
    I2C_InitStructure.I2C_Ack = I2C_Ack_Enable;
    I2C_InitStructure.I2C_AcknowledgedAddress = I2C_AcknowledgedAddress_7bit;
```

```
    /* 使能 I²C1 */
    I2C_Cmd(I2C1, ENABLE);
    I2C_Init(I2C1, &I2C_InitStructure);
    /* 允许 1 字节 1 应答模式 */
    I2C_AcknowledgeConfig(I2C1, ENABLE);
    /* 读写地址 */
    EEPROM_ADDRESS = 0xA0;
}
/** @简介:将缓冲区中的数据写到 I²C EEPROM 中
  * @参数: pBuffer:缓冲区指针,WriteAddr:接收数据的 EEPROM 的地址,
  *         NumByteToWrite:要写入 EEPROM 的字节数
  * @返回值:无   */
void I2C_EE_BufferWrite(uint8_t * pBuffer, uint8_t WriteAddr, uint16_t NumByteToWrite)
{
    uint8_t NumOfPage = 0, NumOfSingle = 0, Addr = 0, count = 0;
    Addr = WriteAddr % I2C_PageSize;
    count = I2C_PageSize - Addr;
    NumOfPage =  NumByteToWrite / I2C_PageSize;
    NumOfSingle = NumByteToWrite % I2C_PageSize;
    /* 写入地址为页地址 */
    if(Addr == 0)
    {
        /* 数据小于 1 页 */
        if(NumOfPage == 0)
        {
            I2C_EE_PageWrite(pBuffer, WriteAddr, NumOfSingle);
            I2C_EE_WaitEepromStandbyState();
        }
        /* 数据大于 1 页 */
        else
        {
            while(NumOfPage--)
            {
                I2C_EE_PageWrite(pBuffer, WriteAddr, I2C_PageSize);
                I2C_EE_WaitEepromStandbyState();
                WriteAddr +=  I2C_PageSize;
                pBuffer += I2C_PageSize;
            }
            if(NumOfSingle != 0)
            {
                I2C_EE_PageWrite(pBuffer, WriteAddr, NumOfSingle);
                I2C_EE_WaitEepromStandbyState();
```

```
            }
        }
    }
    /* 写入地址为页地址 */
    else
    {
        /* 数据小于1页 */
        if(NumOfPage == 0)
        {
            I2C_EE_PageWrite(pBuffer, WriteAddr, NumOfSingle);
            I2C_EE_WaitEepromStandbyState();
        }
        /* 数据大于1页 */
        else
        {
            NumByteToWrite -= count;
            NumOfPage =  NumByteToWrite / I2C_PageSize;
            NumOfSingle = NumByteToWrite % I2C_PageSize;
            if(count != 0)
            {
                I2C_EE_PageWrite(pBuffer, WriteAddr, count);
                I2C_EE_WaitEepromStandbyState();
                WriteAddr += count;
                pBuffer += count;
            }
            while(NumOfPage--)
            {
                I2C_EE_PageWrite(pBuffer, WriteAddr, I2C_PageSize);
                I2C_EE_WaitEepromStandbyState();
                WriteAddr +=  I2C_PageSize;
                pBuffer += I2C_PageSize;
            }
            if(NumOfSingle != 0)
            {
                I2C_EE_PageWrite(pBuffer, WriteAddr, NumOfSingle);
                I2C_EE_WaitEepromStandbyState();
            }
        }
    }
}
/** @简介:写1个字节到I²C EEPROM中
  * @参数: pBuffer:缓冲区指针,WriteAddr:接收数据的EEPROM的地址
```

```
  * @返回值:无   */
void I2C_EE_ByteWrite(uint8_t * pBuffer, uint8_t WriteAddr)
{
    /* 产生起始位 */
    I2C_GenerateSTART(I2C1, ENABLE);//开始
    while(! I2C_CheckEvent(I2C1, I2C_EVENT_MASTER_MODE_SELECT));//清零 EV5
    I2C_Send7bitAddress(I2C1, EEPROM_ADDRESS, I2C_Direction_Transmitter);//发送写地址
    while(! I2C_CheckEvent(I2C1,I2C_EVENT_MASTER_TRANSMITTER_MODE _SELECTED));
                                                                        //清零 EV6
    I2C_SendData(I2C1, WriteAddr);//写地址
    while(! I2C_CheckEvent(I2C1, I2C_EVENT_MASTER_BYTE_TRANSMITTED));//清零 EV8
    I2C_SendData(I2C1, * pBuffer);//写数据
    while(! I2C_CheckEvent(I2C1, I2C_EVENT_MASTER_BYTE_TRANSMITTED));//清零 EV8
    I2C_GenerateSTOP(I2C1, ENABLE);//停止
}
/** @简介:在 EEPROM 的一个写循环中,可以写多个字节,但一次写入的字节数
  *         不能超过 EEPROM 页的大小。AT24C02 每页有 8 个字节
  * @参数: pBuffer:缓冲区指针,WriteAddr:接收数据的 EEPROM 的地址,
  *         NumByteToWrite:要写入 EEPROM 的字节数
  * @返回值:无   */
void I2C_EE_PageWrite(uint8_t * pBuffer, uint8_t WriteAddr, uint8_t NumByteToWrite)
{
    while(I2C_GetFlagStatus(I2C1, I2C_FLAG_BUSY)); //等待空闲
    I2C_GenerateSTART(I2C1, ENABLE);//开始
    while(! I2C_CheckEvent(I2C1, I2C_EVENT_MASTER_MODE_SELECT)); //清零 EV5
    I2C_Send7bitAddress(I2C1, EEPROM_ADDRESS, I2C_Direction_Transmitter);//发送写地址
    while(! I2C_CheckEvent(I2C1,I2C_EVENT_MASTER_TRANSMITTER_MODE_SELECTED));
                                                                        //清零 EV6
    I2C_SendData(I2C1, WriteAddr); //写地址
    while(! I2C_CheckEvent(I2C1, I2C_EVENT_MASTER_BYTE_TRANSMITTED));//清零 EV8
    while(NumByteToWrite--)
    {
        I2C_SendData(I2C1, * pBuffer); //写数据
        pBuffer++;
        while (! I2C_CheckEvent(I2C1, I2C_EVENT_MASTER_BYTE_TRANSMITTED));//清零 EV8
    }
    I2C_GenerateSTOP(I2C1, ENABLE);//停止
}
/** @简介:从 EEPROM 里面读取一块数据。
  * @参数: pBuffer:缓冲区指针,WriteAddr:接收数据的 EEPROM 的地址,
  *         NumByteToRead:要从 EEPROM 读取的字节数
  * @返回值:无   */
```

```
void I2C_EE_BufferRead(uint8_t * pBuffer, uint8_t ReadAddr, uint16_t NumByteToRead)
{
    while(I2C_GetFlagStatus(I2C1, I2C_FLAG_BUSY));  //等待空闲
    I2C_GenerateSTART(I2C1, ENABLE);
    while(! I2C_CheckEvent(I2C1, I2C_EVENT_MASTER_MODE_SELECT));
    I2C_Send7bitAddress(I2C1, EEPROM_ADDRESS, I2C_Direction_Transmitter);
    while(! I2C_CheckEvent(I2C1,I2C_EVENT_MASTER_TRANSMITTER_MODE_SELECTED));
    I2C_Cmd(I2C1, ENABLE);
    I2C_SendData(I2C1, ReadAddr);
    while(! I2C_CheckEvent(I2C1, I2C_EVENT_MASTER_BYTE_TRANSMITTED));
    I2C_GenerateSTART(I2C1, ENABLE);
    while(! I2C_CheckEvent(I2C1, I2C_EVENT_MASTER_MODE_SELECT));
    I2C_Send7bitAddress(I2C1, EEPROM_ADDRESS, I2C_Direction_Receiver);
    while(! I2C_CheckEvent(I2C1,I2C_EVENT_MASTER_RECEIVER_MODE_SELECTED));
    while(NumByteToRead)
    {
        if(NumByteToRead == 1)
        {
            I2C_AcknowledgeConfig(I2C1, DISABLE);
            I2C_GenerateSTOP(I2C1, ENABLE);
        }
        if(I2C_CheckEvent(I2C1, I2C_EVENT_MASTER_BYTE_RECEIVED))
        {
            * pBuffer = I2C_ReceiveData(I2C1);
            pBuffer++;
            NumByteToRead--;
        }
    }
    I2C_AcknowledgeConfig(I2C1, ENABLE);
}
/** @简介:等待 I²C 可用状态
  * @参数: pBuffer:缓冲区指针,WriteAddr:接收数据的 EEPROM 的地址,
  *         NumByteToRead:要从 EEPROM 读取的字节数
  * @返回值:无   */
void I2C_EE_WaitEepromStandbyState(void)
{
    vu16 SR1_Tmp = 0;
    do
    {
        I2C_GenerateSTART(I2C1, ENABLE);
        SR1_Tmp = I2C_ReadRegister(I2C1, I2C_Register_SR1);
        I2C_Send7bitAddress(I2C1, EEPROM_ADDRESS, I2C_Direction_Transmitter);
```

```
    }while(!(I2C_ReadRegister(I2C1, I2C_Register_SR1) & 0x0002));
    I2C_ClearFlag(I2C1, I2C_FLAG_AF);
    I2C_GenerateSTOP(I2C1, ENABLE);
}
```

将程序下载到开发板，打开串口调试助手观察结果，如图 10-24 所示。

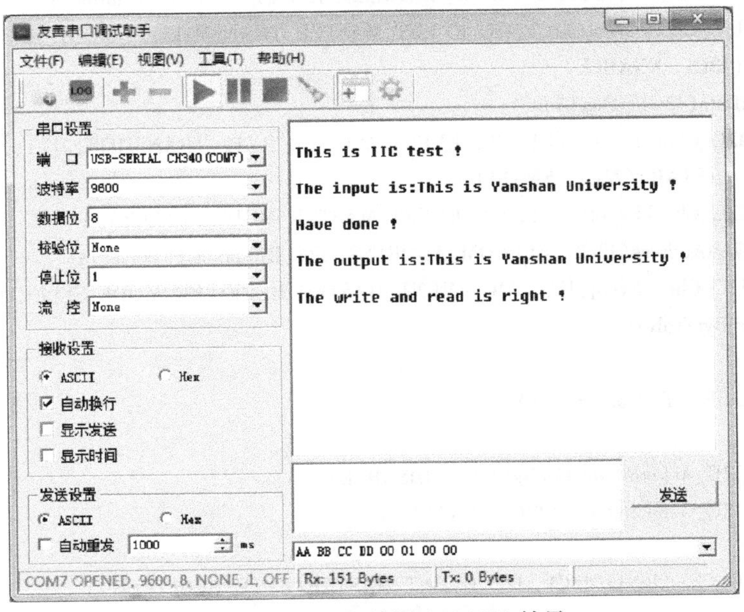

图 10-24　STM32 读写 AT24C02 结果

将驱动程序放在不同文件中实现模块化，模块化工程文件结构如图 10-25 所示。

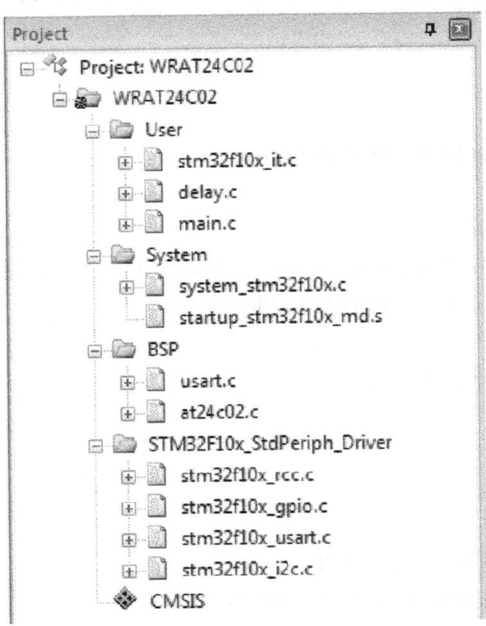

图 10-25　模块化工程文件结构

10.6.2 I²C 应用实例 2：1120－1 电压报警上下限设置

第 9 章应用实例 2 设计了一个 1120－1 测控系统，能够实现 1 路开关量输入，1 路模拟量输入，2 路开关量输出，1 路串口输出，当电压超限时，LED1 亮。然而电压的上下限在程序中是固定的，要改变电压上下限则需要改变程序，重新编译并下载程序，这为应用带来极大不便。本例对其进行改进，通过串口将电压上下限写入 AT24C02，系统上电时从 AT24C02 中读取电压上下限。为此须增加上位机下发指令通信协议，见表 10-5。同时，在下位机上传信息通信协议中增加电压上下限字段，见表 10-6，对比表 10-6 和表 9-3，表 9-3 中只有保留了 1 个字节，而电压上下限需要 4 个字节，因此在设计通信协议时应注意保留足够的字节数，以备扩展。硬件原理图如图 10-26 所示。

表 10-5　上位机下发指令通信协议

协议头 （4 字节）	数据来源 （1 字节）	电压上限 （2 字节）	电压下限 （2 字节）	保留 （6 字节）
03D1D2AD	00：上位机	高位：整数 低位：小数	高位：整数 低位：小数	000000000000

表 10-6　下位机上传信息通信协议

协议头 （4 字节）	数据来源 （1 字节）	LED1 状态 （1 字节）	LED2 状态 （1 字节）	电压 （2 字节）	电压上限 （2 字节）	电压下限 （2 字节）	保留 （2 字节）
03D1D2AD	01： 下位机	00：灭 01：亮	00：灭 01：亮	高位：整数 低位：小数	高位：整数 低位：小数	高位：整数 低位：小数	0000

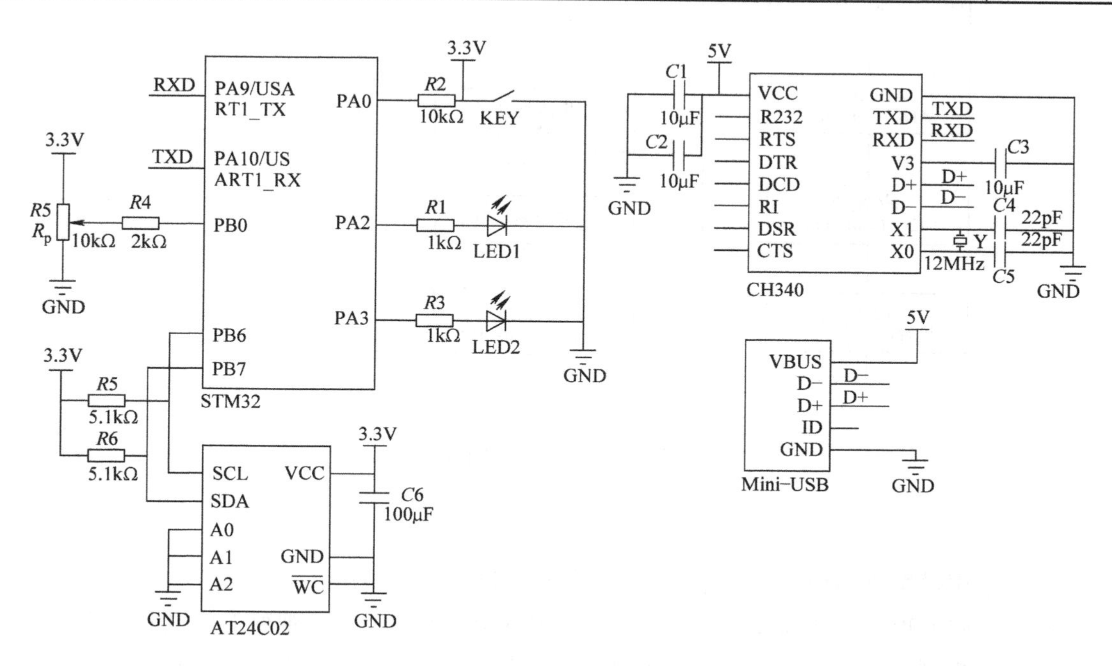

图 10-26　硬件原理图

根据要求，主程序流程图如图 10-27 所示，在第 9 章实例 2 的基础上增加了 AT24C02 的读写。

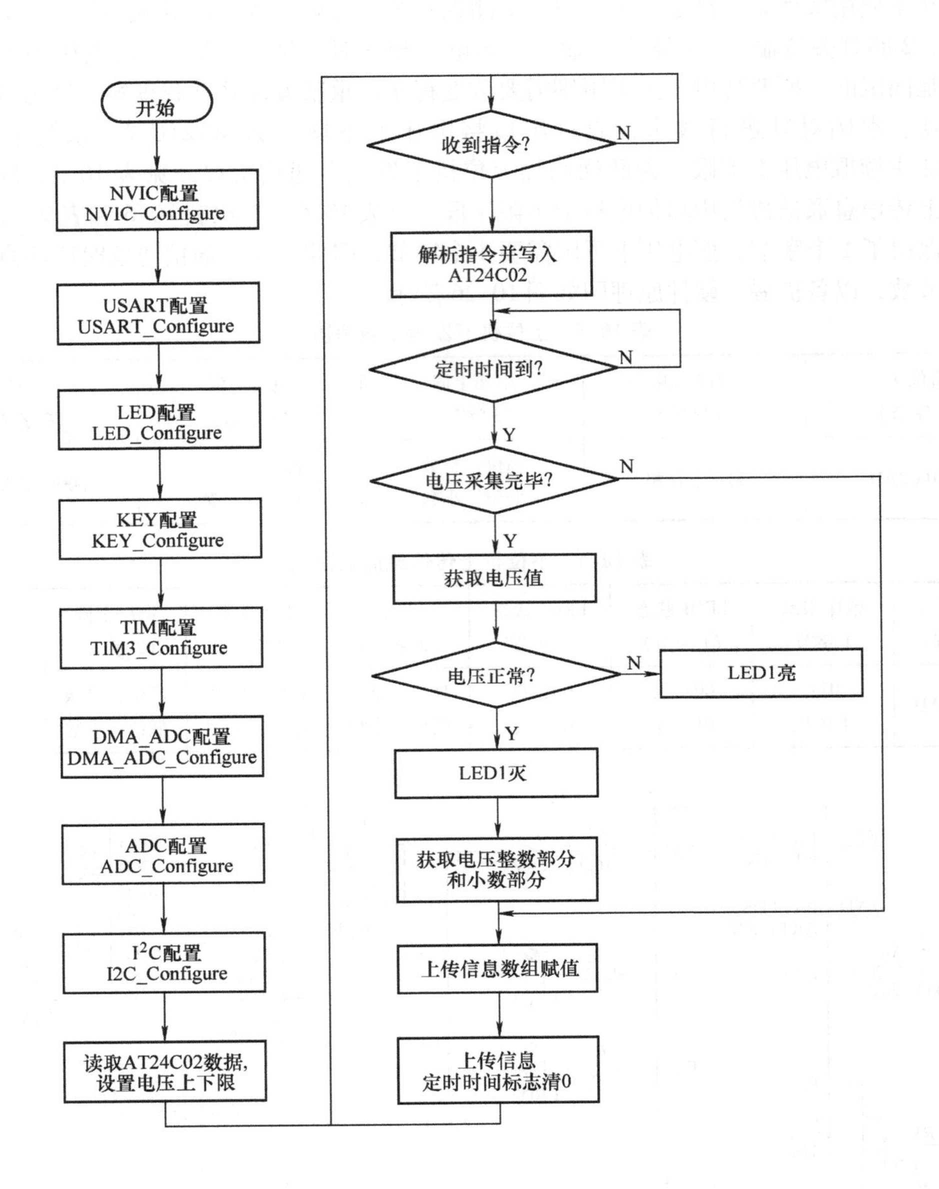

图 10-27　主程序流程图

本例采用模块化编程，模块化工程文件结构如图 10-28 所示。

将编译好的程序下载到开发板，打开并配置好串口调试助手，观察下位机上传的信息及 LED 状态，根据下发指令通信协议，给单片机下发指令，配置电压上下限，观察 LED 状态，上传信息及下发指令如图 10-29 所示。注意，下发指令后要重启系统。

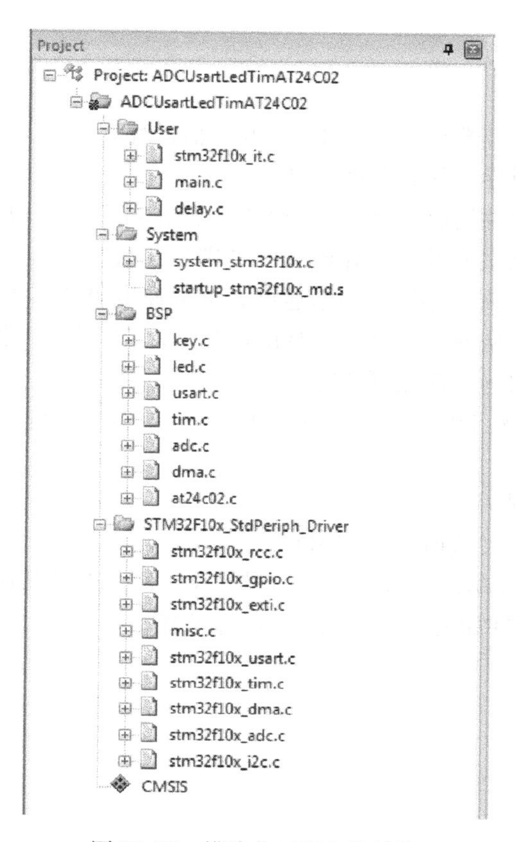

图 10-28　模块化工程文件结构

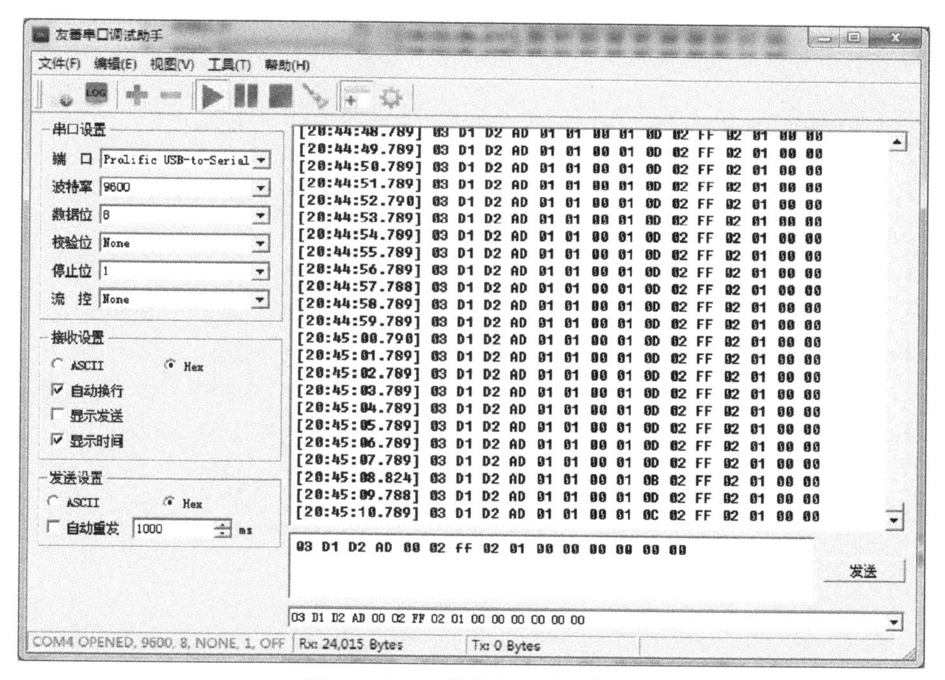

图 10-29　上传信息及下发指令

思考与练习

1. 什么是 I^2C 总线？简述 I^2C 总线的特点及传输过程。
2. 描述 I^2C 数据有效性、起始条件和停止条件。
3. 简述 I^2C 总线的硬件构成。STM32 的 I^2C 的组成部分主要包括哪些？
4. STM32 的 I^2C 模块具有几种工作模式？分别是什么？
5. STM32 的 I^2C 模块支持不同的通信速度，标准速度可达多少？快速可达多少？
6. 描述 I^2C 主模式和从模式的时序。默认情况下，I^2C 接口工作在什么模式？
7. 列举 I^2C 常用函数，并描述其功能。
8. 定义于“stm32f10x_I2C. h” 文件的 I2C_InitTypeDef 结构的成员有哪些？各有什么含义？
9. 简述 I^2C 配置流程。
10. 简述 I^2C 的过载/欠载错误（OVR）。
11. I^2C 的应答信号（ACK）和非应答信号（NACK）的实现方法是什么？
12. STM32 与 I^2C 器件如何连接？画出连接示意图。

第 11 章 STM32 的串行外设接口 SPI

串行外设接口（Serial Peripheral Interface，SPI）总线是 Motorola 公司提出的一种同步串行外设接口，允许 MCU 与各种外围设备进行全双工同步串行通信。

SPI 总线是三线制，采用主从模式（Master - Slave）架构，支持一个或多个 Slave 设备，由于其简单实用、性能优异，又不牵涉专利问题，所以许多厂商的设备都支持该接口，其被广泛应用于 MCU 和外设模块（如 E2PROM、ADC、显示驱动器等）。

在大容量产品和互联型产品上，SPI 可以配置为支持 SPI 协议或者支持 I^2S 音频协议。SPI 默认工作在 SPI 模式，可以通过软件把功能从 SPI 模式切换到 I^2S 模式。在小容量和中容量产品上，不支持 I^2S 音频协议。

I^2S 音频协议也是一种 3 引脚的同步串行接口通信协议。它支持 4 种音频标准，包括飞利浦 I^2S 标准，MSB 和 LSB 对齐标准，以及 PCM 标准。它在半双工通信中，可以工作在主和从两种模式下。当它作为主设备时，通过接口向外部的从设备提供时钟信号。

11.1 SPI 总线通信简介

11.1.1 SPI 总线的组成

SPI 系统可直接与各个厂家生产的多种标准的外围器件进行接口，它只需 4 根线：SCK（串行时钟线）、MISO（主机输入/从机输出数据线）、MOSI（主机输出/从机输入数据线）和 NSS（低电平有效的从机选择线）。

1）SCK：作为主设备的输出、从设备的输入。

2）MISO：该引脚在从模式下发送数据，在主模式下接收数据。

3）MOSI：该引脚在主模式下发送数据，在从模式下接收数据。

4）NSS：它是一个可选的引脚，用来选择主/从设备。它被用来作为片选引脚，让主设备可以单独地与特定从设备通信，避免数据线上的冲突。

SPI 为环形总线结构，由 NSS、SCK、MISO、MOSI 构成，单主和单从设备连接图如图 11-1 所示，NSS 引脚设置为输入，MOSI 引脚相互连接，MISO 引脚相互连接，数据在主和从之间串行传输（MSB 在前）。通信总是由主设备发起，主设备通过 MOSI 引脚把数据发送给从设备，从设备通过 MISO 引脚回传数据，数据的输出和输入由同一个时钟信号同步，时钟信号由主设备通过 SCK 引脚提供。主机 SPI 时钟发生器在驱动移位寄存器移位的同时，产生时序由 SCK 引脚输出后控制从机移位寄存器。在 SCK 的控制下，主机移位寄存器的数据通过 MOSI 移位到从机移位寄存器中，而从机移位寄存器之前的数据通过 MISO 移位到主机移位寄存器中。

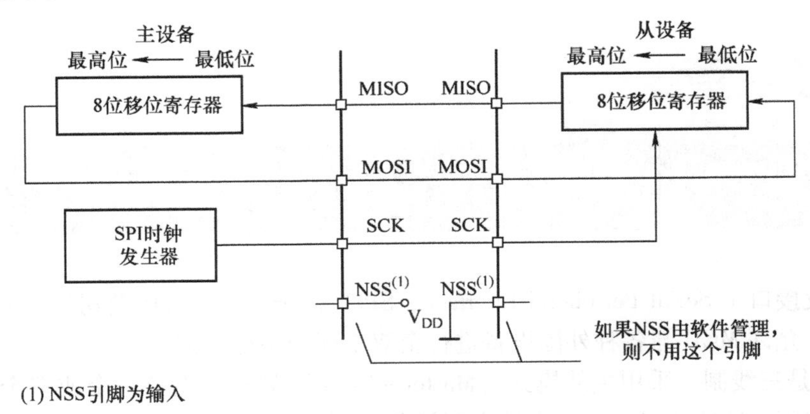

图 11-1 单主和单从设备连接图

11.1.2 SPI 总线的功能

SPI 系统可以很容易地与许多厂家的多种标准的外围器件直接连接。在多主机系统中，SPI 还可用于微处理器之间的通信。SPI 子系统可以在软件控制下构成复杂或简单的系统，如一个主微处理器和几个从微处理器；几个微处理器互连，构成多主机系统；一个主微处理器和一个或多个从外围器件。

1. 单主机通信

多数应用场合用一个微处理器作为主机，主机向从机（一个或多个外围器件）发送数据或控制指令，从机接收数据或控制指令并做出相应动作。SPI 单主机多从机通信系统连接图如图 11-2 所示。

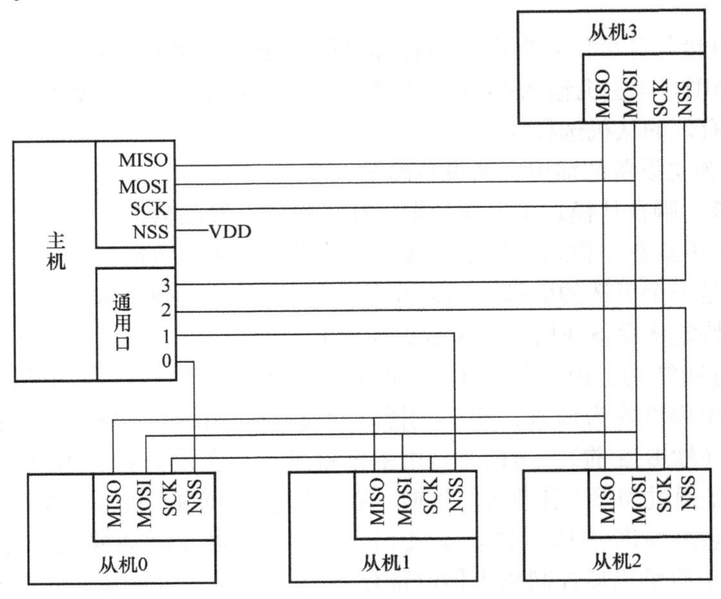

图 11-2 SPI 单主机多从机通信系统连接图

这种主从 SPI 可用于微处理器与外围器件（包括其他微处理器）进行全双工、同步串行通信。SPI 可以同时发出和接收串行数据。当 SPI 工作时，移位寄存器中的数据逐位从输出引脚输出（高位在前），同时从输入引脚接收的数据逐位移到移位寄存器中（高位在前）。发出一个字节后，从另一个外围器件接收的字节数据进入移位寄存器。主 SPI 的时钟信号使传输过程同步。

许多简单的从外围器件只能接收主 SPI 的数据或只向主机发送数据。例如，串行-并行移位寄存器只能作为 8 位输出口。设置为主机的微处理器 SPI 控制向移位寄存器的发送过程。由于移位寄存器并不向 SPI 发出数据，所以 SPI 可以忽略接收的数据。

2. 多主机通信

SPI 双主机多从机通信系统连接图如图 11-3 所示。MOSI 和 MISO 两个数据引脚用于接收和发送串行数据，MSB 在前，LSB 在后。当 SPI 设置为主机时，MISO 是主机数据输入端，MOSI 是主机数据输出端：当 SPI 设置为从机时，MISO 是从机数据输出端，MOSI 是从机数据输入端。

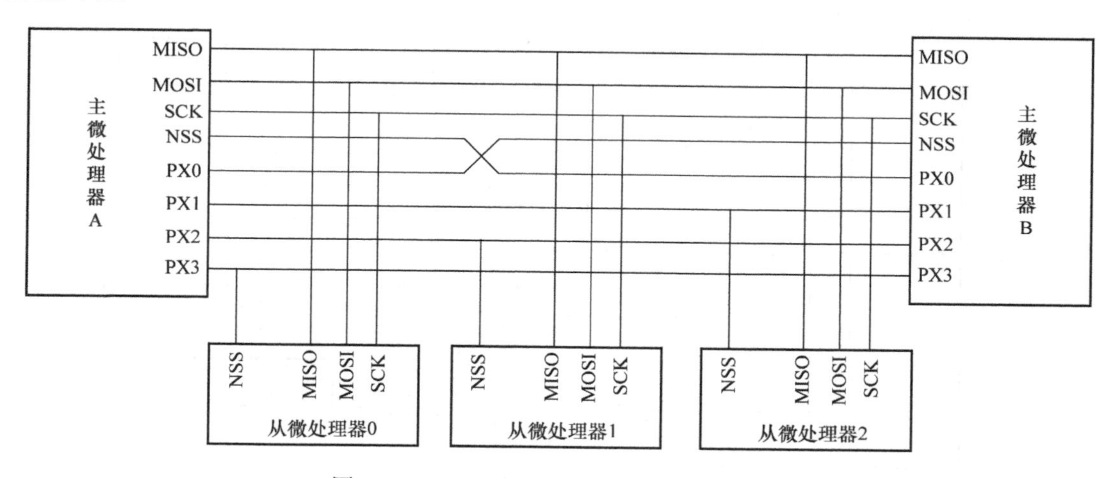

图 11-3　SPI 双主机多从机通信系统连接图

SCK 是通过 MISO 和 MOSI 输入和输出数据的同步时钟。当 SPI 设置为主机时，SCK 是主机时钟输出端；当 SPI 设置为从机时，SCK 是从机时钟输入端。

当 SPI 设置为主机时，SCK 信号从内部微处理器总线时钟获得。当主机启动一次传输时，SCK 引脚自动产生 8 个时钟周期。对于主机或从机，都是在一个跳变沿进行采样，在另一个跳变沿移位输出或输入数据。

NSS 用于选择是否允许接收主机时钟和数据的从机。在数据传输之前，NSS 必须变为低电平，并在传输过程中保持低电平。主机的 NSS 必须接到高电平。

11.2　STM32 的 SPI 特性及结构

STM32 的 SPI 具有以下特性：

1）3 线全双工同步传输，带或不带第 3 根双向数据线的双线单工同步传输。

2）8 位或 16 位传输帧格式选择。

3）主模式和从模式的快速通信，支持多主模式。

4）可编程的时钟极性、相位和数据顺序。

5）可触发中断的专用发送和接收标志、主模式故障、过载以及 CRC 错误标志。

6）SPI 总线忙状态标志。

7）支持可靠通信的硬件 CRC。

8）支持 DMA 功能的 1 字节发送和接收缓冲器，产生发送和接收请求。

STM32 的 SPI 的基本结构如图 11-4 所示。

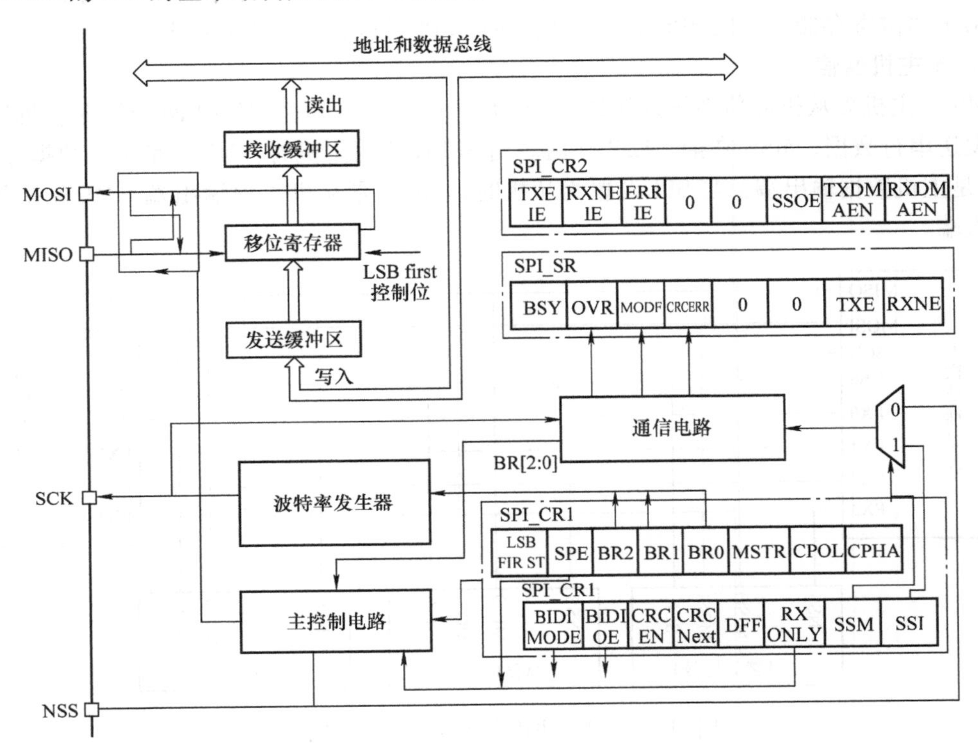

图 11-4　STM32 的 SPI 的基本结构

STM32 的 SPI 主要包括 MOSI、MISO、SCK 和 NSS，它们都有相应的引脚与外部设备相连。内部包括地址和数据总线、接收缓冲区、移位寄存器、发送缓冲区、波特率发生器、主控制电路、通信电路以及 3 个相关寄存器。

STM32F103RBT6 有 2 个 SPI，即 SPI1 和 SPI2，其引脚对应如下：SPI1_NSS（PA4）、SPI1_SCK（PA5）、SPI1_MISO（PA6）、SPI1_MOSI（PA7），SPI2_NSS（PB12）、SPI2_SCK（PB13）、SPI2_MISO（PB14）、SPI2_MOSI（PB15）。

STM32 的 SPI 的功能是通过操作相应寄存器实现的，包括 SPI 控制寄存器 1（SPI_CR1）、SPI 控制寄存器 2（SPI_CR2）、SPI 状态寄存器（SPI_SR）、SPI 数据寄存器（SPI_DR）、SPI CRC 多项式寄存器（SPI_CRCPR）、SPI Rx CRC 寄存器（SPI_RXCRCR）、SPI Tx CRC 寄存器（SPI_TXCRCR）、SPI_I²S 配置寄存器（SPI_I2S_CFGR）和 SPI_I²S 预分频寄存器（SPI_I2SPR）。

11.3 SPI通信的实现

11.3.1 从选择管理

通过SPI_CR1寄存器的SSM位可以设置NSS的两种模式：软件NSS模式和硬件NSS模式。硬件/软件的从选择管理如图11-5所示。

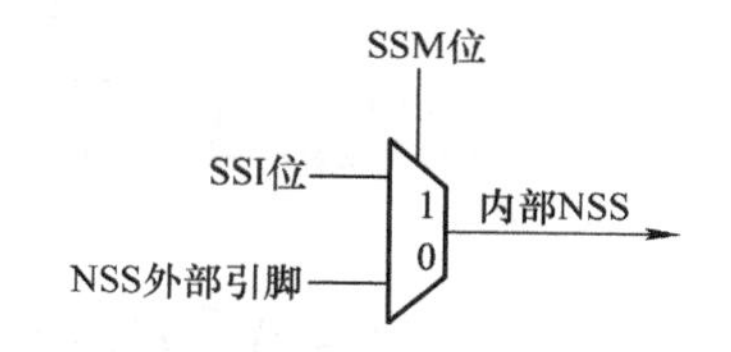

图11-5 硬件/软件的从选择管理

1. 软件NSS模式

在这种模式下，NSS引脚可以用作他用，而内部NSS信号电平可以通过写SPI_CR1的SSI位来驱动。

2. 硬件NSS模式

（1）NSS输出被使能

当STM32F103为主机，并且NSS输出已经通过SPI_CR2寄存器的SSOE位使能时，NSS引脚被拉低，所有NSS引脚与这个主机的NSS引脚相连并配置为硬件NSS的SPI设备，将自动变成从机。

当一个SPI设备需要发送广播数据时，它必须拉低NSS信号，以通知所有其他的设备它是主设备；如果它不能拉低NSS信号，就意味着总线上有另外一个主设备在通信，这时将产生一个硬件失败错误（Hard Fault）。

（2）NSS输出被关闭

允许操作于多主环境。

11.3.2 时钟相位与极性

SPI_CR寄存器的CPOL位和CPHA位控制时钟相位和极性。时钟极性（Clock Polarity，CPOL）位控制时钟引脚SCK空闲状态的电平，此位对主模式和从模式下的设备都有效。如果CPOL位被清0，则SCK引脚在空闲状态下保持低电平；如果CPOL位被置1，则SCK引脚在空闲状态下保持高电平。时钟相位（Clock Phase，CPHA）位决定数据采样时SCK的边沿。如果CPHA位被置1，SCK时钟的第二个边沿（CPOL位为0时就是下降沿，CPOL位为1时就是上升沿）进行数据位的采样，数据在第二个时钟边沿被锁存。如果CPHA位被清0，SCK时钟的第一边沿进行数据位采样，数据在第一个时钟边沿被锁存。数据时钟时序图如图11-6所示。

图11-6显示了SPI传输的4种CPHA位和CPOL位组合。此图可以解释为主设备和从设备的SCK引脚、MISO引脚、MOSI引脚直接连接的主或从时序图。

值得注意的是，在改变CPOL/CPHA位之前，必须清除SPE位将SPI禁止，主和从必须配置成相同的时序模式，SCK的空闲状态必须和SPI_CR1寄存器指定的极性一致（若CPOL为1，空闲时应上拉SCK为高电平；若CPOL为0，空闲时应下拉SCK为低电平）。数据帧格式（8位或16位）由SPI_CR1寄存器的DFF位选择，并且决定发送/接收的数据长度。

数据帧格式由SPI_CR1寄存器中的DFF和LSBFIRST控制：DFF=0时，一帧数据包含8位，DFF=1时，一帧数据包含16位；LSBFIRST=0时，数据位高位在前，LSBFIRST=1

时，数据位低位在前。所选择的数据帧格式对发送和/或接收都有效。

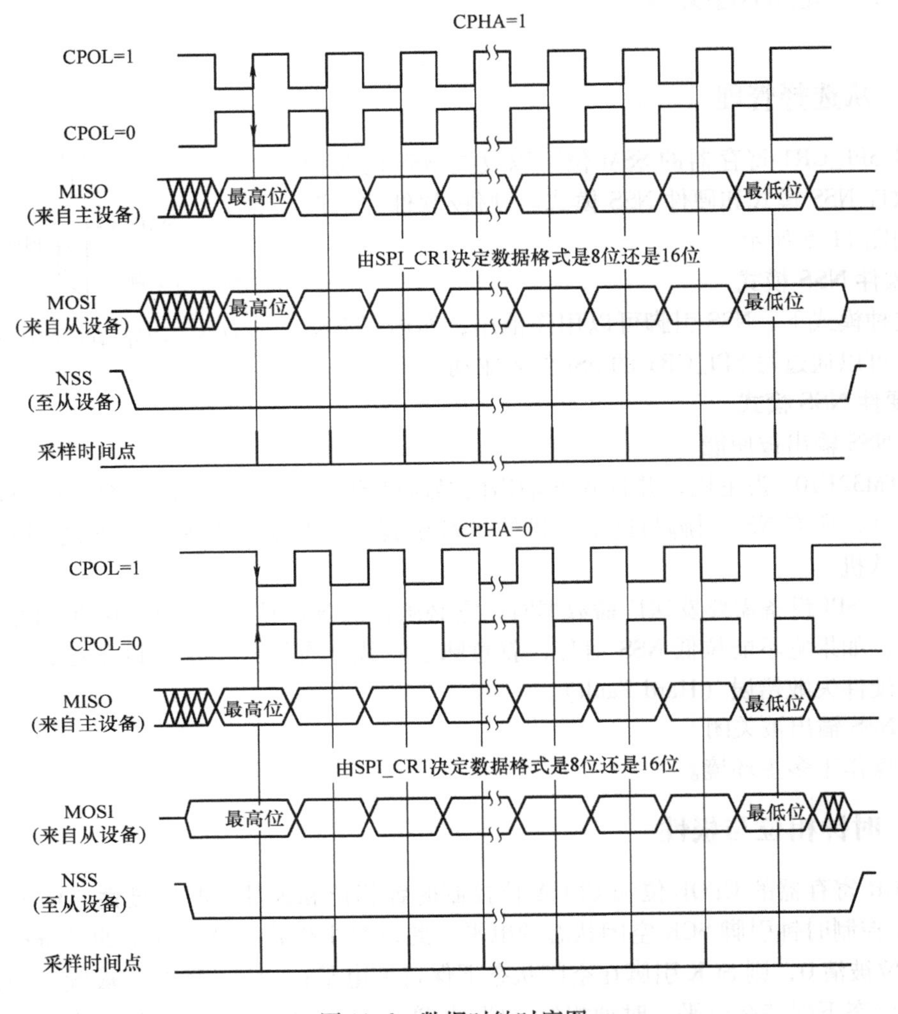

图 11-6　数据时钟时序图

11.3.3　SPI 主模式

在 SPI 主模式下，MOSI 引脚是数据输出，而 MISO 引脚是数据输入，SCK 引脚产生串行时钟。

1. 主模式配置步骤

主模式配置步骤如下：

1）通过 SPI_CR1 寄存器的 BR［2:0］位定义串行时钟波特率。

2）选择 CPOL 和 CPHA 位，定义数据传输和串行时钟间的相位关系。

3）设置 DFF 位来定义 8 位或 16 位数据帧格式。

4）配置 SPI_CR1 寄存器的 LSBFIRST 位定义帧格式。

5）如果需要 NSS 引脚工作在输入模式，在硬件模式下，整个数据帧传输期间应把 NSS

引脚连接到高电平；在软件模式下，需设置 SPI_CR1 寄存器的 SSM 位和 SSI 位。如果 NSS 引脚工作在输出模式，则只需设置 SSOE 位。

6）必须设置 MSTR 位和 SPE 位（只有当 NSS 引脚被接到高电平，这些位才能保持置位）。

2. 数据发送

当写入数据至发送缓冲器时，发送过程开始。在发送第一个数据位时，数据字被并行地（通过内部总线）传入移位寄存器，而后串行地移出到 MOSI 引脚上；MSB 在先还是 LSB 在先，取决于 SPI_CR1 寄存器中 LSBFIRST 位的设置。数据从发送缓冲器传输到移位寄存器时，TXE 标志将被置位，如果设置了 SPI_CR1 寄存器中的 TXEIE 位，将产生中断。

3. 数据接收

对于接收器来说，当数据传输完成时，传送移位寄存器中的数据到接收缓冲器，并且 RXNE 标志被置位。如果设置了 SPI_CR2 寄存器中的 RXNEIE 位，则产生中断。在最后采样时钟沿，RXNE 位被设置，在移位寄存器中接收到的数据字被传送到接收缓冲器中。读 SPI_DR 寄存器时，SPI 设备返回接收缓冲器中的数据，同时 RXNE 位被置 0。

一旦传输开始，如果下一个将发送的数据被放进了发送缓冲器，就可以维持一个连续的传输流。在试图写发送缓冲器之前，需确认 TXE 标志应该为 1。

11.3.4 SPI 从模式

在 SPI 从模式下，MOSI 引脚是数据输入，MISO 引脚是数据输出。SCK 引脚用于接收从主设备来的串行时钟。SPI_CR1 寄存器中 BR［2:0］的设置不影响数据的传输速率。

1. 从模式配置步骤

从模式配置步骤如下：

1）设置 DFF 位以定义数据帧格式为 8 位或 16 位。

2）选择 CPOL 位和 CPHA 位来定义数据传输和串行时钟之间的相位关系（见图 11-6）。为保证正确的数据传输，从设备和主设备的 CPOL 位和 CPHA 位必须配置成相同的方式。

3）帧格式（SPI_CR1 寄存器中 LSBFIRST 位定义的“MSB 在前”还是“LSB 在前”）必须与主设备相同。

4）硬件模式下，在完整的数据帧（8 位或 16 位）传输过程中，NSS 引脚必须为低电平。在 NSS 软件模式下，设置 SPI_CR1 寄存器中的 SSM 位并清除 SSI 位。

5）清除 MSTR 位、设置 SPE 位（SPI_CR1 寄存器），使相应引脚工作于 SPI 模式下。

2. 数据发送

在写操作中，数据字被并行地写入发送缓冲器。当从设备收到时钟信号，并且 MOSI 引脚上出现第一个数据位时，发送过程开始（此时第一个数据位被发送出去）。余下的位（对于 8 位数据帧格式，还有 7 位；对于 16 位数据帧格式，还有 15 位）被装进移位寄存器。当发送缓冲器中的数据传输到移位寄存器时，SPI_SP 寄存器的 TXE 标志被设置，如果设置了 SPI_CR2 寄存器的 TXEIE 位，将会产生中断。

3. 数据接收

对于接收器，当数据接收完成时，移位寄存器中的数据传送到接收缓冲器，SPI_SR 寄存器中的 RXNE 标志被设置。如果设置了 SPI_CR2 寄存器中的 RXNEIE 位，则产生中断。

在最后一个采样时钟边沿后，RXNE 位被置 1，移位寄存器中接收到的数据字节被传送到接收缓冲器。当读 SPI_DR 寄存器时，SPI 设备返回这个接收缓冲器的数值。读 SPI_DR 寄存器时，RXNE 位被清除。

11.3.5 状态标志

应用程序可以通过发送缓冲器空闲标志（TXE）、接收缓冲器非空标志（RXNE）和忙标志（BUSY）三个状态标志完全监控 SPI 总线的状态。

1. 发送缓冲器空闲标志（TXE）

此标志为 1 时表明发送缓冲器为空，可以写下一个待发送的数据进入缓冲器中。当写入 SPI_DR 时，TXE 标志被清除。

2. 接收缓冲器非空标志（RXNE）

此标志为 1 时表明接收缓冲器中包含有效的接收数据。读 SPI 数据寄存器可以清除此标志。

3. 忙标志（BUSY）

此标志由硬件设置与清除，它可表明 SPI 通信层的状态。当它被设置为 1 时，表明 SPI 正忙于通信，但有一个例外：在主模式的双向接收模式下（MSTR =1、BDM =1 并且 BDOE =0），在接收期间 BUSY 标志保持为低。

在软件要关闭 SPI 模块并进入停机模式（或关闭设备时钟）之前，可以使用 BUSY 标志检测传输是否结束，这样可以避免破坏最后一次传输。

BUSY 标志还可以用于在多主系统中避免写冲突。除了主模式的双向接收模式（MSTR =1、BDM =1 并且 BDOE =0），当传输开始时，BUSY 标志被置 1。

11.3.6 CRC 校验

CRC 校验用于保证全双工通信的可靠性。数据的发送和接收分别使用单独的 CRC 计算器。通过对每一个接收位进行可编程的多项式运算来计算 CRC。CRC 的计算是在由 SPI_CR1 寄存器中 CPHA 和 CPOL 位定义的采样时钟边沿进行的。

STM32 单片机的 SPI 接口提供了两种 CRC 计算方法，使用何种计算方法取决于所选的发送和/或接收的数据帧格式：8 位数据帧采用 CRC8；16 位数据帧采用 CRC16。

CRC 计算是通过设置 SPI_CR1 寄存器中的 CRCEN 位启用的。设置 CRCEN 位时，同时复位 CRC 寄存器（SPI_RXCRCR 和 SPI_TXCRCR）。当设置了 SPI_CR1 的 CRCNEXT 位时，SPI_TXCRCR 的内容将在当前字节发送之后发出。

在传输 SPI_TXCRCR 的内容时，如果移位寄存器中收到的数值与 SPI_RXCRCR 的内容不匹配，则 SPI_SR 寄存器的 CRCERR 标志位被置 1。如果 TX 缓冲器中还有数据，CRC 的数值仅在数据字节传输结束后传送。在传输 CRC 期间，CRC 计算器关闭，寄存器的数值保持不变。

SPI 通信可以通过以下步骤使用 CRC：

1）设置 CPOL、CPHA、LSBFIRST、BR、SSM、SSI 和 MSTR 的值。

2）在 SPI_CRCPR 寄存器中输入多项式。

3）通过设置 SPI_CR1 寄存器的 CRCEN 位使能 CRC 计算，该操作也会清除寄存器 SPI_

RXCRCR 和 SPI_TXCRC。

4）设置 SPI_CR1 寄存器的 SPE 位启动 SPI 功能。

5）启动通信并且维持通信，直到只剩最后一个字节或者半字。

6）在把最后一个字节或半字写进发送缓冲器时，设置 SPI_CR1 的 CRCNext 位，指示硬件在发送完成最后一个数据之后，发送 CRC 数值。在发送 CRC 数值期间，停止 CRC 计算。

7）当最后一个字节或半字被发送后，SPI 发送 CRC 数值，CRCNext 位被清除。同样，接收到的 CRC 与 SPI_RXCRCR 值进行比较，如果比较不相匹配，则设置 SPI_SR 上的 CRCERR 标志位，当设置了 SPI_CR2 寄存器的 ERRIE 时，将产生中断。

11.3.7 利用 DMA 的 SPI 通信

为了达到最大的通信速度，需要及时向 SPI 发送缓冲器中填数据，同样接收缓冲器中的数据也必须及时读走以防止溢出。为了方便高速率的数据传输，SPI 实现了一种采用简单的请求/应答的 DMA 机制。当 SPI_CR2 寄存器上的对应使能位被设置时，SPI 模块可以发出 DMA 传输请求。发送缓冲器和接收缓冲器亦有各自的 DMA 请求。

11.3.8 错误标志

SPI 的错误标志有主模式失效错误、溢出错误和 CRC 错误。

1. 主模式失效错误

以下三种情况将产生主模式失效错误：NSS 引脚硬件模式管理下，主设备的 NSS 引脚被拉低；在 NSS 引引脚软件模式管理下，SSI 位被置为0；MODF 位被自动置1。主模式失效错误对 SPI 设备有以下影响：MODF 位被置为1，如果设置了 ERRIE 位，则产生 SPI 中断；SPE 位被清为0，停止一切输出，并且关闭 SPI 接口；MSTR 位被清为0，强迫此设备进入从模式。

2. 溢出错误

当主设备已经发送了数据字节，而从设备还没有清除前一个数据字节产生的 RXNE 时，产生溢出错误。溢出错误对 SPI 设备有以下影响：OVR 位被置为1，如果设置了 ERRIE 位，则产生中断；接收器缓冲器的数据不是主设备发送的新数据，读 SPI_DR 寄存器返回的是之前未读的数据，所有随后传送的数据都被丢弃。依次读出 SPI_DR 寄存器和 SPI_SR 寄存器可将 OVR 清除。

3. CRC 错误

CRC 错误标志用来核对接收数据的有效性，如果设置了 SPI_CR 寄存器上的 CRCEN 位并且移位寄存器中接收到的值（发送方发送的 SPI_TXCRCR 数值）与接收方 SPI_RXCRCR 寄存器中的数值不匹配，则发生 CRC 错误，SPI_SR 寄存器上的 CRCERR 标志被置位为1，用来指示发送与接收不正确。

11.3.9 中断

STM32F103 的 SPI 模块支持的 SPI 中断见表 11-1，在对应中断服务程序中，可执行相应处理以保证整个数据传输连续、可靠、正确地运行。

表 11-1　STM32F103 的 SPI 模块支持的 SPI 中断

中断事件	事件标志	使能控制位
发送缓冲空标志	TXE	TXEIE
接收缓冲非空标志	RXNE	RXNEIE
主模式错误事件	MODF	ERRIE
溢出错误	OVR	
CRC 错误标志	CRCERR	

上述功能可通过编程设置寄存器实现。SPI 的相关寄存器功能请参见参考文献［1］，也可借助标准外设库的函数来实现。标准库提供了几乎所有寄存器的操作函数，基于标准库开发更加简单、快捷。

11.4　SPI 常用库函数

SPI 固件库支持 21 种库函数，见表 11-2。为了理解这些函数的具体使用方法，对标准库中部分函数做详细介绍。

表 11-2　SPI 函数库

函数名称	功　能
SPI_DeInit	将外设 SPIx 寄存器重设为缺省值
SPI_Init	根据 SPI_InitStruct 中指定的参数初始化外设 SPIx 寄存器
SPI_StructInit	把 SPI_InitStruct 中的每一个参数按缺省值填入
SPI_Cmd	使能或者失能 SPI 外设
SPI_ITConfig	使能或者失能指定的 SPI 中断
SPI_DMACmd	使能或者失能指定 SPI 的 DMA 请求
SPI_SendData	通过外设 SPIx 发送一个数据
SPI_ReceiveData	返回通过 SPIx 接收最近数据
SPI_DMALastTransferCmd	使下一次 DMA 传输为最后一次传输
SPI_NSSInternalSoftwareConfig	为选定的 SPI 软件配置内部 NSS 引脚
SPI_SSOutputCmd	使能或者失能指定的 SPI
SPI_DataSizeConfig	设置选定的 SPI 数据大小
SPI_TransmitCRC	发送 SPIx 的 CRC 值
SPI_CalculateCRC	使能或者失能指定 SPI 的传输字 CRC 值计算
SPI_GetCRC	返回指定 SPI 的发送或者接收 CRC 寄存器值
SPI_GetCRCPolynomial	返回指定 SPI 的 CRC 多项式寄存器值
SPI_BiDirectionalLineConfig	选择指定 SPI 在双向模式下的数据传输方向
SPI_GetFlagStatus	检查指定的 SPI 标志位设置与否
SPI_ClearFlag	清除 SPIx 的待处理标志位
SPI_GetITStatus	检查指定的 SPI 中断发生与否
SPI_ClearITPendingBit	清除 SPIx 的中断待处理位

1. 函数 SPI_DeInit

函数 SPI_DeInit 的原型为 void SPI_I2S_DeInit（SPI_TypeDef * SPIx），使用方法如下：

```
SPI_DeInit(SPI2);
```

2. 函数 SPI_Init

函数 **SPI_Init** 的原型为 Void SPI_Init（SPI_TypeDef * SPIx，SPI_InitTypeDef * SPI_Init-

Struct)，SPI_InitTypeDef定义于文件“stm32f10x_spi.h”中，具体结构如下：

```
typedef struct
{
    uint16_t SPI_Direction;
    uint16_t SPI_Mode;
    uint16_t SPI_DataSize;
    uint16_t SPI_CPOL;
    uint16_t SPI_CPHA;
    uint16_t SPI_NSS;
    uint16_t SPI_BaudRatePrescaler;
    uint16_t SPI_FirstBit;
    uint16_t SPI_CRCPolynomial;
} SPI_InitTypeDef;
```

（1）成员SPI_Direction设置了SPI单向或者双向的数据模式，其取值及含义如下：

SPI_Direction_2Lines_FullDuplex /* SPI设置为双线双向全双工 */

SPI_Direction_2Lines_RxOnly /* SPI设置为双线单向接收 */

SPI_Direction_1Line_Rx /* SPI设置为单线双向接收 */

SPI_Direction_1Line_Tx /* SPI设置为单线双向发送 */

（2）成员SPI_Mode设置了SPI的工作模式，其取值及含义如下：

SPI_Mode_Master /* 设置为主SPI */SPI_Mode_Slave /* 设置为从SPI */

（3）成员SPI_DataSize设置了SPI的数据大小，其取值及含义如下：

PI_DataSize_16b /* SPI发送接收16位帧结构 */

SPI_DataSize_8b /* SPI发送接收8位帧结构 */

（4）成员SPI_CPOL选择了串行时钟的稳态，其取值及含义如下：

SPI_CPOL_High /* 时钟悬空高 */; SPI_CPOL_Low /* 时钟悬空低 */

（5）成员SPI_CPHA设置了位捕获的时钟活动沿，其取值及含义如下：

SPI_CPHA_2Edge /* 数据捕获于第二个时钟沿 */

SPI_CPHA_1Edge /* 数据捕获于第一个时钟沿 */

（6）成员SPI_NSS指定了NSS信号由硬件（NSS引脚）还是软件（使用SSI位）管理，其取值及含义如下：

SPI_NSS_Hard /* NSS信号由外部引脚管理 */

SPI_NSS_Soft /* NSS信号由SSI位管理 */

（7）成员SPI_BaudRatePrescaler用来定义波特率预分频的值，这个值用以设置发送和接收的SCK时钟。SPI_BaudRatePrescaler_x：波特率预分频值为x，其中x可以选择2、4、8、16、32、64、128、256。

（8）成员SPI_FirstBit指定了数据传输从MSB位开始还是LSB位开始，其取值及含义如下：

SPI_FisrtBit_MSB /* 数据传输从MSB位开始 */

SPI_FisrtBit_LSB /* 数据传输从LSB位开始 */

（9）成员SPI_CRCPolynomial定义了用于CRC值计算的多项式。

该函数的使用方法如下：

```
/* 初始化 SPI1 */
SPI_InitTypeDef SPI_InitStructure;
SPI_InitStructure.SPI_Direction = SPI_Direction_2Lines_FullDuplex;
SPI_InitStructure.SPI_Mode = SPI_Mode_Master;
SPI_InitStructure.SPI_DatSize = SPI_DatSize_16b;
SPI_InitStructure.SPI_CPOL = SPI_CPOL_Low;
SPI_InitStructure.SPI_CPHA = SPI_CPHA_2Edge;
SPI_InitStructure.SPI_NSS = SPI_NSS_Soft;
SPI_InitStructure.SPI_BaudRatePrescaler = SPI_BaudRatePrescaler_128;
SPI_InitStructure.SPI_FirstBit = SPI_FirstBit_MSB;
SPI_InitStructure.SPI_CRCPolynomial = 7;
SPI_Init(SPI1, &SPI_InitStructure);
```

3. 函数 SPI_StructInit

函数 SPI_StructInit 的原型为 void SPI_StructInit（SPI_InitTypeDef * SPI_InitStruct），使用方法如下：

```
SPI_InitTypeDef SPI_InitStructure;
SPI_StructInit(&SPI_InitStructure);
```

4. 函数 SPI_Cmd

函数 SPI_Cmd 的原型为 void SPI_Cmd（SPI_TypeDef * SPIx，FunctionalState NewState），使用方法如下：

```
/* 使能 SPI1 */
SPI_Cmd(SPI1, ENABLE);
```

5. 函数 SPI_SendData

函数 SPI_SendData 的原型为 void SPI_SendData（SPI_TypeDef * SPIx，uint16_ t Data），使用方法如下：

```
/* 发送数据 0xA5 到 SPI1 */
SPI_SendData(SPI1, 0xA5);
```

6. 函数 SPI_ReceiveData

函数 SPI_ReceiveData 的原型为 uint16_t SPI_ReceiveData（SPI_TypeDef * SPIx），使用方法如下：

```
/* 通过 SPI1 接收最近数据，保存至 ReceivedData */
u16 ReceivedData;
ReceivedData = SPI_ReceiveData(SPI2);
```

7. 函数 SPI_DataSizeConfig

函数 SPI_DataSizeConfig 的原型为 void SPI_DataSizeConfig（SPI_TypeDef * SPIx，uint16_t SPI_DatSize），使用方法如下：

```
/* 设置 SPI1 数据帧格式为 8 位 */
SPI_DataSizeConfig(SPI1, SPI_DataSize_8b);
```

8. 函数SPI_BiDirectionalLineConfig

函数SPI_BiDirectionalLineConfig的原型为SPI_BiDirectionalLineConfig（SPI_TypeDef * SPIx, uint16_t SPI_Direction），使用方法如下：

```
/* 设置 SPI1 为发送 */
SPI_BiDirectionalLineConfig(SPI_Direction_Tx);
```

9. 函数SPI_GetFlagStatus

函数SPI_GetFlagStatus的原型为FlagStatus SPI_GetFlagStatus（SPI_TypeDef * SPIx, uint16_t SPI_FLAG）。SPI_FLAG取值如下所示：

SPI_FLAG_BSY;　　　　　// 忙标志位
SPI_FLAG_OVR;　　　　　// 超出标志位
SPI_FLAG_MODF;　　　　　// 模式错位标志位
SPI_FLAG_CRCERR;　　　　// CRC错误标志位
SPI_FLAG_TXE;　　　　　// 发送缓存空标志位
SPI_FLAG_RXNE;　　　　　// 接受缓存非空标志位

使用方法如下：

```
/* 获取 SPI1 发送缓存空标志位状态 */
FlagStatus spi_flag_txe;
spi_flag_txe = SPI_SPI_GetFlagStatus (SPI1,SPI_FLAG_TXE);
```

10. 函数SPI_ClearFlag

函数SPI_ClearFlag的原型为void SPI_ClearFlag（SPI_TypeDef * SPIx, uint16_t SPI_FLAG），使用方法如下：

```
/* 清除 SPI1 超出标志位 */
SPI_SPI_ClearFlag (SPI1,SPI_FLAG_OVR);
```

11. 函数SPI_GetITStatus

函数SPI_GetITStatus的原型为ITStatus SPI_GetITStatus（SPI_TypeDef * SPIx, uint8_t SPI_IT）。SPI_IT取值如下所示：

SPI_IT_OVR;　　　　　// 超出中断标志位
SPI_IT_MODF;　　　　　// 模式错误标志位
SPI_IT_CRCERR;　　　　// CRC错误标志位
SPI_IT_TXE;　　　　　// 发送缓存空中断标志位
SPI_IT_RXNE;　　　　　// 接受缓存非空中断标志位
SPI_IT_OVR;　　　　　// 超出中断标志位
SPI_IT_MODF;　　　　　// 模式错误标志位

使用方法如下：

```
/* 检查 SPI1 接收缓存非空中断 */
ITStatus Status;
Status = SPI_GetITStatus(SPI1, SPI_FLAG_TXE);
```

12. 函数 SPI_ClearITPendingBit

函数 SPI_ClearITPendingBit 的原型为 void SPI_ClearITPendingBit（SPI_TypeDef * SPIx, uint8_t SPI_IT），使用方法如下：

```
/* 清除 SPI1CRC 校验错误中断标志 */
SPI_ClearITPendingBit(SPI1, SPI_IT_CRCERR);
```

11.5 SPI 使用流程

SPI 是一种串行同步通信协议，由一个主设备和一个或多个从设备组成，主设备启动一个与从设备的同步通信，从而完成数据的交换。该总线大量用在 Flash、ADC、RAM 和显示驱动器之类的慢速外设器件中。因为不同的器件通信命令不同，这里具体介绍 STM32 上 SPI 的配置方法，关于具体器件请参考相关说明书。

SPI 配置流程图如图 11-7 所示，主要包括开启时钟、相关引脚配置和 SPI 工作模式设

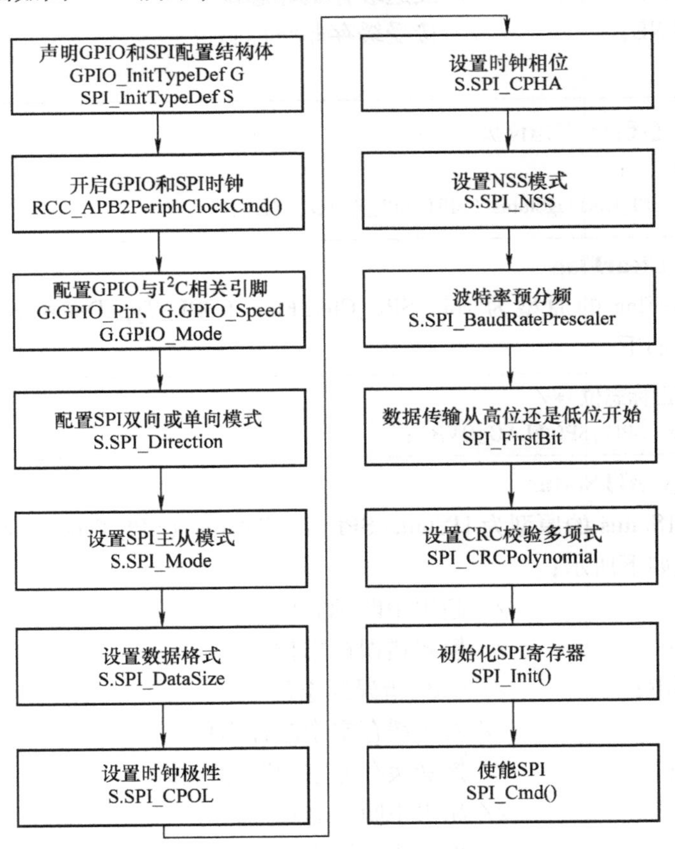

图 11-7 SPI 配置流程图

置。其中，GPIO 配置需将 SPI 器件片选设置为相应电平，SCK、MISO、MOSI 设置为复用功能。

配置完成后，可根据器件功能和命令进行读写操作。

11.6 SPI 应用设计实例：读取 W25X16 的芯片 ID

FLSAH 存储器又称闪存，它与 EEPROM 都是掉电后数据不会丢失的存储器，但 FLASH 存储器容量普遍大于 EEPROM，我们生活中常用的 U 盘、SD 卡、SSD 固态硬盘以及 STM32 芯片内部用于存储程序的设备，都是 FLASH 类型的存储器。两者最主要的区别是，FLASH 芯片只能进行一大片区域的擦写，而 EEPROM 可以进行单个字节的擦写。

W25Q64 是一种支持 SPI 接口的 FLASH，本实例用来实现 W25Q64 的读写，STM32 的 SPI 外设采用主模式，通过查询事件的方式来确保正常通信，同 AT24C02 一样，先写数据到 W25Q64 中，再将读取数据通过 USART 发送到上位机，观察读写结果。硬件原理图如图 11-8所示。

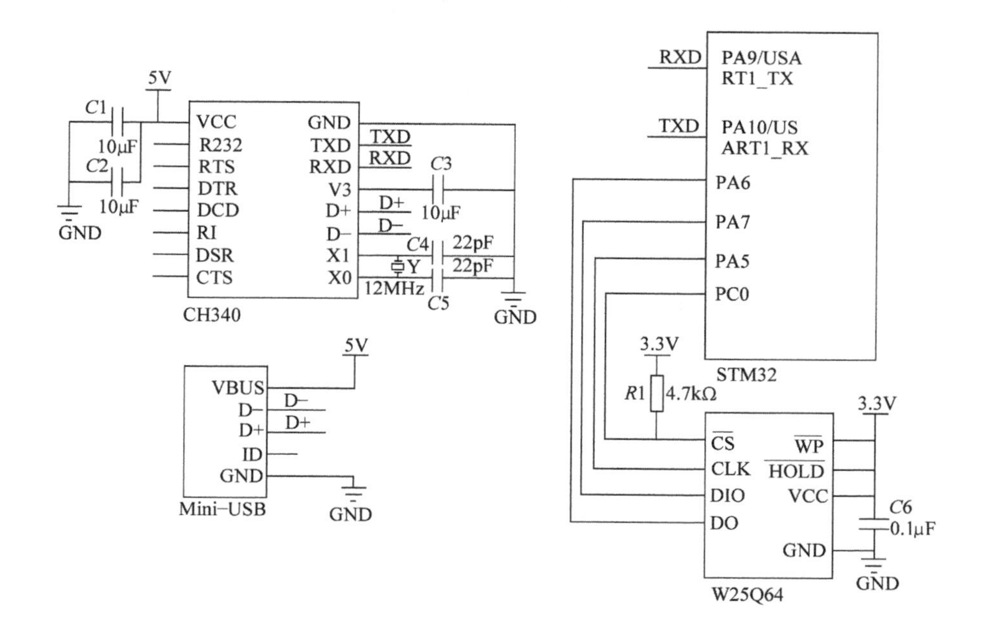

图 11-8　STM32 与 W25Q64 硬件原理图

根据要求，主程序流程图如图 11-9 所示。

由于程序过多，本例采用模块化编程，模块化工程文件结构如图 11-10 所示。

将编译好的程序下载到开发板，打开并配置串口调试助手，如图 11-11 所示。

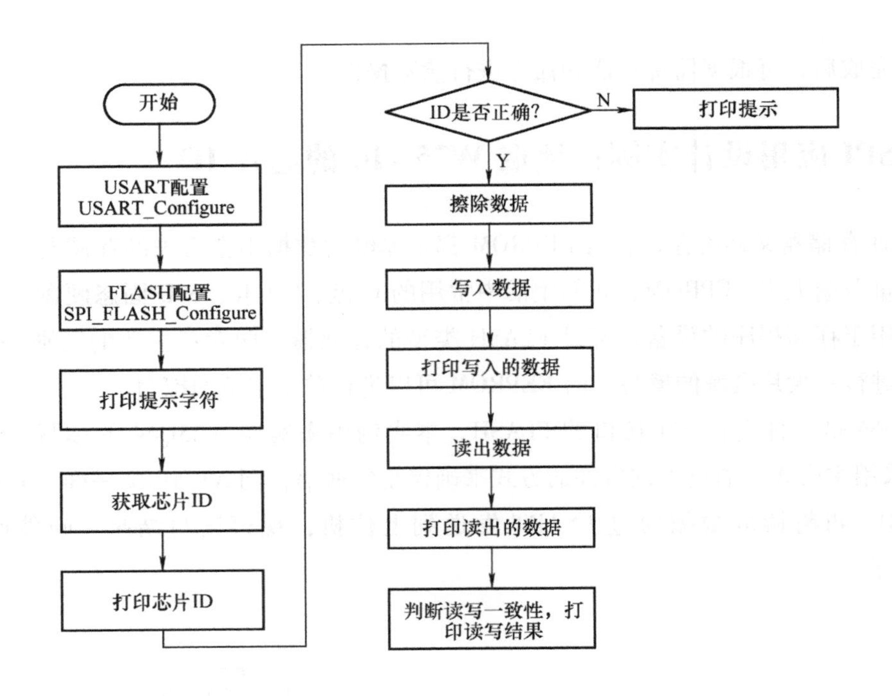

图 11-9 主程序流程图

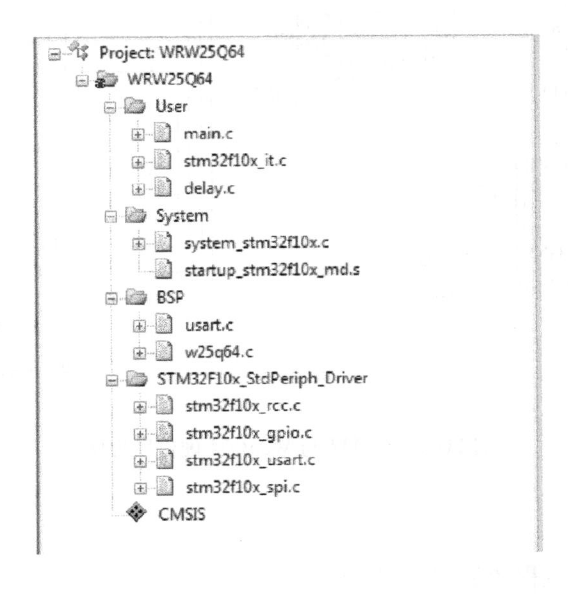

图 11-10 模块化工程文件结构

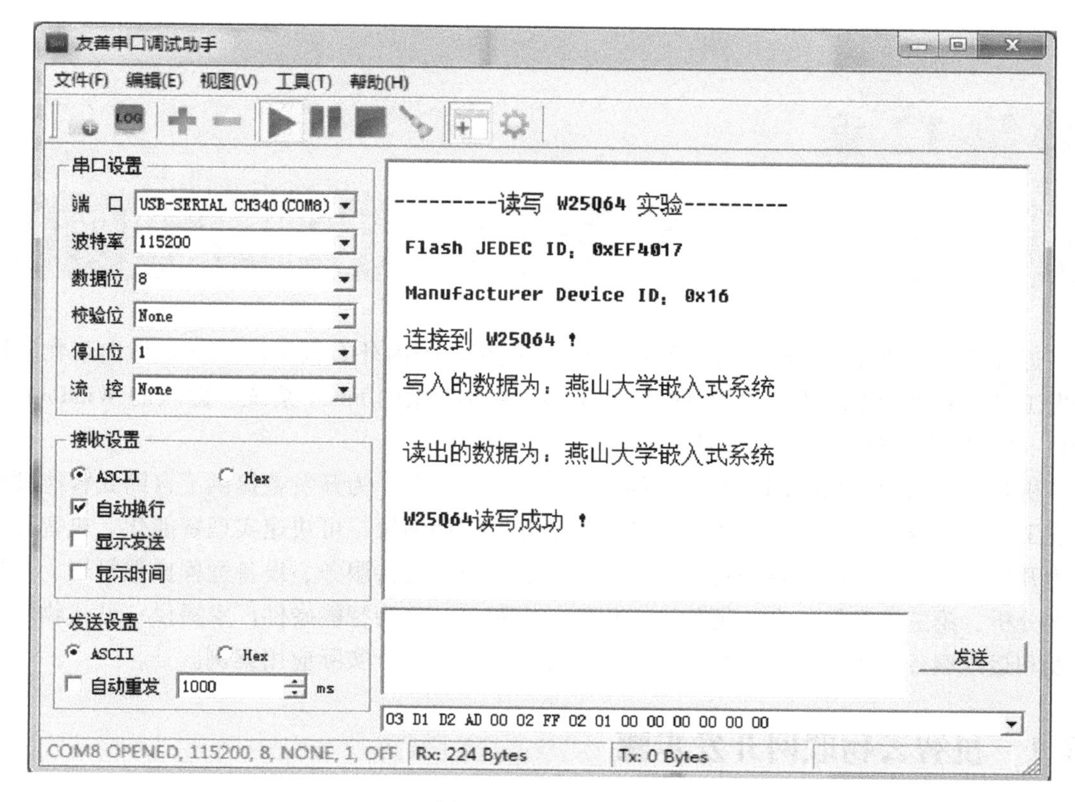

图 11-11 读写结果

思考与练习

1. 什么是 SPI？SPI 接口由哪几部分组成？各有什么功能？
2. 画出单主机多从机 SPI 通信电路。
3. 简述 STM32 的 SPI 功能特点及基本结构。
4. STM32 的 SPI 的 NSS 有两种模式，分别是什么？
5. 时钟相位和极性有什么作用？
6. 如何通过 SPI 的从机选择线（NSS）选择需要进行数据传输的从机？简述主从模式下数据发送和接收过程。
7. 思考当 SPI 设置为从机时，其数据输入和输出需要的串口时钟来自哪里？
8. SPI 的溢出错误是什么？溢出错误对 SPI 设备有什么影响？
9. STM32 的 SPI 进行数据传输的帧格式有哪些种类？
10. STM32 的 SPI 支持几种中断？分别是什么？
11. 列举几个常用的 SPI 函数，并描述其功能。
12. 简述 SPI 配置流程。

第 12 章 基于机智云平台的 STM32 嵌入式物联网应用设计

近几年，“物联网”在互联网领域得到广泛应用。国内外有很多团队已经做出了物联网开发工具、套件和系统等。比如 ARM 公司专门为 IOT 做的 mbed 系统、微软的 Windows 10 IOT、华为的 Lite OS、机智云 IOT 等。

机智云是致力于物联网、智能硬件云服务的开发平台，为开发者提供了自助式智能硬件开发工具与开放的云端服务，将智能硬件产品开发周期缩短，可快速实现智能化。机智云平台为开发者提供物联网设备的自助开发工具、后台技术支持服务、设备远程操控管理、数据存储分析、第三方数据整合、硬件社交化等技术服务，也为智能硬件厂家提供一站式物联网开发和运维服务。本章基于机智云物联网云服务平台，设计实际应用案例。

12.1 机智云物联网开发步骤

使用机智云开发产品的步骤如下：

1） 登录 http：//dev. gizwits. com 注册账号，登录开发者中心，创建产品、创建数据点。

2） 手机端安装“机智云 Wi－Fi/移动通信产品调试 App”。

3） 自动生产代码。

4） 虚拟设备调试。

5） 给 Wi－Fi 模块烧录机智云 GAgent 固件。

6） 移植机智云代码，添加相应控制代码。

7） APP 绑定设备，完成开发。

1. 创建新项目

机智云作为一个智能硬件的开发平台，让用户的设备接入网络。首先输入网址 http：//www. gizwits. com/ 进入机智云物联网云服务的首页，然后单击机智云物联网云服务首页上的“开发者中心”按钮，注册机智云开发者账号。注册完成后在“开发者中心”进行登录。登录进入自己的机智云开发者账号之后，选择开发者类型（选择“个人开发者”项）并完善信息。单击“进入开发者中心”按钮，这时便可以创建自己的“个人项目”了。

使 STM32 终端设备连接到机智云云端的开发过程如下：

单击“创建新产品”按钮（见图 12-1）进入创建产品的网络界面，输入产品名称，选择设备接入方案，然后保存，如图 12-2 所示。

单击图 12-2 的“保存”按钮之后，进入“数据点”界面，在这一步需建立终端与云平

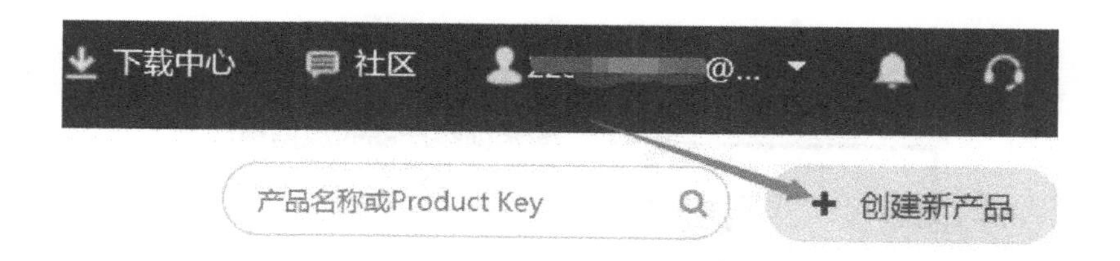

图 12-1　进入物联网云项目开发界面

图 12-2　创建新产品

台之间进行数据传输的数据点。单击“数据点”选项，然后单击“新建数据点”按钮，如图 12-3 所示。

单击“新建数据点”按钮之后，进入“添加数据点”界面。然后将标识名命名为“LED_OnOff”，读写类型设定为“可写”，数据类型设定为“布尔值”，备注内容为“远程控制 LED 开关指令”，单击“添加”按钮，如图 12-4 所示。

单击“添加”按钮之后，出现图 12-5 所示界面，单击“应用”按钮可以激活所设置的

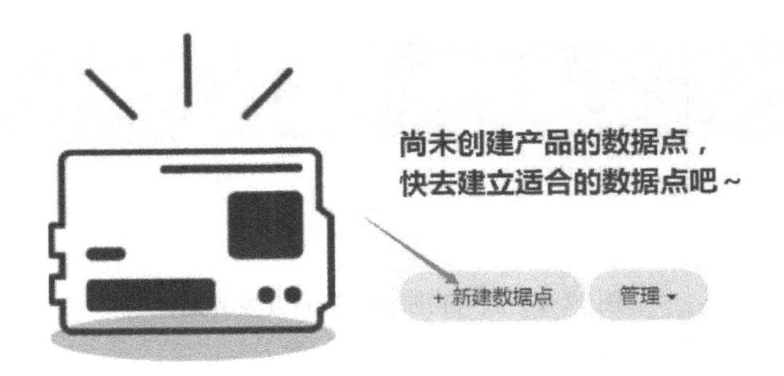

图 12-3　新建数据点

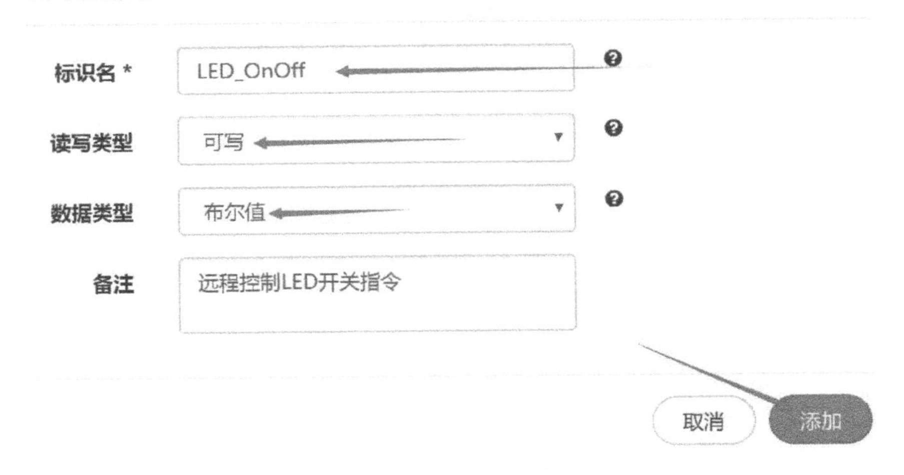

图 12-4　添加数据点

数据点，单击编辑或删除图标可以对创建的数据点进行编辑或删除操作。

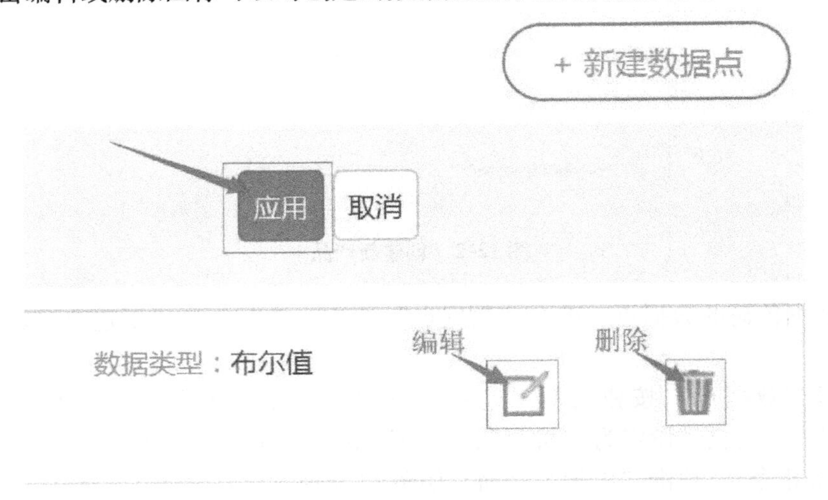

图 12-5　应用数据点

以同样的方式建立新的数据点，标识名命名为“LightLevels”，读写类型设定为“可写”，数据类型设定为“数值”，数据范围设定为 1－100，分辨率设定为 1，备注内容为“控制 LED 亮度”，如图 12-6 所示。

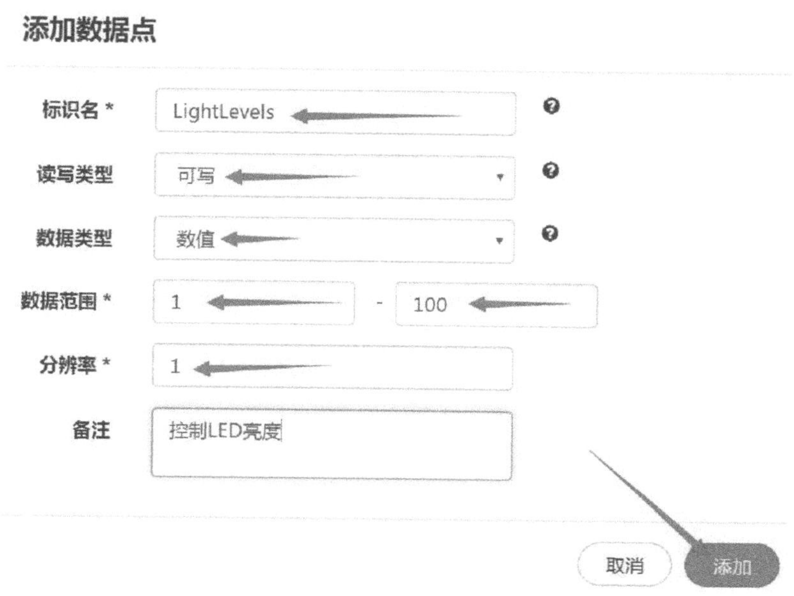

添加数据点

标识名 * LightLevels

读写类型 可写

数据类型 数值

数据范围 * 1 - 100

分辨率 * 1

备注 控制LED亮度

取消 添加

图 12-6　添加新数据点

2. 手机安装机智云 Wi－Fi/移动通信产品调试 APP

在手机端，用户需要安装一个 APP 才能实现通过手机控制产品，如图 12-7 所示。个人开发者，一般使用机智云提供的这个调试 APP 就可以完成对产品的控制，无须自己编写手机端 APP，降低了开发难度。

图 12-7　手机安装机智云 Wi－Fi/移动通信产品调试 APP

3. 生成目标硬件平台代码

单击“MCU 开发”选项，选择“独立 MCU 方案”，因为选用的是 STM32F103 系列中的芯片，故“硬件平台”选择为“STM32F103C8x”，如图 12-8 所示。

在“基本信息”（见图 12-9）中找到“Product Secret”并填入一串数字及字母，然后单击“生成代码包”按钮。

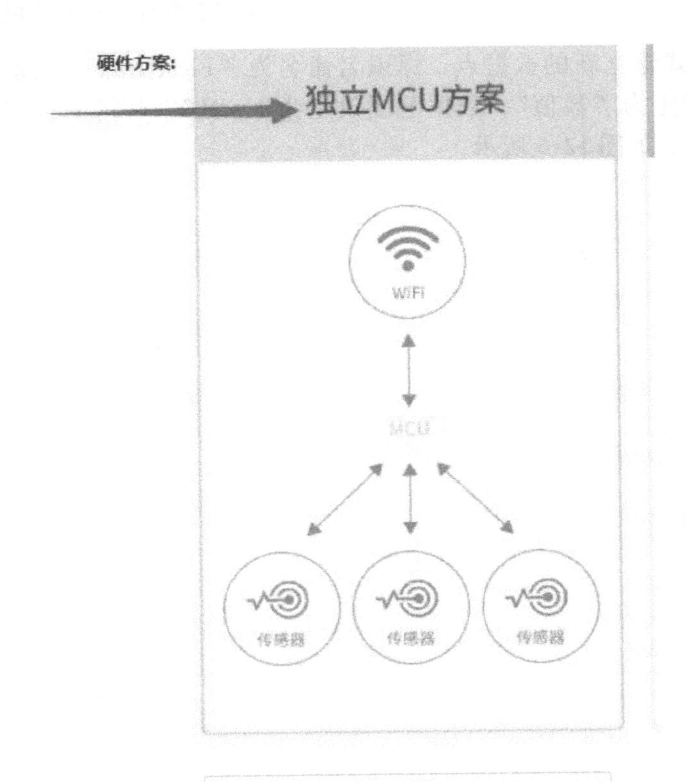

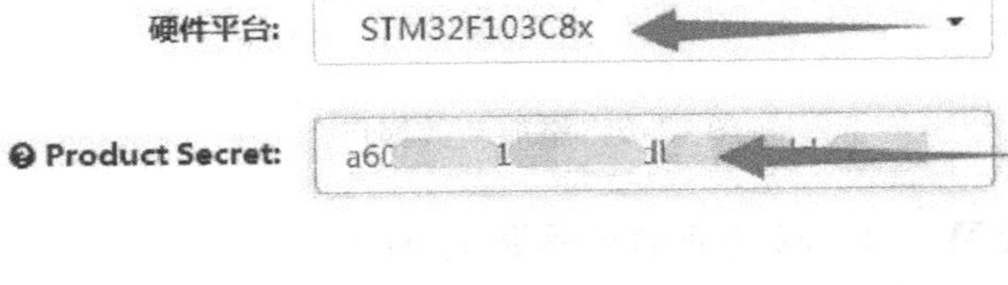

图 12-8　MCU 开发

产品名称：	Smart_LED
产品类型：	智能家居/生活小家电/其他
技术方案：	Wi-Fi/移动网络方案
通讯方式：	Wi-Fi
Product Key：	5a17b4bc3d414d81844b08d418ab15cc
Product Secret：	a603**********************c470　显示完整密钥

图 12-9　产品基本信息

单击“生成代码包”按钮后，就可以下载能在目标硬件平台上运行的程序了，如图 12-10所示。

图 12-10　下载 MCU 代码

4. 虚拟设备调试

在“虚拟设备”选项中单击“启动虚拟设备”按钮，如图 12-11 所示。

通过虚拟设备模拟真实设备上报数据的行为，可以快速验证接口功能的开发。

用您开发的app或 下载Demo App 绑定虚拟设备，即可对虚拟设备进行远程控制及查看通讯日志。

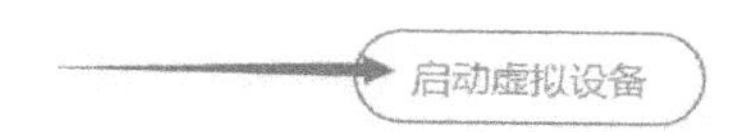

图 12-11　启动虚拟设备

启动虚拟设备后，进入图 12-12 所示界面，在这里可以进行一些虚拟设备的调试工作，即硬件终端发送和接收的数据可以在这个虚拟平台上进行模拟。

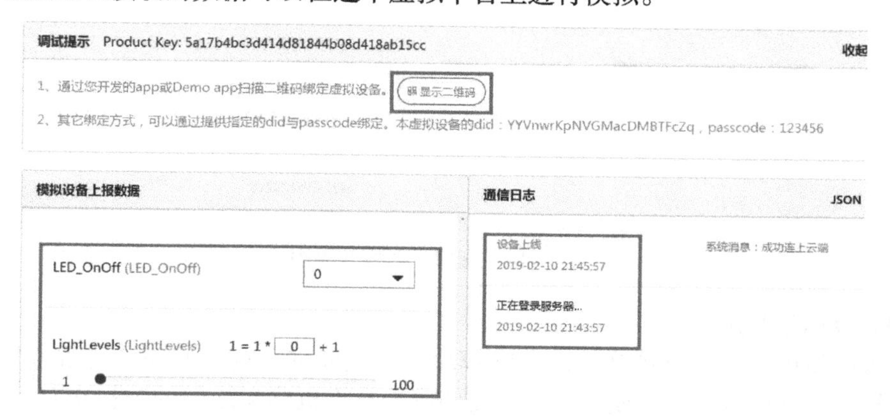

图 12-12　虚拟设备调试界面

安装“机智云 Wi－Fi/移动通信产品调试 APP”后，在“下载中心”中找到如图 12-13 所示界面，并安装适用于 iOS 或者 Android 系统的机智云手机 APP 应用。安装成功之后，打开机智云 APP，跳过登录界面，用该应用的扫码器扫描“虚拟设备”中的二维码进行设备绑定。

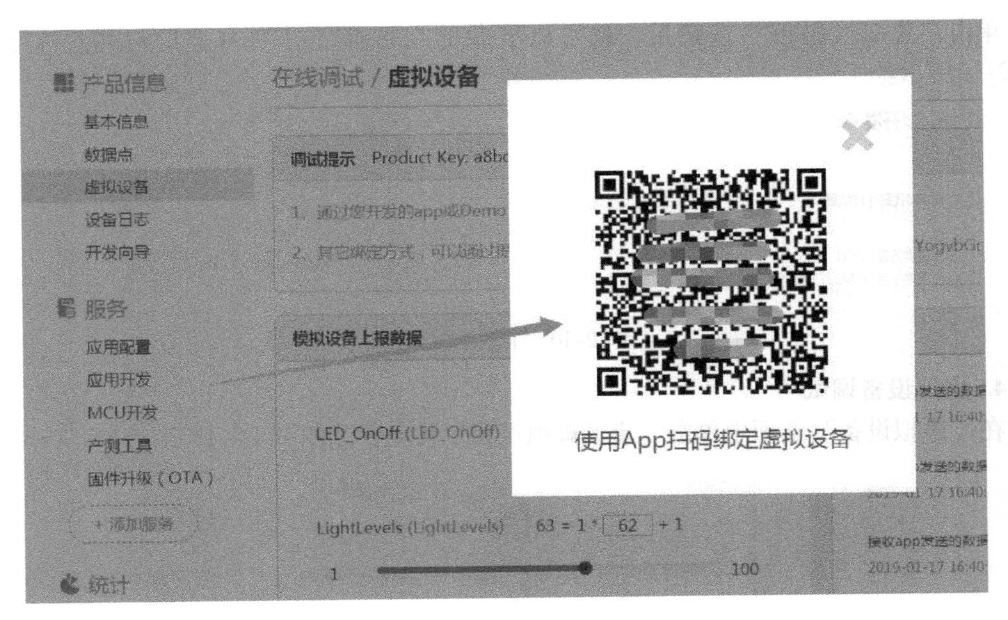

图 12-13　扫描二维码绑定机智云 APP 应用

设备绑定之后，可以把“虚拟设备”当作目标硬件终端平台，进行手机 APP 与硬件终端平台的虚拟调试，效果如图 12-14 和图 12-15 所示。

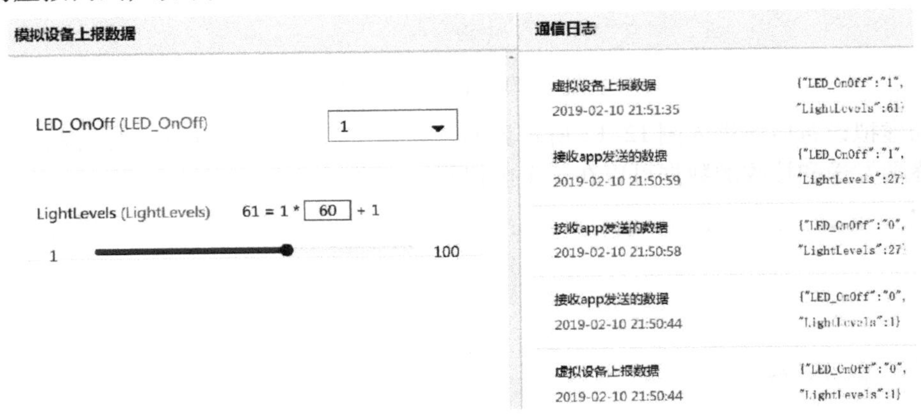

图 12-14　虚拟设备端效果图

5. Wi-Fi 固件烧写

本例程序使用 ATK-ESP8266 Wi-Fi 模块连入互联网，进而使硬件终端连接到机智云平台，机智云平台可以暂时存放或者转接硬件终端与手机终端之间的数据交互。为了方便，硬件终端接入互联网并与机智云平台建立数据通路，需要对 ATK-ESP8266 Wi-Fi 模块烧写广州机智云物联网科技有限公司提供的机智云 GAgent 固件。

在机智云物联网云平台的“下载中心”中单击“GAgent”选项，然后找到“GAgent for ESP8266 04020034”，并下载该固件，如图 12-16 所示。

用户可以采用机智云官方推荐的乐鑫原厂固件烧写工具（下载地址：http://pan.baidu.com/s/1mhMGSeG）。准备好固件和固件下载工具之后，就可以对 ESP8266 烧写固件了，具体的烧写过程可以参考机智云平台提供的烧写方法。

在机智云物联网平台的“文档中心”中的“设备接入”选项中，单击“GAgent 通讯模组使用教程”，在 GAgent 通讯模组使用教程中单击“ESP8266 串口烧写说明”项，即可进入针对乐鑫 ESP8266 模块进行串口模式烧写的流程，如图 12-17 所示。

6. 移植机智云代码、添加相应控制代码

对于非机智云指定平台，用户需要自己移植机智云代码（即 gizwits_protocol. c 和 gizwits_product. c），将机智云加入自己的 MCU 工程代码中，具体的移植过程参阅《STM32F103 机智云开发手册 V1. 0》。

7. 使用 APP 绑定设备，完成开发

通过手机安装的 APP，可以通过扫码/添加设备的方式，绑定设备，绑定成功后，即可用手机 APP 控制用户的设备。

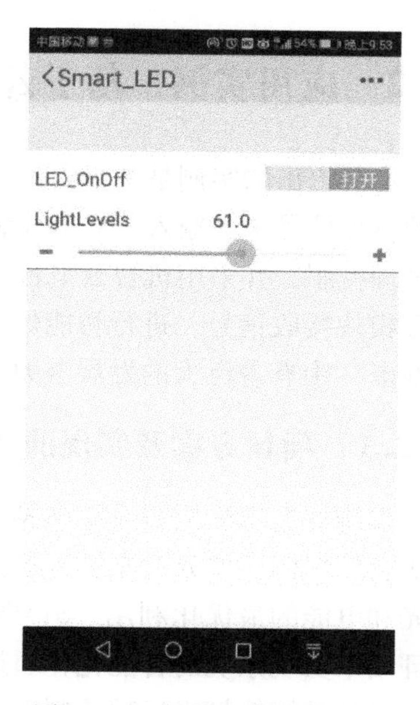

图 12-15　智能机终端效果图

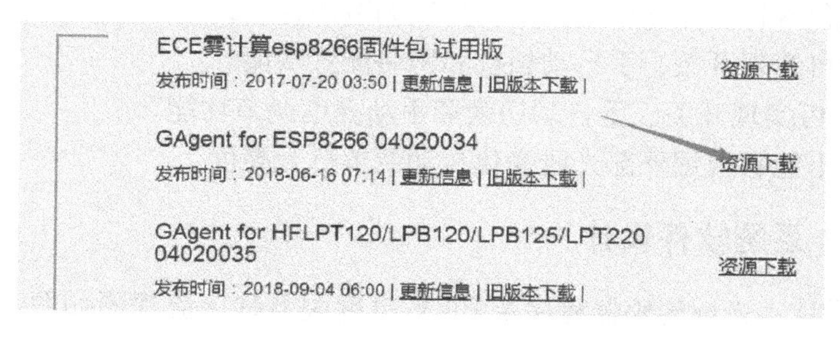

图 12-16　下载 GAgent 固件

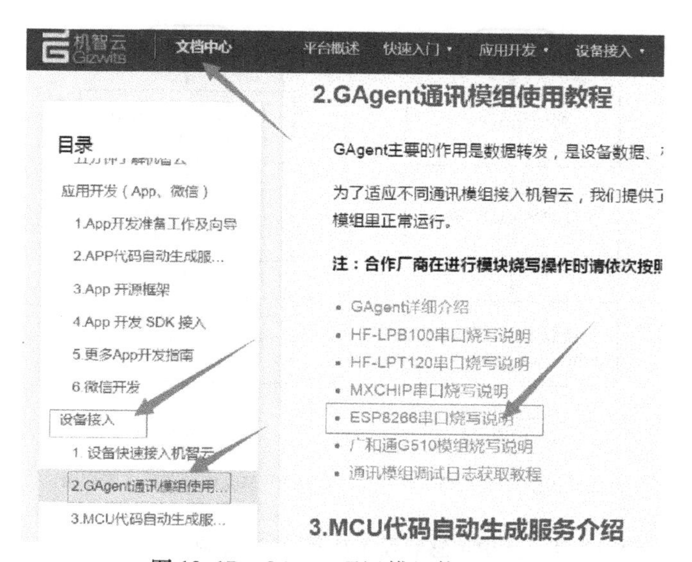

图 12-17　GAgent 通讯模组使用界面

12.2 应用实例：基于云平台的智能灯光远程控制系统

本节给出的实例是基于云平台的智能灯光远程控制系统。利用传感器把所需的与照明有关的各种信号采集输入到智能控制模块，利用智能算法计算并输出一个控制值，达到对光源的合理控制，并采用机智云平台进行智能灯光的状态控制。手机进行状态控制时，通过 Wi-Fi 模块接收信号，进行智能灯光效果的调控。以无线技术为核心的路灯控制系统在“智慧城市”中有着巨大的发展潜力。

12.2.1 项目方案及实现的功能

智能灯光远程控制系统包括光敏传感器模块、STM32 控制模块、LED 发光模块和机智云协议处理四大部分。光敏传感器模块感应外界光的强度，能够实现灯光的自动调节，实现灯光和电能的最优化利用。STM32 控制模块实现用程序控制系统，调控整体。机智云协议处理用来实现系统的智能化，通过操控手机方便、快速、智能地调节灯光系统。

设计的智能灯光远程控制系统具有以下功能：

1）智能灯光包含自动亮度调节和手动亮度调节两种模式。

2）本地按键可实现开关、手自动切换和网络配置功能。

3）手机 APP 可实现开关、手自动切换和手动亮度调节功能。

4）自动模式下能够根据外部光线变化自动调节灯光亮度。

12.2.2 STM32 系统软件设计

系统流程图设计：光敏传感器程序及 PWM 亮度调节程序流程图如图 12-18 所示，智能灯光远程控制程序流程图如图 12-19 所示，主程序流程图如图 12-20 所示。

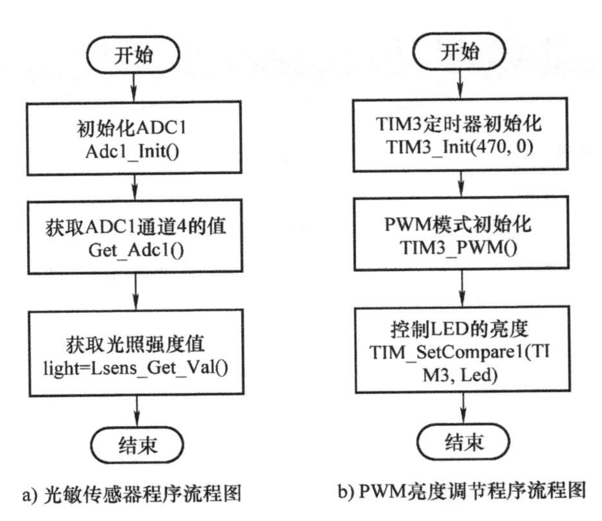

a) 光敏传感器程序流程图　　b) PWM亮度调节程序流程图

图 12-18　光敏传感器程序及 PWM 亮度调节程序流程图

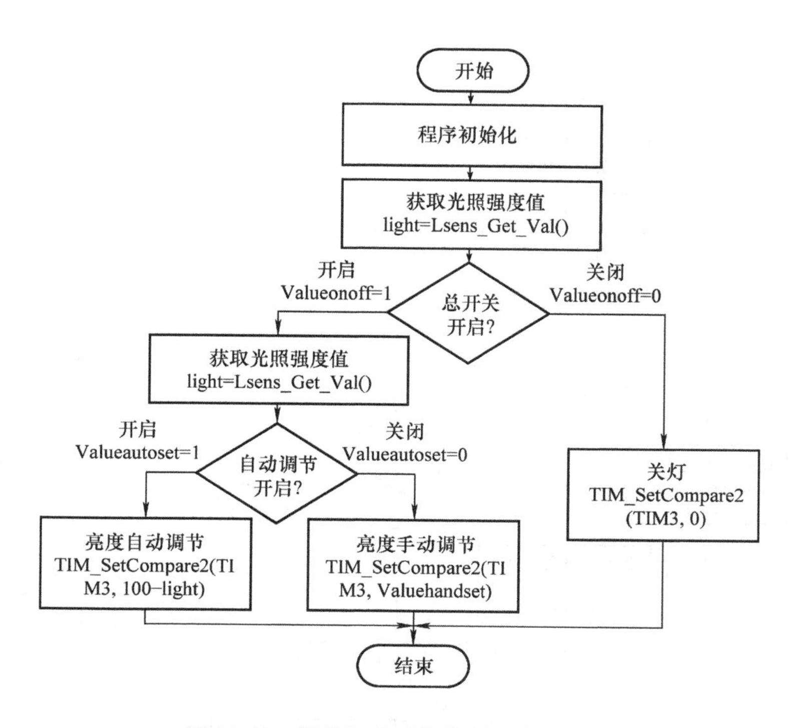

图 12-19　智能灯光远程控制程序流程图

1. 主程序功能软件设计

主程序流程图（见图 12-20）。主要包括程序初始化、串口初始状态显示、机智云网络连接配置以及灯光控制模式选择，按下 KEY2 进入 AirLink 连接模式对 Wi－Fi 模块进行网络配置，网络连接成功后，可通过手机 APP 对灯光进行控制，还能通过按键 KEY0 对 LED 的开关状态进行切换，通过按键 KEY1 对 LED 的手自动调节模式进行切换。

2. 光敏传感器功能软件设计

光敏传感器程序流程图（见图 12-18a）中，光敏电阻的阻值随着光线强度的变化而变化，根据电阻分压的原理，可得到 0～3.3V 的模拟电压，通过 A/D 转换功能输入 STM32 单片机，采用多次转化取平均值的方法获得准确的光线强度，同时把光线强度设定在 0～100 的范围内，0 表示最暗，100 表示最亮。

LED 的亮度是通过改变 PWM 输出波形的占空比进行调节的（流程图见图 12-18b），改变占空比可以改变引脚的输出电压值，引脚最大输出电压值为 3.3V，设定自动重装值为 470，预分频值在 0～100 范围内调节，即可得到 0～0.7V 的电压对 LED 供电，其中预分频值 0 表示最暗，预分频值 100 表示最亮。

3. 机智云控制设计

机智云控制流程如图 12-21 所示。代码运行流程：开始先对用到的外设和协议进行初始化（系统时钟、用户外设（按键、Wi－Fi 模块、LED、光敏传感器）接口、gizwits 串口协议系统（Wi－Fi 接口、1ms 时基定时器、数据缓冲区）。Wi－Fi 设备通过按键配置入网，连接到云端服务器后，Wi－Fi 设备会收到来自云端或 APP 端发送的数据点和状态等信息。接

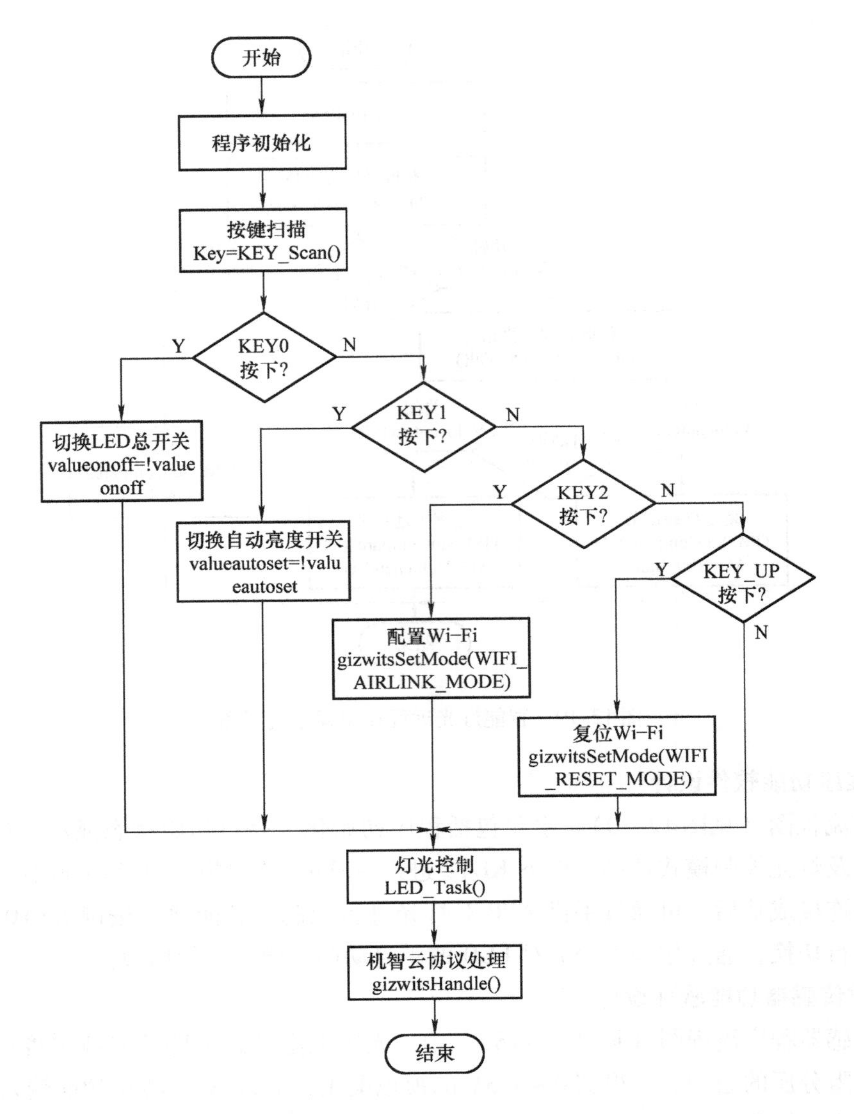

图 12-20　主程序流程图

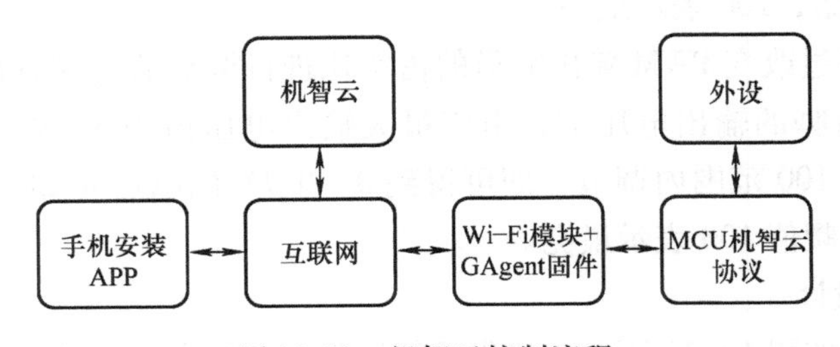

图 12-21　机智云控制流程

收完成后，通过协议帧的格式发送到 MCU 端，MCU 端将收到的数据存储在缓冲区中，每隔一段时间对缓冲区进行“抓包”，“抓包”正确后进行深度解析，解析后推送到数据事件处理（也就是动作执行），根据数据点相应的事件去实行自己的逻辑。MCU 端将采样到的传感器数据按协议栈帧格式打包传送给 Wi－Fi 设备，而 Wi－Fi 设备则将数据上传给云端服务器。

12.2.3 远程云控制 LED 的实现

基于机智云平台的 STM32 物联网应用数据传输示意图如图 12-22 所示。

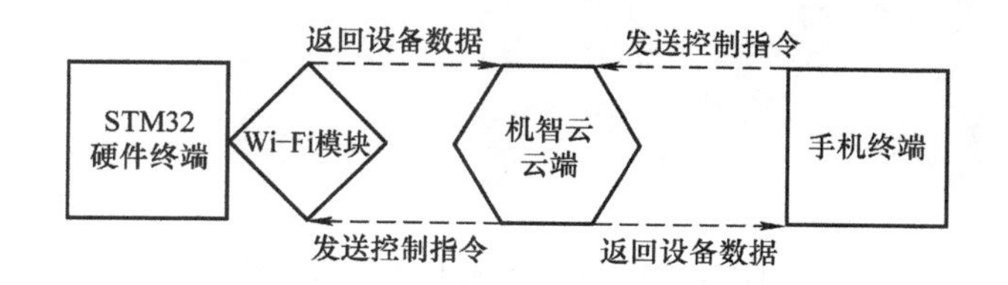

图 12-22 基于机智云平台的 STM32 物联网应用数据传输示意图

对于非机智云指定平台，需要自己移植机智云代码（即 gizwits_protocol.c 和 gizwits_product.c），将机智云加入用户的 MCU 工程代码中。根据用户创建的数据点，移植完成后，还需要添加数据点的控制代码控制 LED。完成的工程文件结构如图 12-23 所示。

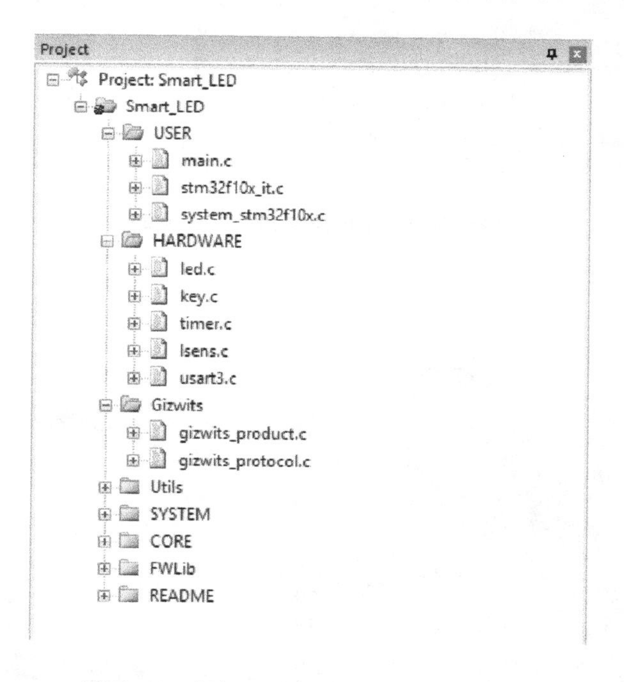

图 12-23 机智云开发 STM32 工程文件结构

12.2.4 调试结果

图 12-24 ~ 图 12-26 所示为通过机智云平台手机控制 LED 亮度变化。

通过手机端设置 LED 为根据环境光照强度自动调节亮度的模式。图 12-27 所示为外界

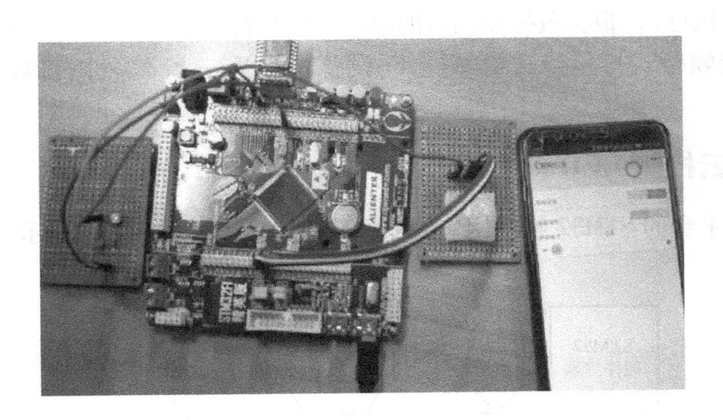

图 12-24　手机控制 LED 亮度为 0

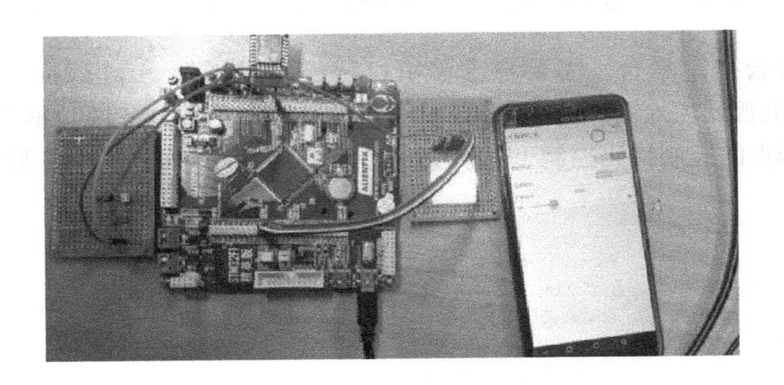

图 12-25　手机控制 LED 亮度为 25

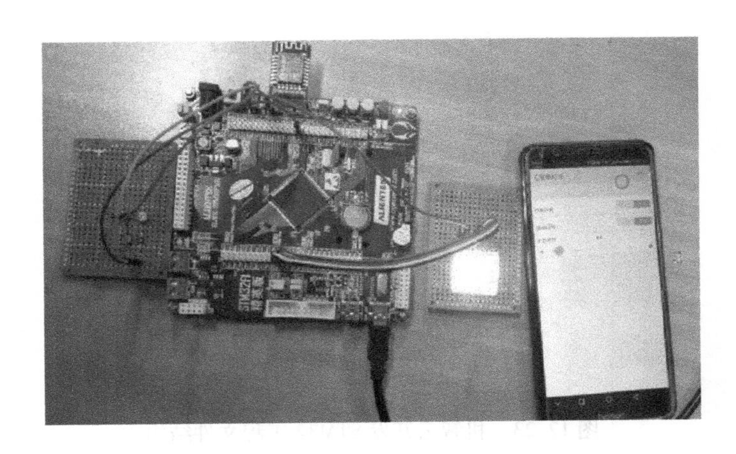

图 12-26　手机控制 LED 亮度为 100

光强较弱时 LED 自动调节亮度效果，此时外界光强较弱，LED 则较亮；图 12-28 所示为外界光强较强时 LED 自动调节亮度效果，当外界光照强度逐渐加强时，LED 的亮度逐渐变弱。

图12-27　外界光照较弱时LED自动调节亮度效果

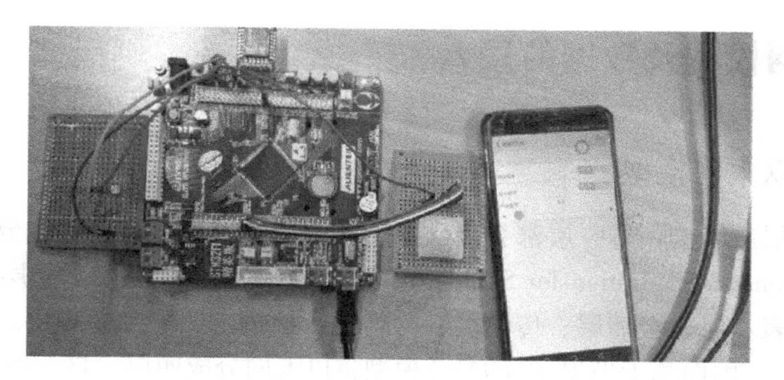

图12-28　外界光照较强时LED自动调节亮度效果

第 13 章 基于以太网的STM32嵌入式系统应用设计

以太网具有组网简单、成本低廉、兼容性优秀、连接可靠以及拓扑调整方便等优点，在物联网中有着非常广泛的应用。本章介绍了以太网的基础知识，并通过一个综合设计详细介绍如何采用硬件协议栈的方式使嵌入式系统快速高效地连接到互联网。

13.1 以太网模型及数据的接入

13.1.1 经典以太网模型

以太网采用层次结构，每一层都有自己的功能。以太网模型有不同的分层方式，国际标准组织（International Organization for Standardization，ISO）提出了 OSI 七层模型，自上而下分别为应用层、表示层、会话层、传输层、网络层、数据链路层和物理层。互联网体系结构以 TCP/IP 为核心，因而基于 TCP/IP 的参考模型将以太网分成四层，自上而下分别为应用层、传输层、网络层、网络接口层。表 13-1 为 OSI 七层模型和 TCP/IP 四层模型及其协议集。

表 13-1 OSI 七层模型和 TCP/IP 四层模型及其协议集

OSI 七层模型	TCP/IP 四层模型	协议集
应用层	应用层	Telnet、FTP、SMTP、DNS、HTTP 及其他应用协议
表示层		
会话层		
传输层	传输层	TCP、UDP
网络层	网络层	IP、ARP、RARP、ICMP
数据链路层	网络接口层	各种通信网络接口（物理网络）
物理层		

（1）应用层

应用层是 OSI 参考模型中最靠近用户的一层，为计算机用户提供应用接口，也为用户直接提供各种网络服务。常见应用层的网络服务协议有 HTTP、HTTPS、FTP、POP3、SMTP 等。

（2）表示层

表示层提供各种用于应用层数据的编码和转换功能，确保一个系统应用层发送的数据能被另一个系统的应用层识别。如果有必要，该层可提供一种标准的表示形式，用于将计算机内部的多种数据格式转换成通信中采用的标准表示形式。

（3）会话层

会话层负责建立、管理和终止表示层实体之间的通信会话。该层的通信由不同设备中应用程序之间的服务请求和响应组成。

（4）传输层

传输层建立了主机端到端的连接，传输层的作用是为上层协议提供端到端的、可靠及透明的数据传输服务，包括处理差错控制和流量控制等问题。该层向高层屏蔽了下层数据通信的细节，使高层用户看到的只是在两个传输实体间的一条主机到主机的、可由用户控制和设定的、可靠的数据通路。通常所说的TCP、UDP就在这一层，端口号既是这里的“端”，端到端的传输通过端口号进行识别。

（5）网络层

本层通过IP寻址来建立两个节点之间的连接，为源端传输层送来的数据进行分组，选择合适的路由和交换节点，按照IP地址正确地传送给目的端的运输层。

（6）数据链路层

将比特组合成字节，再将字节组合成帧，使用链路层地址（以太网使用MAC地址）来访问介质，并进行差错检测。数据链路层又分为2个子层：逻辑链路控制子层（LLC）和媒体访问控制子层（MAC）。MAC子层处理CSMA/CD算法、数据出错校验、成帧等；LLC子层定义了一些字段使上次协议能共享数据链路层。在实际使用中，LLC子层并非是必需的。

（7）物理层

最终信号的传输实际是通过物理层的物理介质以比特流的形式传输的。物理层规定了电平规范、传输速度和电缆针脚。常用设备（各种物理设备）有集线器、中继器、调制解调器、网线、双绞线、同轴电缆，这些都是物理层的传输介质。

13.1.2 TCP/IP五层结构模型

为了便于解释，本书根据TCP/IP将以太网分成五层。这五层结构不仅符合OSI结构强调的不同层次承担不同职责的特点，同时也符合TCP/IP参考模型协议之间相互支撑、相互调用的逻辑关系，TCP/IP五层模型如图13-1所示。越下面的层，越靠近硬件，越上面的层，越靠近用户。

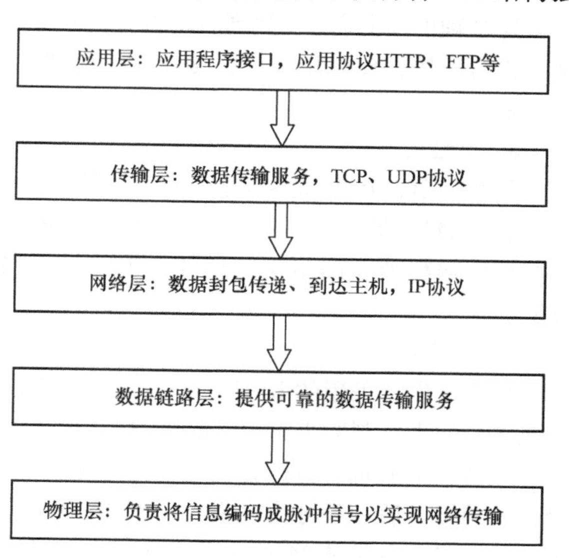

图13-1　TCP/IP五层模型

为了使读者对网络的通信过程、每层的具体定义和功能、数据收发机制以及要遵守的协议进行更好地理解，需要说明的是，在不同层由于封包机制不同，数据的叫法也不同，传输层叫作数据段（Segment），网络层叫作数据报（Datagram），数据链路层叫作数据帧（Frame）。

1. 物理层

物理层也叫作“PHY层”，由计算机和网络介质组成，负责将上层的信息编码成电流脉冲以实现网络传输，可定义电气信号、符号、线的状态和时钟要求、数据编码和数据传输用的连接器，如最常用的 RS－232 规范、10BASE－T 的曼彻斯特编码以及 RJ－45。

2. 数据链路层

数据链路层通过物理网络链路提供可靠的数据传输，包括物理编址、网络拓扑结构、错误校验、帧序列以及流控。

（1）以太网协议

以太网规定，一组电信号构成一个数据包，又称为帧（Frame）。每一帧分成 3 个部分：首部、数据及尾部。

首部包含数据帧的一些说明项，如发送者、接收者、数据类型等，固定为 14 个字节；数据部分是数据的具体内容，最短为 46 个字节，最长为 1500 个字节；尾部是 CRC 校验码，固定为 4 个字节。整个帧最短为 64 个字节，最长为 1518 个字节。如果数据很大，就必须分割成多个帧进行发送。

（2）MAC 地址

数据链路层由媒体访问控制层（Media Access Control，MAC）和逻辑链路控制层（Logical Link Control，LLC）组成。MAC 确保信息跨链路的可靠传输，对数据传输进行同步，识别错误和控制数据的流向。IEEE MAC 规则定义了 MAC 地址，以标识数据链路层中的多个设备，因此数据链路层也叫 MAC 层。每块网卡出厂时，都有一个独一无二的 MAC 地址，长度是 48 个二进制位，通常用 12 个十六进制数表示。如图 13-2 所示，前 6 个十六进制数是厂商编号，后 6 个十六进制数是该厂商的网卡流水号。有了 MAC 地址，即可定位网卡和数据包的路径。

MAC 地址
00-A2-DC-AB-11-29-7C

图 13-2　MAC 地址

（3）广播

以太网采用一种原始的方式，向本网络内所有计算机发送数据帧，网络内所有计算机都读取这个帧的“首部”，并判断是否为接收方；找到接收方的 MAC 地址，并与自身的 MAC 地址进行比较，如果相同，则接收这个帧进一步处理，否则丢弃这一帧。这种发送方式即“广播”。

3. 网络层

网络层负责在源和终点之间建立连接，包括网络寻径，还可能包括流量控制、错误检查等。相同 MAC 标准的不同网段之间的数据传输一般只涉及数据链路层，不同 MAC 标准之间的数据传输都涉及网络层。例如，IP 路由器工作在网络层，因而可以实现多种网络间的互联。

（1）IP 协议

目前，广泛采用的 IP 协议是 IPv4。其规定，网络地址由 32 个二进制位组成，习惯上用分成 4 段的十进制数表示 IP 地址，从 0.0.0.0 一直到 255.255.255.255。

互联网上的每一台计算机，都会分配到一个 IP 地址。这个地址分成两个部分，前一部分代表网络，后一部分代表主机。例如，IP 地址 172.16.254.1，这是一个 32 位的地址，假定它的网络部分是前 24 位（172.16.254），那么主机部分就是后 8 位（最后的那个 1）。处于同一个子网络的计算机，它们 IP 地址的网络部分必定是相同的，也就是说，172.16.254.2

与172.16.254.1处在同一个子网络中。

（2）IP数据报

IP数据报是根据IP协议发送的数据，其中包括IP地址信息。前面说过，以太网数据帧只包含MAC地址，并没有IP地址的信息。可以把IP数据报直接放进以太网数据帧的“数据”部分，因此完全不用修改以太网的规格。

具体的实现方法：将IP数据报分为“标头”和“数据”两个部分。“标头”部分主要包括版本、长度、IP地址等信息，“数据”部分则是IP数据报的具体内容。

IP数据报的“标头”部分长度为20~60个字节，整个数据报的总长度最大为65535个字节。因此理论上，一个IP数据报的“数据”部分，最长为65515个字节。前面说过，以太网数据帧的“数据”部分，最长只有1500个字节。因此，如果IP数据报超过1500个字节，就需要分割成几个以太网数据帧，分开发送。

4. 传输层

传输层向高层提供可靠的、端到端的网络数据流服务。功能包括流控、多路传输、虚电路管理及差错校验和恢复。

（1）UDP协议

数据在发出之前必须加入端口信息，这就需要新的协议，最简单的是UDP协议，UDP数据段也由“标头”和“数据”两部分组成。“标头”部分定义了发出端口和接收端口，“数据”部分是具体的内容。把整个UDP数据段放入IP数据报的“数据”部分，而IP数据报又是放在以太网数据帧之中的。UDP数据段非常简单，“标头”部分一共只有8个字节，总长度不超过65535个字节，正好放进一个IP数据报中。

（2）TCP

TCP非常复杂，可以简单地理解为有确认机制的UDP协议，每发出一个数据都要求确认。如果有数据遗失，发送方就收不到确认，则发送方认为有必要重发该数据。TCP能够确保数据不会遗失，缺点是过程复杂、实现困难、消耗较多的资源。

5. 应用层

应用层是最接近终端用户的第一层，这就意味着应用层与用户之间是通过应用软件直接相互作用的。应用层并非由计算机上运行的实际应用软件组成，而是由向应用程序提供访问网络资源的API（应用程序接口）组成的。应用层的功能一般包括标识通信伙伴、定义资源的可用性和同步通信。应用层还规定了应用程序的数据格式。

应用层的协议有HTTP（超文本传输协议）、DNS（域名解析）协议、FTP（文件传送协议）、SMTP（简单邮件管理协议）等。这些协议可以为各种各样的程序传递数据，比如发Email用SMTP（简单邮件管理协议）、网上冲浪用HTTP（超文本传输协议）、下载资料用FTP（文件传送协议）等。

应用层是最高的一层，直接面对用户，其数据放在UDP/TCP数据段的“数据”部分。因此，以太网的数据帧结构如图13-3所示。

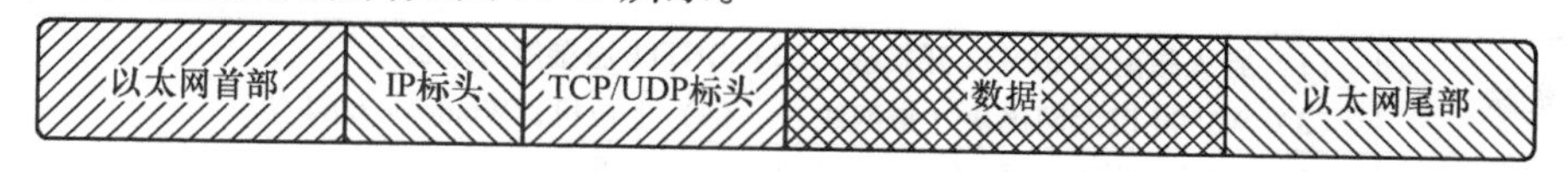

图13-3　以太网的数据帧结构

13.1.3 以太网接入方案

基于以太网的TCP/IP五层模型及各层所要实现的功能，设备联网时须搭建这五层物理连接以及处理层内和层与层之间的TCP/IP 。

按照这一模型可产生各种各样的单片机网络连接方案来满足用户的不同要求。由于微控制器种类繁多，有8位的，有32位的，有低端的，有高端的。不同档次的微控制器实现网络连接的方法不同。高端微控制器一般都可以运行嵌入式操作系统（如嵌入式Linux），实现网络接口。对于无法运行操作系统的低端微控制器，按TCP/IP协议栈实现方式不同可归结为两种：传统的软件TCP/IP协议栈方案和最新的硬件TCP/IP协议栈方案。本设计应用采用STM32 + W5500 方案，具体方法参考 https：//w5500. com/code/W5500EVB/HTTP%20Client. html。

W5500是WIZnet公司推出的一款全硬件TCP/IP嵌入式以太网控制器，为嵌入式系统提供了更加简易的互联网连接方案。W5500集成了TCP/IP协议栈，10/100M以太网数据链路层（MAC）及物理层（PHY），使得用户使用单芯片就能够在应用中拓展网络连接。

全硬件TCP/IP协议栈支持TCP、UDP、IPv4、ICMP、ARP、IGMP以及PPPoE协议。W5500内嵌32KB片上缓存供以太网包处理，并提供了SPI从而能够更加容易地与外设MCU整合，其SPI协议支持80MHz速率，保证实现高速网络通信。为了减少系统能耗，W5500提供了网络唤醒模式（WOL）及掉电模式供选择使用。W5500通过SPI接口与STM32通信，如图13-4所示。

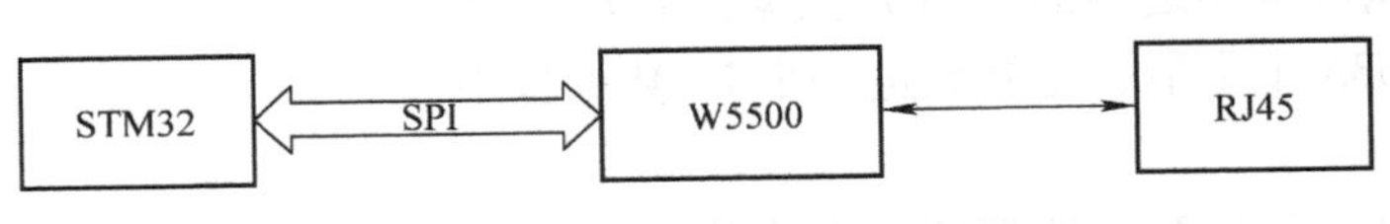

图13-4 STM32 + W5500方案结构图

13.2 以太网功能开发实例：嵌入式远程环境监控系统

系统由下位机测控系统和上位机监控系统两部分构成。

1）下位机负责采集现场温湿度信息，温湿度超出设定值时，通过蜂鸣器进行报警。通过按键可控制灯的亮灭。最终将温湿度和灯光信息通过以太网发送至上位机。

2）上位机接收下位机发送的信息，显示当前环境温湿度、灯光和报警信息，并可通过按钮控制灯的亮灭。

13.2.1 方案设计

1. 系统资源

系统所需资源见表13-2。

表13-2 系统所需资源

硬件资源	（1）野火指南者STM32开发板 （2）DHT11温湿度传感器 （3）W5500以太网模块（带网线） （4）上位机，Windows 7/64位
软件资源	（1）ARM－MDK，v5.20 （2）Python，v3.6.5 （3）Sublime Text3，v3.1（Build 3170）

2. 下位机测控系统设计

下位机测控系统采用野火指南者STM32开发板搭配DHT11温湿度传感器及W5500以太网模块实现，具体功能如下：

1）开发板有红、绿、蓝三色LED，红色和绿色作为灯光，通过两个独立按键进行控制；蓝色作为以太网连接状态指示，网络连通时LED亮蓝色。

2）通过DHT11温湿度传感器实时采集环境温湿度，并与设定值进行比较，超限时，通过开发板上的蜂鸣器进行报警。

3）通过W5500以太网模块实现以太网通信，下位机作为客户端，定时向上位机发送信息，并接收上位机控制指令。

4）温湿度上、下限可通过上位机设置，设置完成后保存于EEPROM中，系统上电时读取EEPROM中设置温湿度的上、下限。

3. 上位机监控系统设计

上位机监控系统界面包括当前时间、环境温湿度及其报警信息、灯光信息及控制和温湿度上下限设置，采用Python编程。

Python作为当前最流行的编程语言，具有功能强大、简单易学、代码量小、跨平台等优点，可用于上位机监控系统设计。本书采用的Python版本为3.6.5，编程环境为Sublime Text3（版本为3.1（Build 3170）），系统运行环境为Windows 7/64位。

13.2.2 程序设计

1. 下位机STM32测控系统程序设计

主程序流程图如图13-5所示。

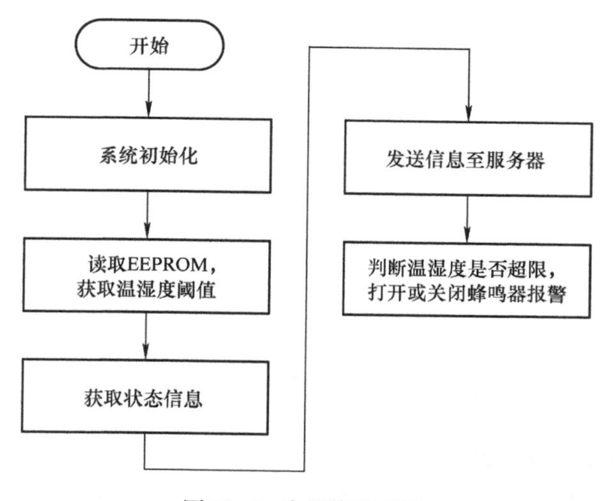

图13-5 主程序流程图

其中，系统初始化包括NVIC配置、LED配置、蜂鸣器配置、串口配置、系统滴答时钟配置、DHT11配置、I^2C配置及W5500配置。系统初始化完成后，获取环境状态信息，并通过以太网发送至服务器，信息格式为字符串，包含31个字符，采用空格分隔，如图13-6所示。

HEAD	LED1	LED2	BEEP	H	T	HMAX	HMIN	TMAX	TMIN
YSU	0	0	0	62.0	26.0	80	50	30	18

图 13-6　信息格式

其中，LED 和 BEEP 的状态为 0 或 1；H 表示湿度，精确到 1 位小数；T 表示温度，精确到 1 位小数；HMAX、HMIN、TMAX 和 TMIN 分别表示湿度和温度的最大值和最小值，均为正数。

下位机 STM32 测控系统程序文件结构如图 13-7 所示。

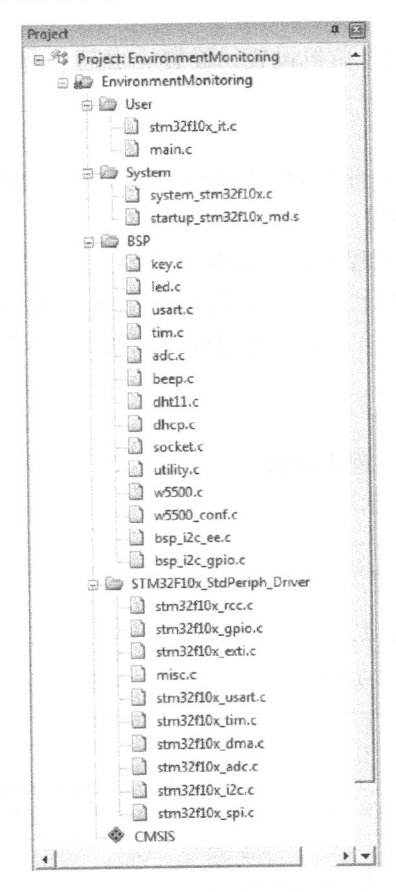

图 13-7　下位机 STM32 测控系统程序文件结构

2. 上位机监控系统程序设计

上位机监控系统采用 Python 面向对象的方式实现，界面设计采用 Python 内置的 TKinter，UML 结构如图 13-8 所示。

13.2.3　系统测试

将编译好的程序下载到开发板并运行。运行上位机程序，打开监控界面，进行功能测试，见表 13-3。

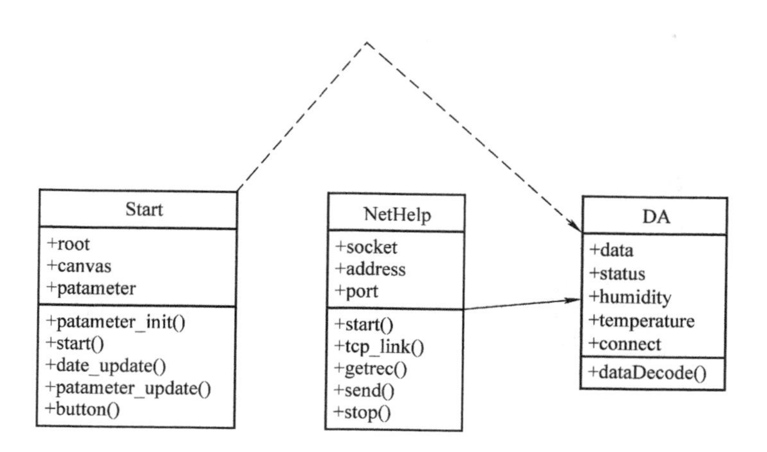

图 13-8　UML 结构

表 13-3　功能测试项

测试功能	预期结果
网络连接	网络连通后蓝色 LED 亮
按键灯光控制	按下按键 1，红色 LED 状态翻转；按下按键 2，绿色 LED 状态翻转
上位机显示界面	显示当前时间、温湿度及其上下限、灯光状态
温湿度报警	改变环境温湿度，使其超出设定值，蜂鸣器报警
上位机控制 LED	单击上位机灯光按钮，对应 LED 改变状态
上位机设置温湿度上、下限	单击温湿度上下限位置，调出键盘，设置上下限，下位机重启后，上下限可以保存

13.2.4　运行结果

系统上电后，三色 LED 灭。上位机软件打开后，网络连通，下位机 LED 亮蓝色，如图 13-9 所示。上位机界面如图 13-10 所示，显示当前时间、温湿度及其上下限、温湿度报警信息、灯光信息。

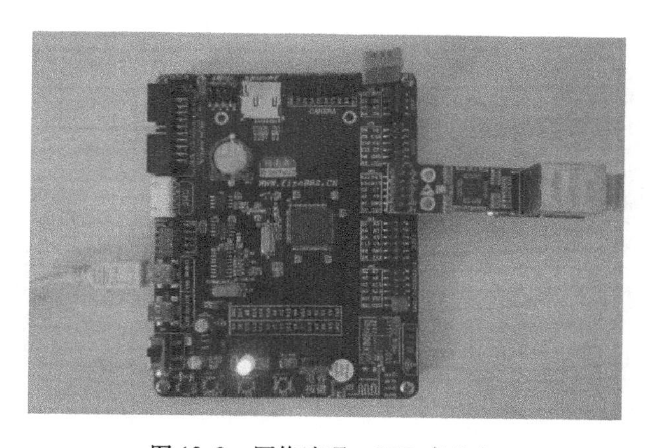

图 13-9　网络连通，LED 亮蓝色

图 13-10　上位机界面

打开灯光 1，LED 亮绿色，由于是三色 LED，其结果为蓝色和绿色的混合色，下位机如图 13-11 所示，上位机界面如图 13-12 所示。

图 13-11　LED 亮绿色

图 13-12　打开灯光 1 后的上位机界面

打开灯光2，LED亮红色，为红色、蓝色和绿色的混合色，下位机如图13-13所示，上位机界面如图13-14所示。

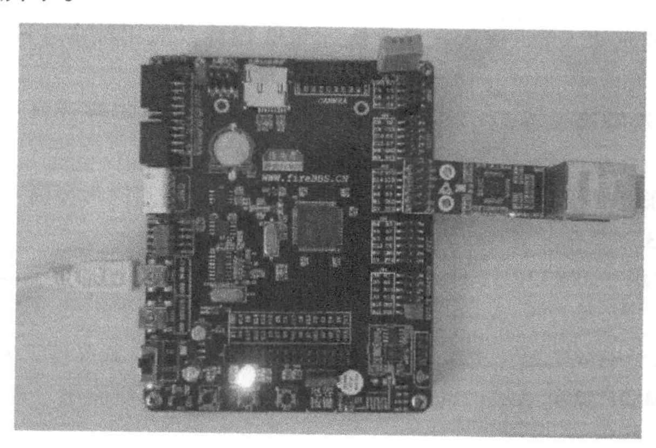

图13-13 LED亮红色

图13-14 打开灯光2后的上位机界面

调整温湿度上、下限，使当前温湿度超限，下位机蜂鸣器报警，上位机提示报警信息如图13-15和图13-16所示。

图13-15 湿度超下限报警

图13-16 温度超上限报警

参考文献

[1] 张淑清，张立国，胡永涛，等. 嵌入式单片机 STM32 设计及应用技术［M］. 北京：国防工业出版社，2015.

[2] 沈红卫，任沙浦，朱敏杰，等. STM32 单片机应用与全案例实践［M］. 北京：电子工业出版社，2017.

[3] 沈建良，贾玉坤，陈晨，等. STM32F10X 系列：ARM 微控制器入门与提高［M］. 北京：北京航空航天大学出版社，2013.

[4] 黄智伟，王兵，朱卫华. STM32F 32 位 ARM 微控制器应用设计与实践［M］. 北京：北京航空航天大学出版社，2012.

[5] 杨光祥，梁华，朱军. STM32 单片机原理与工程实践［M］. 武汉：武汉理工大学出版社，2013.

[6] 喻金钱，喻斌. STM32F 系列 ARM Cortex – M3 核微控制器开发与应用［M］. 北京：清华大学出版社，2011.

[7] 廖义奎. Cortex – M3 之 STM32 嵌入式系统设计［M］. 北京：中国电力出版社，2012.

[8] 范书瑞，李琦，赵燕飞. Cortex – M3 嵌入式处理器原理与应用［M］. 北京：电子工业出版社，2011.

[9] 刘火良，杨森. STM32 库开发实战指南［M］. 北京：机械工业出版社，2013.

[10] 张洋，刘军，严汉宇. 原子教你玩 STM32：寄存器版［M］. 北京：北京航空航天大学出版社，2013.

[11] YIU J. ARM Cortex – M3 与 Cortex – M4 权威指南［M］. 3 版. 吴常玉，曹孟娟，王丽红，译. 北京：清华大学出版社，2015.

[12] 朱升林，欧阳骏，杨晶. 嵌入式网络那些事：STM32 物联实战［M］. 北京：中国水利水电出版社，2015.

[13] 贾丹平，桂珺. STM32F103x 微控制器与 μC/OS – Ⅱ 操作系统［M］. 北京：电子工业出版社，2017.